Frank Halter
Ralf Schröder

Das St. Galler Nachfolge-Modell

Frank Halter
Ralf Schröder

Das St. Galler Nachfolge-Modell

Ein Rahmenkonzept zum Planen, Gestalten und Umsetzen einer ganzheitlichen Unternehmensnachfolge

5., überarbeitete Auflage

Haupt Verlag

5. Auflage: 2022
4. Auflage: 2017
3. Auflage: 2012
2. Auflage: 2011
1. Auflage: 2010

Die Auflagen 1–3 sind unter dem Titel „Unternehmensnachfolge in der Theorie und Praxis" erschienen.

ISBN 978-3-258-08320-9 (Buch)
ISBN 978-3-258-48320-7 (PDF)

Umschlaggestaltung: Daniela Vacas, Bern
Gestaltung und Satz: Die Werkstatt Medien-Produktion GmbH, Göttingen
Illustrationen: hundundhut.ch
Icons: Medienhaus Entlebuch

Wir verwenden FSC®-Papier. FSC® sichert die Nutzung der Wälder gemäß sozialen, ökonomischen und ökologischen Kriterien.
Gedruckt in Slowenien

Diese Publikation ist in der Deutschen Nationalbibliografie verzeichnet.
Mehr Informationen dazu finden Sie unter http://dnb.dnb.de.

Der Haupt Verlag wird vom Bundesamt für Kultur für die Jahre 2021–2024 unterstützt.

www.haupt.ch

Inhaltsverzeichnis

Verzeichnis der Fallbeispiele

Abbildungs- und Tabellenverzeichnis

Vorwort zur 5., überarbeiteten Auflage

Wir schreiben das Jahr 2022 und die letzte Auflage ist bereits wieder vergriffen. Auch in den letzten Jahren durften wir wieder viele Familien, Familienunternehmen und Unternehmerfamilien in ihren Nachfolgeprozessen begleiten, was parallel zur laufenden Weiterentwicklung des St. Galler Nachfolge-Modells geführt hat. Wir nutzen den Moment, strukturell im Buch nochmals etwas Hand anzulegen und haben die Kapitelreihenfolge bewusst umgestellt und inhaltlich leicht angepasst. Damit sollen die verschiedenen Elemente des St. Galler Nachfolge-Modells noch besser zur Geltung kommen, denn es besteht im Wesentlichen aus den Elementen «Nachfolge als Markt» (vgl. dazu Kapitel 2), der Differenzierung zwischen «normativer, strategischer und operativer Ebene» (vgl. dazu Kapitel 3), den «6-Gestaltungs-Dimensionen» (vgl. dazu Kapitel 4) und dem «5-Themen-Rad» (vgl. dazu Kapitel 5).

Die 6-Gestaltungs-Dimensionen haben wir bewusst vorgezogen, da wir auch in der Praxis zuerst die Frage zu beantworten haben, was die Familien wollen, bevor mit dem 5-Themen-Rad die Frage zu beantworten ist, wie diese Vorstellungen umzusetzen sind. Da ein Nachfolgeprozess im Kern nichts anders ist als ein transformativer Kommunikationsprozess, haben wird diese beiden Begriffe im 5-Themen-Rad bewusst noch vervollständigt.

Schliesslich hat das St. Galler Nachfolge-Modell mit St. Galler Nachfolge als Marke einen eigenen Heimathafen gefunden. Die Webseite zum Modell (www.sgnafo-modell.ch) wurde ergänzt mit der Wissens- und Erfahrungsplattform Praxis (www.sgnafo-praxis.ch), wo der Leserschaft verschiedene Arbeitsmittel zur Verfügung gestellt werden und – wo sinnvoll – diese auch im Buch verlinkt worden sind. Die Expertise in der Form von Dienstleistung findet sich unter www.sgnafo-expertise.ch.

Das Buch richtet sich an unternehmerisch denkende und handelnde Persönlichkeiten. Im Haupttext wird zwischen männlicher und weiblicher Form nicht differenziert, soweit eine solche Differenzierung für den Inhalt nicht notwendig ist. Mit der Verwendung der männlichen Form ist die weibliche Form immer eingeschlossen.

Wir bedanken uns herzlich für alle bisherigen und künftigen Begegnungen, Rückmeldungen und Gedanken, die die Weiterentwicklung des Modells unterstützen, und wünschen uns, dass unsere Ideen und Empfehlungen weiter der wirkungsvollen Gestaltung des unternehmerischen Generationenwechsels dienen.

Jona und St. Gallen, im Frühling 2022 *Frank Halter* und *Ralf Schröder*

Vorwort zur 4. Auflage

Wir schreiben das Jahr 2017. Das Buch zum St. Galler Nachfolge-Modell ist bereits wieder seit gut zwei Jahren vergriffen. Das Modell findet Eingang in der Beratung, in der Schulung von Beratern, im Rahmen der Lehre an der Universität St. Gallen und bei Schulungsprogrammen für Übergeber und Übernehmer. Die vielen Kontakte, Diskussionen, Prozessbegleitungen und Forschungsarbeiten in den letzten Jahren haben uns wieder zu vielen neuen Erkenntnissen geführt. Es war deshalb an der Zeit, dass wir das vorliegende Buch einer Rundum-Erneuerung und Ergänzung unterziehen.

Bei der Überarbeitung haben wir uns das Ziel gesetzt, dass wir neue Ideen einbringen, die Struktur des Buches differenzierter aufbauen, noch viel deutlicher zwischen den KMU-relevanten Nachfolgelösungen FBO, MBO, MBI und M&A unterscheiden, aktualisiertes Datenmaterial und neuere Literatur einbauen und auch den Fokus alleine auf die Schweiz soweit wie möglich ablegen. Die vollständig überarbeitete und erweiterte Auflage verstehen wir als Rahmenkonzept, das auch in kulturellen Kontexten ausserhalb der DACH-Region eingesetzt werden kann. Wir haben deshalb versucht, alle rechtsspezifischen Aspekte auf ein absolutes Minimum zu reduzieren. Es gilt diesbezüglich die jeweilige nationale Literatur zu konsultieren, welche in vielen Ländern bereits sehr umfangreich verfügbar ist.

Im Zentrum der vorliegenden Auflage stehen neben der strukturellen, strategischen und prozeduralen Sichtweise vor allem die menschlichen – oft auch allzu menschlichen – Aspekte, die uns in praktisch jeder Unternehmensnachfolge begegnen. Wir möchten unsere Leserschaft dafür sensibilisieren, was vor Ihnen steht, inspirierende Anregungen geben, hilfreiche Gedankenanstösse anbieten und mögliche Lösungsansätze vorschlagen. Wenn wir es schaffen, einige Tabus in konstruktiver Weise bei den Lesern zu thematisieren und aufzulockern, dann hat dieses Buch seinen Zweck erfüllt. Für uns stellt die Unternehmensnachfolge etwas Lustvolles dar. Es kann entwickelt und gestaltet werden und stellt uns in der Praxis immer wieder vor intellektuelle Herausforderungen: Jeder Fall ist individuell! Gefühlt unlösbare Ausgangslagen gilt es in irgendeiner Art zu lösen. Wenn es uns gelingt, neue Freiräume für die Betroffenen und Beteiligten zu schaffen, dann ist das für uns ein befriedigendes Gefühl.

Das Buch verfügt über folgende Gestaltungselemente:

a) Es gibt einen Kerntext und Kernabbildungen, die den roten Faden geben;
b) Es gibt Kurzfälle aus der Praxis, die uns so eins zu eins begegnet sind und jeweils einen sehr spezifischen Teilausschnitt verdeutlichen – selbstverständlich anonymisiert;
c) Es gibt Illustrationen, welche zum Teil Abstraktes verbildlichen und auch einfach schön anzuschauen sind;
d) Es gibt ausgewählte Reflexionsfragen für die Praxis;
e) Es gibt im Anhang einen aktualisierten Fragenkatalog, der sich an Verkäufer, Käufer und Berater richtet;
f) Ein Glossar schliesst diese neue Auflage ab.

Der Text muss nicht von A bis Z durchgelesen werden. Er ist bewusst mit vielen Querverweisen versehen, so dass die Verknüpfungen und Abhängigkeiten der verschiedenen Themen auch mit einem nicht-linearen Zugang problemlos erschlossen werden können – so wie eine Unternehmensnachfolge in der Praxis.

Bei der Überarbeitung ist nicht unwesentliches systemisches Gedankengut eingeflossen. An einzelnen Stellen weisen wir explizit auf diese wissenschaftstheoretischen Einbettungen hin, da diese unsere Denkhaltung in der praktischen Arbeit prägt. Das vorliegende Buch stellt deshalb kein Rezeptbuch dar. Vielmehr verfolgen wir das Ziel, im Sinne eines Kompetenzansatzes fundierte Grundlagen zu vermitteln, Zusammenhänge aufzuzeigen und verschiedene Perspektiven sicherzustellen. Nur so gelingt eine nachhaltige Unternehmensnachfolge – so unsere Überzeugung.

Die Überarbeitung des Buches wurde möglich dank vielen Rückmeldungen, Anregungen, aber auch tatkräftiger Unterstützung beim Reflektieren, Korrekturlesen und vieles mehr, was es beim Überarbeiten eines Buches braucht. Explizit bedanken wollen wir uns an dieser Stelle in alphabetischer Reihenfolge bei Claudia Buchmann, Josef Bühler, David Dahinden, Urs Frey, Jürg Müller, Marc Rietmann, David Wartmann und Tobias Wolf. Bei Tom Frey (vgl. hundundhut.ch) bedanken wir uns ganz herzlich für die aktualisierten Illustrationen.

Wir freuen uns auf Ihre Rückmeldung – wer weiss, vielleicht findet das Buch ja später wieder mal eine Weiterentwicklung. Es lebe der Dialog.

Jona und St. Gallen, im Frühling 2017 *Frank Halter* und *Ralf Schröder*

Vorwort zur 3. Auflage

Nachdem im Jahr 2010 unser Buch erschienen war, folgte bereits ein Jahr später die 2. Auflage. Wiederum nach einem Jahr ist nun eine weitere Neuauflage erforderlich. Das Interesse an unserem Buch freut uns ausserordentlich – insbesondere da es sich um ein sogenanntes Fachbuch handelt. Wir freuen uns auf den weiteren Dialog mit VertreterInnen aller Generationen aus Wirtschaft und Politik sowie auf möglichst viele gelungene Unternehmensnachfolgen.

Rapperswil und St. Gallen, im Juni 2012 *Frank Halter* und *Ralf Schröder*

Vorwort zur 1. und 2. Auflage

Dass die Unternehmensnachfolge aus volkswirtschaftlicher, vor allem aber aus Sicht des betroffenen Unternehmer und seiner Familie von grosser Bedeutung ist, spiegelt sich in der reichhaltigen Literatur zum Thema wider. Ein Blick in diese zeigt, wie schwierig es ist, die richtige Balance zwischen Theorie und Praxis zu finden. Die Anzahl der relevanten Themen und Fragestellungen ist derart vielfältig, dass jedes Konzept oder Modell auf relevante Teilaspekte verzichten muss. Beim Erstellen dieses Buchs haben wir festgestellt, dass es nicht einfach ist, die verschiedenen Beteiligten – in erster Linie die Übergeber, die Übernehmer und Beratende – gleichzeitig anzusprechen.

Dieser Herausforderung wollen wir uns stellen und tragen unsere Erkenntnisse aus Beratung, Forschung, Lehre und Weiterbildung in diesem Buch zusammen. Es richtet sich primär an drei Zielgruppen: an Unternehmer (und ihre Familien), die vor der Nachfolge stehen, also die Übergeber; an Jungunternehmer, die die Nachfolge antreten, also Übernehmer; schliesslich an Berater, die Nachfolgeprozesse begleiten. Unser primäres Ziel ist es, die direkt Beteiligten für die Vielfalt und Verquickung der verschiedenen Fragestellungen zu sensibilisieren. Wir glauben, dies ist notwendig, um mögliche Hindernisse rechtzeitig zu erkennen und ihnen in geeigneter Form begegnen zu können. Wenn wir damit für die erfolgreiche Umsetzung von künftigen Nachfolgeprozessen einen kleinen Betrag leisten können, sind wir bereits glücklich.

Das vorliegende Buch setzt sich aus drei Komponenten zusammen. Zum einen gibt es einen verdichteten konzeptionellen Teil, der sich systematisch und strukturiert mit dem Kontext (Familienunternehmenssystem), dem Nachfolgeprozess (St. Galler Nachfolge-Modell) und der Begleitung und Gestaltung von Unternehmensnachfolgen (Nachfolgeberatung) auseinander setzt. Eine zweite Komponente bilden Fallbeispiele aus unserer Beratungspraxis. Sie sind als Schnappschüsse zu verstehen, die niemals die ganze Komplexität der konkreten Nachfolgesituation abbilden können, sondern nur Einzelaspekte des jeweils behandelten Themas verdeutlichen und so zur Reflexion anregen sollen. Wir möchten betonen, dass sich alle dargestellten Beispiele in unserer Beratungspraxis so zugetragen haben. Aus Gründen der Vertraulichkeit haben wir alle Namen und Unternehmens-Spezifika verfremdet. Die Fallbeispiele beschränken sich primär auf den Schweizer Wirtschaftsraum; weil es uns wichtig ist, dass sie ihre Authentizität bewahren, haben wir einige Helvetismen bewusst stehen gelassen. Das dritte Element dieses Buchs bilden schliesslich Illustrationen, in der Hoffnung, dass auch etwas geschmunzelt werden kann – denn wir sind der Überzeugung, eine Unternehmensnachfolge darf und sollte auch mit Freude angegangen werden können.

Das Buch entspricht dem aktuellen Stand unserer Erkenntnisse und Erfahrungen, daher sollte es nicht als abschliessendes Werk verstanden werden. Wir freuen uns bereits heute auf den regen Austausch mit Lesern, Unternehmern und Nachfolgeberatern. Nur der gemeinsame Dialog und Erfahrungsaustausch bringt das Thema weiter.

Ohne die moralische, inhaltliche und finanzielle Unterstützung Dritter wäre die Realisierung nicht möglich gewesen. An erster Stelle möchten wir unseren verschiedenen Partnern wie Kunden, Beraterkollegen und Forschungskollegen danken. Viele Erkenntnisse sind nur dank intensiven Dialogs und gemeinsamer Lernprozesse möglich geworden. Josef Bühler, Tobias Dehlen, Jasmine Koller, Jürg Müller, Stephanie Strotz und Nora Spiller haben uns wertvollen inhaltlichen und konzeptionellen Input gegeben. Finanziell wurden wir von Swiss Venture Club unterstützt, wofür wir herzlich danken. Schliesslich wurde die Idee von unseren Familien mitgetragen. Herzlichen Dank für die Unterstützung, Zeit und Energie!

Rapperswil und St. Gallen *Frank Halter* und *Ralf Schröder*

die Übergabe

1 Einleitung

Unser Ziel ist, mit dem St. Galler Nachfolge-Modell eine Basis zu legen. Das Rahmenkonzept soll es den Betroffenen und Prozessbegleitern ermöglichen, die Vielfalt und Vernetzung der verschiedenen Fragestellungen zu erfassen und rechtzeitig zu bearbeiten. In unserem Ansatz geht es darum, die Nachfolgekompetenz zu fördern – entsprechend geht es uns weniger um fachtechnische Details rund um Recht, Steuern oder Finanzierungsmöglichkeiten. Vielmehr möchten wir mittels der geführten theoretischen und konzeptionellen Diskussion Anregungen für Fragen geben, die «hinter den Fachfragen» liegen und so deren Fundament legen. Wir erheben keinen Anspruch auf Vollständigkeit – sind aber überzeugt, dass eine Anwendung des Modells und den eingebauten Konzepten lohnend ist. Für andere Autoren besteht die Möglichkeit, ihre Themen- und Fragestellungen im St. Galler Nachfolge-Modell einzuordnen. Die Anwendung der vorliegenden Konzepte und Modelle im Rahmen unserer Schulungs- und Weiterbildungstätigkeit hat gezeigt, dass die Fachthemen an den darunterliegenden Kernfragen rund um das Unternehmen und die Familie sehr gut gespiegelt werden können.

Die wirtschaftliche Bedeutung von Familienunternehmen ist unbestreitbar gross. Im gleichen Atemzug folgt das Thema Unternehmensnachfolge. Viele Fragen aus vielen Perspektiven gilt es zu bedienen. Die Vernetzung der Fragen führt zu einer enormen Komplexität, die im Verlauf des Nachfolgeprozesses tendenziell eher zunimmt, da sich Kontextvariablen, wie etwa Marktbedingungen, währenddessen verändern können. Insofern verstehen wir die Unternehmensnachfolge als eine komplexe und dynamische Herausforderung von höchster strategischer Relevanz, die eine Prozessgestaltung verlangt – dazu gehören etwa eine strukturierte Planung, eine sorgfältige Abwägung verschiedener Handlungsalternativen an bestimmten Meilensteinen oder eine kompetente Begleitung und Beratung.

Das vorliegende Buch hilft bei der Entwicklung einer Nachfolgestrategie von familiengeführten KMU. Mit ihr sind – durch die Verbindung der Sozialsysteme Familie und Unternehmen – die unterschiedlichsten Bedürfnisse und Erwartungen verbunden. Gleichzeitig verändert sich vieles innerhalb der Familie, des Unternehmens und in deren Umwelt im Zeitverlauf, sodass Anpassungen und Adaptionen oft notwendig werden. Betrachten wir zum Beispiel die Unternehmerpersönlichkeit, so sind mit zunehmendem Alter Leistungsreduktion oder gar Arbeitsunfähigkeit durch Krankheit, Unfall und natürlich auch Ausscheiden durch Tod nicht auszuschliessen; womöglich will der Unternehmensleiter aber auch freiwillig weniger arbeiten und die Prioritäten in seinem Leben verschieben. Es ist also seine Aufgabe, den eigenen (biologischen) Lebenszyklus in die

Unternehmensführung mit einzubeziehen. Die Unternehmensnachfolge kann aber auch dringlich werden, weil die Finanzierung des Betriebs nicht mehr gesichert ist, der bearbeitete Markt nicht mehr ausreichend attraktiv erscheint oder weil aus unternehmensstrategischer Sicht neue Wege gesucht werden müssen, die von den heutigen Inhabern nicht mehr geleistet werden können. Möglicherweise haben sich auch die Ziele, Wünsche und die Lebensplanung der Familienmitglieder geändert, oder das Interesse an der unternehmerischen Tätigkeit selbst, die Risikobereitschaft und die Motivation haben nachgelassen. Es gibt also zahlreiche Gründe, eine Unternehmensnachfolge in der Familie sowie im Unternehmen zu thematisieren. Soll der Betrieb nachhaltig existieren, muss der Übergang sorgfältig und konsequent angegangen und geregelt vollzogen werden.

Die Erarbeitung einer Nachfolgestrategie ist insofern schwierig, da das entsprechende Projekt schwer planbar ist. Überraschungen sind im Zeitraum die Regel. Nur ganz selten lassen sich einzelne Schritte sequentiell abwickeln. Gleichzeitig handelt es sich bei der Unternehmensnachfolge um eine Herausforderung, die interdisziplinär angegangen werden muss. Wir sind der Meinung, dass viele Beiträge mit Checklisten und Lösungsansätzen zu einseitig erscheinen und dem Leser eine falsche Sicherheit vermitteln. Gerade wegen der hohen Komplexität und der notwendigen Vernetzung der verschiedenen Themen und Fragestellungen sind Checklisten gefährlich, fokussieren sie sich doch meist auf Fachfragen, ohne die emotionalen und kommunikativen Komponenten zu berücksichtigen. Prozessmodelle suggerieren zusätzlich eine sequentiell klar planbare Vorgehensweise, ohne den Parallelitäten und vor allem der Zyklizität der Fragestellungen im Zeitverlauf gerecht werden zu können. Deshalb plädieren wir für einen Kompetenzansatz.

In einem ersten Schritt betrachtet das St. Galler Nachfolge-Modell die Nachfolge als Markt (vgl. dazu Kapitel 2). Entsprechend setzen wir uns kurz mit den Marktspielern und dem Mengengefüge auseinander. Um die angestrebte ganzheitliche Sicht auf die Unternehmensnachfolge zu gewährleisten, halten wir es für notwendig, sich mit dem Familienunternehmen im Allgemeinen vertieft auseinander zu setzen, denn dieses bildet in der Regel den Kontext, im dem eine Unternehmensnachfolge zu gestalten ist. Die Verknüpfung und enge Verquickung der beiden Sozialsysteme Familie und Unternehmen stellen eine besondere Herausforderung im Nachfolgeprozess dar, denn es gilt diese Verbindung neu zu strukturieren – oder voneinander zu trennen. Deshalb widmen wir einen wesentlichen Teil von Kapitel 2 verschiedenen Modellen und Sichtweisen auf das Familienunternehmen, um die Komplexität und Dynamik nachvollziehbar zu machen. Das Kapitel wird abgeschlossen mit der Diskussion von unterschiedlichen Gestaltungsebenen die im Rahmen einer Unternehmensnachfolge betroffen sind, was die geforderte Interdisziplinarität unterstreicht.

Im zweiten Schritt differenziert das St. Galler Nachfolge-Modell zwischen normativer, strategischer und operativer Ebene (vgl. Kapitel 3).

Im dritten Schritt werden die 6-Gestaltungs-Dimensionen des St. Galler Nachfolge-Modells eingeführt, welche eine Orientierung darüber geben, WAS es im Rahmen des Nachfolgeprozesses zu gestalten gibt. Zuerst fokussieren wir uns auf die Differenzierung der verschiedenen Nachfolgeoptionen und betonen das Denken und Handeln in Szenarien. Anschliessend geht es um die Klärung der Frage, was denn überhaupt das Übertragungs-Objekt ist, um im Anschluss die Übertragungs-Ebenen in Sachen Nachfolgen zu diskutieren, denn gerade bei einer familieninternen Nachfolge gilt es neben der Führungs- und Eigentumsnachfolge auch die Vermögensnachfolge zu klären. Daraus folgend müssen wir uns vertieft der Diskussion rund um Fairness und Gerechtigkeit widmen, um schliesslich auch die Konsequenzen und Möglichkeiten in Bezug auf die Governance-Strukturen, Governance-Instrumente und Governance-Prozesse abzuleiten. Abschliessend gilt es den Prozess mittels Zeit- und Projektmanagement zu lancieren und zu steuern.

Im vierten Schritt (vgl. Kapitel 5) gilt es, mit dem 5-Themen-Rad des St. Galler Nachfolge-Modells Antworten auf die Frage zu finden, was es für die Umsetzung braucht. Darin differenzieren wir zwischen den Themen Selbstverständnis Familienunternehmen, Vorsorge und Sicherheit, Fitness des Unternehmens, Rechtliches Korsett und Transaktionskosten. Zum anderen geht es in Kapitel 4 um die 6-Gestaltungs-Dimensionen, die es bei der Regelung einer umfassenden Nachfolge zu berücksichtigen gilt.

Im fünften Schritt betrachten wir die Unternehmensnachfolge aus prozessualer Sicht (vgl. Kapitel 6). Der Hauptfokus liegt dabei in der Differenzierung zwischen dem Prozess des Verkäufers oder Übergebers, dem Prozess des Käufers respektive Nachfolgers sowie dem Transaktionsprozess im engeren Sinn.

Im letzten Kernkapitel werfen wir einen Blick auf das Phänomen Nachfolge unter Berücksichtigung der Beratung (vgl. Kapitel 7). Dabei machen wir uns Gedanken über die Architektur der Prozessgestaltung, die verschiedenen Beratungsansätze sowie mögliche Gütekriterien zur Bewertung von Unterstützungsleistungen. Abschliessend werden wir uns noch kurz dem Thema Kommunikations- und Informationspolitik zuwenden.

Nach dem Schlusswort finden Sie im Anhang 1 eine kleine Auswahl von praktischen Fragestellungen. Diese sollen für die Erschliessung im konkreten Fall anregen, jedoch nicht als Checkliste missverstanden werden. Wir sind der tiefen Überzeugung, dass man eine gute Unternehmensnachfolge gerade nicht mit einer Checkliste regeln kann! Die Fragen sind entlang dem im Buch vorgestellten 5-Themen-Rad strukturiert und für die Adressaten Übergeber, Übernehmer und Berater aufbereitet. Im Glossar (Anhang 2) sind schliesslich die wichtigsten Begrifflichkeiten kurz umschrieben, die wir im vorliegenden Buch verwendet haben.

Wir verwenden punktuell explizit systemische Grundbegriffe, die in der Wissenschaftstheorie verortet sind. Damit drücken wir zum einen unsere Grundhaltung aus, zum anderen hilft dies insbesondere Studierenden die Aspekte wissenschaftlich richtig einzuordnen. Unsere praktische Erfahrung lehrt uns, dass die tiefe Auseinandersetzung mit Kommunikation und Wahrnehmung für die Gestaltung und Bewältigung von Unternehmensnachfolgen von zentraler Bedeutung ist.

2 Unternehmensnachfolge als Markt und deren Kontext

2.1 Drei Markt-Spieler prägen den Markt

Das Phänomen Unternehmensnachfolge verstehen wir als Markt (vgl. dazu Abbildung 1). Im Zentrum des Marktes stehen zwei Hauptparteien und ein Verhandlungsobjekt. Der Markt besteht aus Angebot und Nachfrage in Bezug auf ein Unternehmen (= Übertragungs-Objekt) zwischen einem Verkäufer (= Übergeber) und einem Käufer (= Übernehmer) als Parteien. Eine gelungene Unternehmensnachfolge muss aus fachtechnischer Sicht u.E. nicht immer perfekt sein – aber sie muss funktionieren. Dies bedeutet, dass die getroffene Lösung aus der Perspektive des Verkäufers, des Käufers und vor allem auch aus der Perspektive des Unternehmens funktionieren muss. Unser Anspruch ist, dass am Schluss eine nachhaltig tragbare Lösung für das Unternehmen und die Parteien gefunden wird. In der Praxis bedeutet dies, dass wir auf dem Weg zur Lösung sehr bewusst diese drei Perspektiven einnehmen müssen, unter Berücksichtigung der jeweiligen Kontexte und Bedürfnisse. Dies ist das Hauptziel des St. Galler Nachfolge-Modells als ganzheitliches Rahmenkonzept.

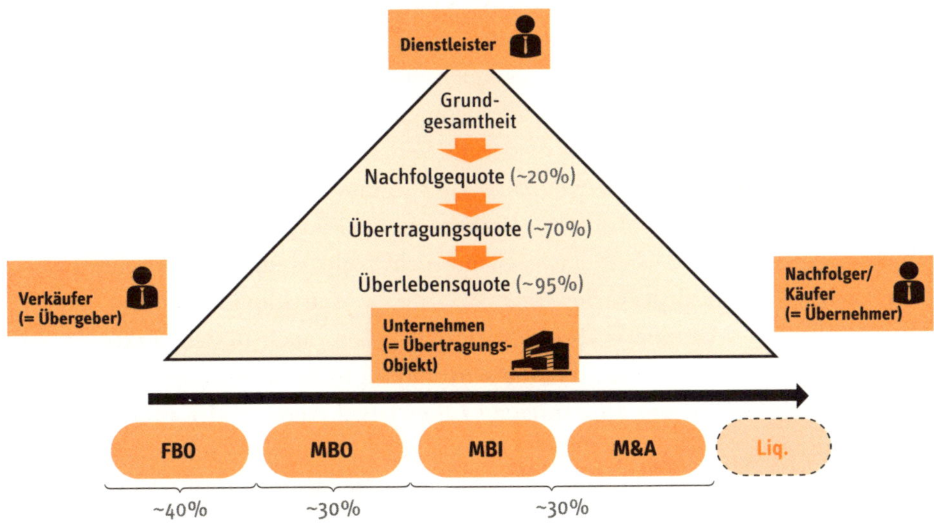

Abbildung 1: Unternehmensnachfolge als Markt (Gesamtüberblick)

Die quantitative Relevanz der Unternehmensnachfolge ist gross (vgl. dazu Kapitel 2.2). Dies haben auch verschiedene Vertreter der Dienstleister erkannt. Entsprechend gilt es, diesen dritten Marktteilnehmer auf dem Nachfolgemarkt – die *Dienstleister* – zu thematisieren. Dies kann vom Coach oder Prozessbegleiter bis hin zum Anwalt oder zum Wirtschaftsprüfer reichen. Entsprechend haben wir dieser Partei am Schluss des Buches ein eigenes Kapitel gewidmet (vgl. Kapitel 7).

Bei den Kernparteien Verkäufer, Käufer und Übertragungs-Objekt kann es sich selbstverständlich um sehr unterschiedliche Konstellationen handeln. Beim *Verkäufer* kann es sich um einen Alleineigentümer handeln, der seine Einzelfirma in neue Hände übertragen will – oder um ein Mehrgenerationen-Unternehmen mit einer Vielzahl von Eigentümern, die ihre Nachfolge gestalten wollen. Gleichzeitig gibt es aber auch öffentlich kotierte Konzerne, welche beispielsweise einen Unternehmensbereich abspalten und veräussern wollen. Vorliegend fokussieren wir uns primär auf von Privatpersonen (unter Umständen über Holdinggesellschaften) gehaltene Unternehmen. Dabei kann es sich um eine Einzelperson oder um eine Personengruppe (z. B. Familie) handeln. Abhängig von der Fragestellung, werden wir auf die spezifischen Unterschiede der Verkäuferstruktur eingehen.

Beim *Nachfolger* ist die Diversität ähnlich, was im Wesentlichen auch abhängig ist von der angestrebten Nachfolgeoption (vgl. dazu auch Kapitel 4.1). Im Rahmen einer familieninternen Nachfolge (FBO = Family-Buy-out) wird die Nachfolge familienintern angestrebt. Dabei kann es um ein Kind, mehrere Kinder oder weitere Verwandte ausserhalb einer Kernfamilie gehen – dies ist von Fall zu Fall individuell anzuschauen. Auch beim Verkauf an Mitarbeitende (MBO = Management-Buy-out) oder an externe Führungskräfte (MBI = Management-Buy-in) kann es sich auch um eine Einzelperson oder um ein Team handeln. Im vorliegenden Buch verstehen wir M&A (= Merger and Acquisition) als den Verkauf eines Unternehmens an strategische Käufer – meist Unternehmen, die als Käufer auftreten – oder als Verkauf an Finanzinvestoren. Der Börsengang (IPO = Initial Public Offering) als Exit-Variante für Verkäufer sei an dieser Stelle der Vollständigkeit halber ebenfalls erwähnt – ist aber im KMU-Kontext äusserst selten anzutreffen und wird deshalb nachstehend nicht mehr weiter berücksichtigt. Schliesslich bleibt noch die ordentliche Geschäftsaufgabe und Liquidation: eine Nachfolge ohne Käufer. Dies ist eine wichtige Nachfolgeoption, auch in der Praxis, die jedoch oft zu wenig Beachtung findet, da tabuisiert und oft nicht als Lösung verstanden wird.

Im Zentrum steht das *Übertragungs-Objekt* (vgl. vertiefend Kapitel 4.2). Vordergründig handelt es sich dabei um ein Unternehmen, das juristisch in der Form einer Einzelfirma oder als Gesellschaft (als Personen- oder Kapitalgesellschaft) eine eigene Einheit darstellt. Wir sprechen gerne auch von Unternehmens-System. Die Praxis zeigt jedoch schnell, dass – so einfach dies hier formuliert ist – vor allem den Verkäufern wie auch Käufern nicht immer klar ist, was nun wirklich zum Übertragungs-Objekt gehört. Entsprechende Klärungen und Vorbereitungsmassnahmen sind deshalb notwendig.

2.2 Die volkswirtschaftliche Relevanz

Im vorliegenden Buch sprechen wir gerne von *familiengeführten KMU,* die ihre Nachfolge regeln wollen. Entsprechend gilt es, die volkswirtschaftliche Relevanz der wesentlichen Begriffe kurz festzuhalten. Gleichzeitig werfen wir einen Blick auf die wesentlichen quantitativen Trends des Nachfolgemarktes, um ein Gefühl für die Marktgrösse und Marktdynamik zu bekommen.

KMU steht für Kleinst-, Klein- und Mittelunternehmen. Als Ausgangspunkt stützen wir uns auf die Empfehlungen der Europäischen Kommission zur Definition von KMU.[1] Dabei wird dem Hauptkriterium der Mitarbeiteranzahl als Ergänzung ein weiteres, finanzielles Kriterium (Umsatz oder Bilanzsumme) hinzugefügt. Die Definition lautet: *«Die Grössenklasse der Kleinstunternehmen, sowie der kleinen und mittleren Unternehmen (KMU), setzt sich aus Unternehmen zusammen, die weniger als 250 Personen beschäftigen und die entweder einen Jahresumsatz von höchstens 50 Mio. EUR erzielen oder deren Jahresbilanzsumme sich auf höchstens 43 Mio. EUR beläuft.»* Wir nehmen im weiteren Verlauf die Mitarbeiterzahl als Unterscheidungsmerkmal, wobei wir bei einzelnen Fragestellungen zwischen Kleinst- (1-9 Mitarbeitende), Klein- (10-49 Mitarbeitende) und Mittelunternehmen (50-249 Mitarbeitenden) differenzieren.

Innerhalb der KMU-Kategorie können folgende, zusätzliche Abgrenzungen gemacht werden. Die KMU müssen eigenständig handeln können, nicht von anderen Unternehmen gehalten und kontrolliert werden. Der Schwellenwert bei Beteiligungen von anderen Unternehmen wird von der EU auf maximal 25 % beschränkt. Dieser kann allerdings im Falle von Risikokapitalgesellschaften überschritten werden, solange sie keine direkte Kontrolle über das Unternehmen ausüben. Die Qualität von KMU wird in der Regel damit umschrieben, dass Führung und Eigentum oft in denselben Personen zusammenfallen (= Personalunion). Damit werden KMU oft auch kürzere Kommunikationswege, schnellere Entscheidungen, persönliche Kultur, höhere Adaptionsgeschwindigkeit am Markt oder eher bedarfs- und anwendungsorientierte Forschung zugesprochen.[2] Die Bedeutung der KMU liegt in den meisten Volkswirtschaften bei 98 bis 99 Prozent in Bezug auf die Anzahl der Unternehmen. Dabei dominieren vor allem die Kleinstunternehmen mit einem Anteil von rund 90 Prozent, gefolgt von Kleinunter-

1 Europäische Kommission (2003); Fust, Fueglistaller, Brunner, Graf 2019.
2 vgl. z. B. Fueglistaller 2004 und Pfohl 2006.

nehmen (8 Prozent) und Mittelunternehmen (1 Prozent). In Bezug auf die Arbeitsplätze arbeiten in KMU zwischen 55 und 80 Prozent der Arbeitnehmer – die internationalen Unterschiede sind diesbezüglich grösser.[3]

Familienunternehmen sind in der Regel auch KMU – es gibt aber sehr wohl auch familienkontrollierte Grossunternehmen mit vielen Tausend Mitarbeitenden. Der Anteil an Familienunternehmen weltweit wird höchst unterschiedlich beziffert.[4] Das liegt unter anderem daran, dass in primär national durchgeführten Studien unterschiedliche Definitionen zu ihrer Bestimmung herangezogen wurden. Weiter sind einige der verwendeten Stichproben zu klein oder betrachten nur eine bestimmte Gruppe von Unternehmen oder Branchen, was selbst national repräsentative Aussagen erschwert. Immerhin können einige Übersichtsarbeiten identifiziert werden, welche die weltweite Bedeutung von Familienunternehmen untersucht haben.[5] Entsprechend dürften weltweit zwischen 60 und 90 Prozent der Unternehmen als Familienbetriebe bezeichnet werden. Im deutschsprachigen Raum gibt es einzelne vergleichbare Studien. Unter der Verwendung der etablierten SFI-Definition wird darin der Anteil der Familienunternehmen zwischen 78 und 88 Prozent angegeben (vgl. dazu auch Kapitel 2.3).[6] Der von Familienunternehmen geleistete Anteil am Bruttosozialprodukt wird auf 50 bis 90 Prozent geschätzt; zwischen 40 und 80 Prozent aller Arbeitnehmer von Familienunternehmen beschäftigt.[7]

Als nächstes gehen wir auf die quantitative Bedeutung der Unternehmensnachfolge ein. Dabei unterscheiden wir die Nachfolgequote, die Übertragungsquote und die Überlebensquote. Die *Nachfolgequote* bringt zum Ausdruck, wie viele Unternehmen in den kommenden Jahren vor der Unternehmensnachfolge stehen, wobei in der Regel die Eigentumsnachfolge im Mittelpunkt der Betrachtung steht. Für die Quantifizierung der Nachfolgequote gibt es Annäherungsversuche über die Konsultierung von Unternehmensverzeichnissen und über das Alter der Eigentümer. Gleichzeitig gibt es verschiedene Studien, die direkt die Eigentümer nach deren Nachfolgeplänen befragen. Diese direkte Ansprache der Eigentümer zu ihren Plänen ist unseres Erachtens zielführender als andere Methoden, denn es gibt sowohl Eigentümer, die Ihr Unternehmen bereits im 40-ten Lebensjahr verkaufen wollen und andere, die bewusst bis 75 weiter arbeiten wollen oder müssen. Im langfristigen Zeitraum darf davon ausgegangen werden, dass entlang

3 Fust, Fueglistaller, Brunner, Graf 2019.

4 Shanker, Astrachan 1996; Klein 2000a, S. 158.

5 Cappuyns, Astrachan, Klein 2003; Neubauer 1992, S. 8; Reid, Dunn, Cromie u.a. 1999b, S. 149; Astrachan, Zahra, Sharma u.a. 2003, S. 5.

6 SFI steht für «Substantieller Familien Einfluss». Klein 2003, S. 11 (Ersterhebung 2000 für Deutschland); Frey, Halter, Zellweger 2004a (Ersterhebung 2003 für die Schweiz); Andric, Bird, Christensen u.a. 2016; Fueglistaller, Zellweger 2007; Wallau, Haunschild 2007, S. VIII.

7 Shanker, Astrachan 1996, S. 107; Müller-Tiberini 2001, S. 10; Fueglistaller, Zellweger 2007, S. 32; Kayser, Wallau 2002; Klein 2000a, S. 160; Klein 2000b; von Moos 2002.

dieser Eigenangabe die Nachfolgequote bei ca. 20 Prozent liegt. Dies bedeutet, dass ein Fünftel aller Unternehmen jeweils in den kommenden fünf Jahren ihre Nachfolge regeln wollen oder müssen.[8] Aus makroökonomischer Sicht kann deshalb festgehalten werden, dass es sich bei der Unternehmensnachfolge um ein sehr zahlreich, regelmässig auftretendes, und gleichzeitig sehr natürliches Phänomen handelt. Selbstredend ist die persönliche Betroffenheit, die Ausgangslage und die Lösungsfindung von Fall zu Fall verschieden. Die Nachfolgequote ist zudem kurzfristigen Schwankungen unterworfen. Veränderungen im wirtschaftlichen und politischen Umfeld wie beispielsweise in der Steuergesetzgebung, Wechselkursschwankungen oder hinsichtlich Konjunktur, haben in den meisten Fällen einen Einfluss auf die Bereitschaft der Verkäufer, wie auch Nachfolger, den Nachfolgeprozess zu beschleunigen oder zu verlangsamen.

Bei der *Übertragungsquote* geht es um die Frage, wie viele Unternehmen denn effektiv in neue Hände übertragen werden (Eigentumsnachfolge). Die Erfassung der Daten zu dieser Fragestellung ist empirisch schwierig, denn gescheiterte oder liquidierte Unternehmen sind in den entsprechenden Datenbanken oft nicht mehr geführt. Auf der Grundlage verschiedener internationaler Studien muss jedoch davon ausgegangen werden, dass lediglich 70 Prozent der Unternehmen tatsächlich auf neue Eigentümer übertragen werden. Vor allem viele Kleinst- und Kleinunternehmen, und insbesondere als Einzelfirma geführt, wählen oft notwendigerweise den Weg der ordentlichen Geschäftsaufgabe und werden aufgelöst oder liquidiert, wenn der Eigentümer sich zurückzieht.[9] Beim Konkurs ist es noch schwieriger eine Aussage darüber zu machen, ob eine mangelhafte Regelung der Nachfolge (z. B. Fehlplanung) zum Scheitern geführt hat oder einfach andere betriebswirtschaftliche Gründe (z. B. finanzielle Defizite und Misswirtschaft). Die Übertragungsfähigkeit des Unternehmens kann in diesen Fällen derart eingeschränkt sein, dass kein Nachfolger zu finden ist.

Bei der *Überlebensquote* gilt es zu klären, wie viele Unternehmen nach vollzogener Unternehmensnachfolge am Markt überleben. Basierend auf Studien aus dem europäischen Raum darf davon ausgegangen werden, dass nach einem Wechsel des Eigentümers in den folgenden 5 Jahren lediglich 5 Prozent der übertragenen Unternehmen aufgelöst oder liquidiert werden – positiv bedeutet dies, dass die Überlebensquote bei 95 Prozent liegt.[10] Im Vergleich dazu liegt die Überlebensquote von Neugründungen im gleichen Zeitraum bei rund 50 Prozent (von 5 Jahren ab der Gründung).

8 Für die Schweiz vergleiche Liebermann 2003, S. 1 und 5; Frey, Halter, Zellweger 2005; Halter, Baldegger, Schrettle 2009; Christen, Halter, Kammerlander u. a. 2013; Andric, Bird, Christensen u. a. 2016; für Deutschland: Kropfberger und Mödritscher 2002, S. 109; Freund, Kayser, Schröer 1995; Für Österreich vgl. Pichler, Bornett 2005, S. 146 f.; Kailer, Weiß 2005, S. 19.

9 Ausführlich in Halter 2009. Annährungen für die EU vgl. Meijaard, Uhlander, Flören u. a. 2005, S. 5; Martin 2000, S. 1.

10 Ausführlich in Halter 2009, S. 12; Kailer, Weiß 2005, S. 19.

Die Bedeutung der *Nachfolgeoptionen* FBO, MBO, MBI und M&A haben sich in den letzten Jahren deutlich verschoben. In der Öffentlichkeit herrscht oft die Meinung vor, dass eine familieninterne Nachfolge einer guten und gelungenen Nachfolge gleichzusetzen ist. Die Datenlage in der Schweiz – aber auch in unseren Nachbarländern – zeigt deutlich: Unternehmen werden zunehmend von Nicht-Familienmitgliedern übernommen. Es ist keine Selbstverständlichkeit mehr, dass der Sohn oder die Tochter eines Patrons den Betrieb übernehmen. Einige Erklärungsansätze sind im Kontext gesellschaftlicher Trends zu sehen, wie beispielsweise Multioptionsgesellschaft, Akademisierung, abnehmende Risikobereitschaft, höheres Bedürfnis nach Selbstverwirklichung und andere. In Ergänzung dazu wird richtigerweise auch die Frage gestellt, ob die eigenen Kinder das Unternehmen nicht nur führen wollen – sondern auch können: Können die Kinder den gestiegenen Anforderungen einer globalisierten und dynamischen Wirtschaftswelt gerecht werden? Wenn ein Nachfolger gefunden wird, liegt die FBO-Quote in unseren Breitengraden bei rund 40 Prozent. Rund 30 Prozent werden im Rahmen eines MBO geregelt und 30 Prozent im Rahmen einer externen Nachfolge wie MBI und M&A.[11] Der Rückgang der FBO-Quote hat unseres Erachtens auch etwas mit den wirtschaftlichen und gesellschaftlichen Rahmenbedingungen zu tun. In Regionen, wo beispielsweise die Jugendarbeitslosigkeit wesentlich höher ist und gesellschaftliche Werte wie Kollektivismus stärker ausgeprägt sind, ist die FBO-Quote wesentlich höher.[12]

Zum Schluss kommen wir zur Frage, ob das Angebot und die Nachfrage auf dem Nachfolgemarkt sich in einer Balance befindet (losgelöst vom Preis). Ausgangspunkt ist folgender: je kleiner ein Unternehmen ist, desto grösser ist die Personenabhängigkeit vom Eigentümer – gepaart mit ausbildungsbezogenen, fachlichen Fähigkeiten, die es ebenfalls braucht. Je kleiner also ein Unternehmen ist, desto schwieriger wird es, dass ein «Manager» ab einer akademischen Kaderschmiede – das Unternehmen weiterführen kann. Beim FBO stellen wir fest, dass dieser durchgeführt wird, je grösser ein Unternehmen ist: Je grösser ein Familienunternehmen ist, desto einfacher wird auch die Umsetzung der Option, dass das Eigentum zwar familienintern übertragen wird – die operative Führung jedoch familienexternen Führungskräften anvertraut wird (= Fremdmanagement). Der MBO und MBI ist neben der fachlichen Komponente in Verbindung mit der Unternehmensgrösse vor allem mit der Frage der Finanzierbarkeit verbunden, denn in der Regel verfügen die Kandidaten nicht über genügend eigene finanzielle Mittel und sind in der Regel auf die Fremdfinanzierung, die Mitwirkung des Verkäufers und unter Umständen auch Equity-Partnern – sprich Eigenkapitalgebern – angewiesen. Je grösser und attraktiver ein Unternehmen ist, desto

11 vgl. gleiche Studien von oben.
12 Zellweger, Sieger, Englisch 2015 oder das Forschungsprojekt www.guesssurvey.org.

unwahrscheinlicher wird es, dass ein solches von einem MBO/MBI-Kandidaten persönlich finanziert werden kann.

Die nachstehende Abbildung 2 entstand aus der Perspektive der familienexternen Käufer. Die senkrechte Achse «Aufstellung» stellt die Frage, ob es sich beim Übernehmer primär um eine Einzelperson, oder um mehrere Leute, respektive einen Gruppenverbund handelt. Die waagrechte Achse «Orientierung» stellt die Frage, mit welchen Motiven und Zielsetzungen sich die Nachfolger engagieren. Die beiden Extreme sind hier die handwerklich-gewerbliche Orientierung auf der einen, die kaufmännisch-akademische Orientierung auf der anderen Seite. Daraus lassen sich vier Typen unterscheiden: Typ 1 «Mein Leben, meine Lebensstelle», Typ 2 «Mein unternehmerisches Investment», Typ 3 «Unser finanzielles Investment» und Typ 4 «Unsere Geschichte». Auf die Typen 1 bis 3 gehen wir nachstehend nur kurz ein. Typ 4 beobachten wird in der Praxis kaum.

Nachfolger des Typs 1 *Mein Leben, meine Lebensstelle* sind Einzelpersonen, die in der Regel aus einer bestimmten «technischen Fachrichtung» kommen, meist mit Lehr- und/oder Meisterabschluss, immer öfter auch mit Zusatzausbildungen. Das Ziel ihres Engagements ist ihr Wunsch, für Kunden ein gutes Produkt oder eine gute Dienstleistung anzubieten und damit gleichzeitig den eigenen Lebensunterhalt zu finanzieren. Das unternehmerische Engagement wird dabei als Berufung empfunden, ist integraler Bestandteil des eigenen Seins. Beim Einstieg in ein bestehendes Unternehmen wird nicht primär an den Ausstieg gedacht, sondern an das eigene Berufsbild und das Leistungskonzept des Unternehmens.

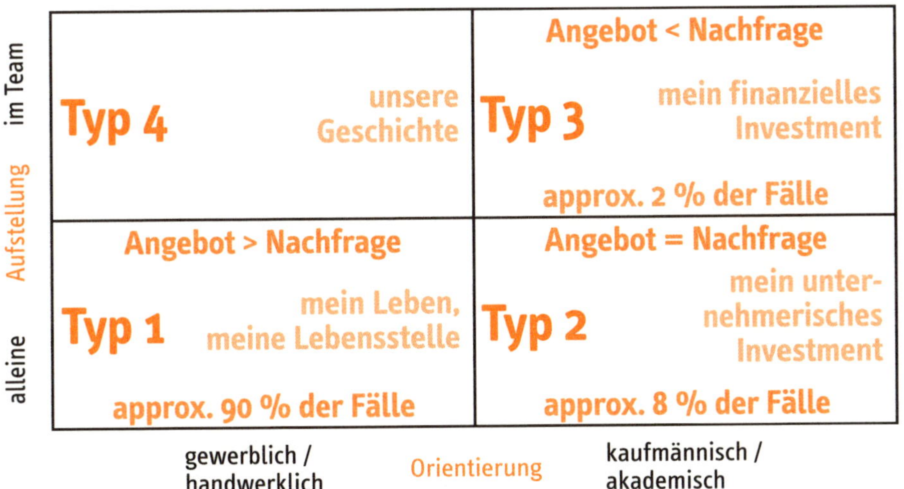

Abbildung 2: Angebot und Nachfrage im Nachfolgemarkt[13]

13 i.A.Fueglistaller, Halter 2011 mit eigenen Schätzungen. Mit der Achse «Orientierung» ist die Grundhaltung der Unternehmer gemeint und nicht ein spezifischer Branchenbezug.

Der Nachfolger des Typs 2 *Mein unternehmerisches Investment* will ein Unternehmen als Einzelperson übernehmen und dieses systematisch und konsequent weiterentwickeln. Entlang von managementorientierten Instrumenten wie einer klaren Positionierung oder einem zielorientierten Gestalten von Strategie und Struktur wird das Unternehmen einer konsequenten Professionalisierung unterzogen. In der Hoffnung des Nachfolgers können schlummernde Potenziale ausgeschöpft, am Ende des Tages unter Umständen sogar monetarisiert werden. Der Nachfolger des Typs 2 nimmt das Unternehmen als Organisation wahr und stellt dessen Eigenleben in den Fokus. Seine Energie ist hauptsächlich auf den Erfolg des Unternehmens ausgerichtet mit dem Ziel, dass es auch eine gewisse Rendite abwerfen soll. Der Wiederausstieg (= Exit) muss nicht, kann aber bereits integraler Bestandteil des persönlichen Planes des Nachfolgers sein, wenn er das Unternehmen kauft.

Beim Nachfolgertyp 3 *Unser finanzielles Investment* handelt es sich in der Regel um eine Gruppe von Investoren, welche primär aus finanziellen Überlegungen ihr Kapital investieren, also sogenannte Privat-Equity-Engagements im weiteren Sinn. Ihr Ziel ist es, ihr Geld für etwa fünf bis sieben Jahre wertsteigernd anzulegen. Entsprechend werden die gleichen Entwicklungsmöglichkeiten gesucht wie beim Typ 2, mit dem Unterschied, dass die reine Wertsteigerung und der Ausstieg aus dem Unternehmen integrale Bestandteile der Übernahmeabsicht sind und so ein eigenes Geschäftsmodell von Investoren darstellt.

Solche Typologien vereinfachen naturgemäss die Welt, die Wirklichkeit sieht nuancierter aus. Dennoch sind wir überzeugt, dass die hier gezeigte Typologie hilft, Angebot und Nachfrage bei der Unternehmensnachfolge einzuschätzen. Bei Typ 3 *Unser finanzielles Investment* gibt es auf der Nachfrageseite genügend Kapital, das investiert sein will. Unsere These ist, dass für gewünschte Transaktionen dieser Art zu wenig «Hidden Champions» angeboten werden, respektive verfügbar sind.

Beim Typ 2 *Mein unternehmerisches Investment* gibt es unseres Erachtens eine dem Angebot entsprechende Anzahl von Interessenten auf der Nachfrageseite. Diese finden jedoch das Angebot nicht («Matching») oder die Finanzierung kann zum Stein des Anstosses werden. Hier bietet sich bei Bedarf eine Kombination mit dem Typ 3 an, handelt es sich in diesem Fall ja auch meist nicht um Kleinstunternehmen.

Insbesondere bei Typ 1 sehen wir einen Angebotsüberhang, d. h. es gibt wesentlich mehr zu übernehmende Unternehmen als Nachfolger. Für die Verkäufer heisst das, dass sie die Planung ihres Ausstiegs langfristig und strategisch planen müssen, mit und ohne Nachfolger. Vor allem aber braucht es umgekehrt aus volkswirtschaftlicher und gesellschaftlicher Sicht auch Ansätze, um die Attraktivität unternehmerischen Engagements zu fördern. Insbesondere wenn man bedenkt, dass die meisten Unternehmen im Nachfolgeprozess den Typen 1 und 2 zuzuordnen sind und, absolut gesehen, sehr zahlreich sind.

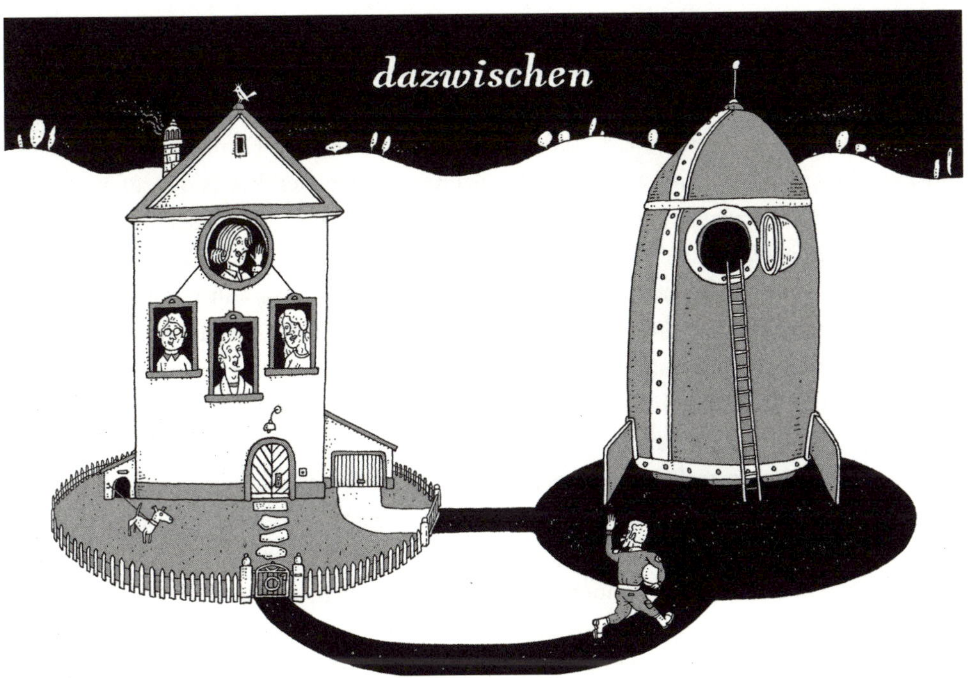

2.3 Der Kontext familiengeführte KMU

Gegenstand der meisten Nachfolgeregelungen bildet ein familiengeführtes KMU. Entsprechend wichtig ist es uns, dass die Spezies Familienunternehmen konzeptionell gut erfasst wird. Ein tiefes Verständnis für die Strukturen, und vor allem Logiken, ist bei der erfolgreichen Gestaltung des Nachfolgeprozesses und der Nachfolgelösung entscheidend.

Bis heute gibt es keine formelle Definition (= Legaldefinition) darüber, was ein Familienunternehmen ist.[14] Aus einer systemisch geprägten Sicht bildet ein Familienunternehmen eine Entität aus den Sozialsystemen Familie und Unternehmen. Das Subsystem «Unternehmen» wird hier als soziotechnisches System verstanden, das eine juristische Einheit darstellt und einen wirtschaftlichen Zweck verfolgt.[15] Unter dem Subsystem «Familie» wird eine Gruppe von Menschen verstanden, die in einem direkten verwandt-

14 Neubauer 1992, S. 174; Astrachan, Klein, Smyrnios 2002, S. 45; Gudmundson, Harman, Tower 1999, S. 37; Gersick, Davis, McCollom Hampton u.a. 1997; Ward, Dolan 1998, S. 305 ff; Litz (1995, S. 71) spricht gar von einer «definitorischen Konfusion»; Sharma, Chrisman, Chua 1996, S. 3 ff. fanden in ihrer Analyse 34 verschiedene Definitionen.

15 Rüegg-Stürm 2004, S. 20 f.; Löwe 1979.

schaftlichen Verhältnis zueinander stehen.[16] Dadurch werden Gründerfamilien, deren Kinder und Kindeskinder, aber auch Schwiegertöchter oder -söhne als Familie verstanden.

Gleichzeitig variieren Familienunternehmen bezüglich Grösse, Branche, Alter, Struktur und Rechtsform; diese Heterogenität erschwert die Formulierung einer Definition, die eine Generalisierung bei gleichzeitig genügender Präzision zuliesse. Dies führte in der Vergangenheit zu einer Vielzahl von Definitionen, deren Mehrzahl mit sog. Kreismodellen arbeitet.[17]

In der wissenschaftlichen Literatur hat sich jene Definition von Familienunternehmen etabliert, welche den *Substantial Family Influence* (SFI) als Messinstrument nimmt. Die substanziellen Einflussmöglichkeiten der Familie auf das Unternehmen können dabei von dreierlei Art sein.[18] Ein erstes Element bildet der relative Kapital- respektive Stimmrechtsanteil am Unternehmen. Das zweite Element ist der relative Anteil der Familie an der Gesamtzahl der Managementmitglieder. Der relative Familienanteil an den Verwaltungsrats- respektive Aufsichtsrats- oder Beiratssitzen konstituiert das dritte Element. Unter der Bedingung, dass der Kapitalanteil grösser als Null ist, wird vorgeschlagen, von einem Familienunternehmen zu sprechen, wenn die Summe der drei Quotienten grösser oder gleich 1 ist. In Ergänzung zum SFI wird oft die Forderung laut, dass verschiedene Generationen im Unternehmen aktiv sein sollen, oder dass zumindest ein Generationswechsel bereits stattgefunden hat (vgl. dazu auch Abbildung 3).

Bezüglich des *Umfangs der Kapital- und Stimmrechtsbeteiligung* durch die Familie können in der Literatur unterschiedliche Forderungen identifiziert werden. Viele Autoren fordern einen Mindestanteil von 50 Prozent.[19] In verschiedenen Studien kann festgestellt werden, dass bei rund 70 Prozent aller Unternehmen die Familie im obigen Sinn 100 Prozent des Kapitals respektive der Stimmrechte hält.[20] Dies zeigt deutlich, dass die Stimmrechtskontrolle die dominierende Dimension ist, um die Einflussmöglichkeit aufrecht zu erhalten. Umgekehrt gesprochen ist das Eigentum und das Stimmrecht die letzte Bastion, die gegenüber Nicht-Familienmitgliedern allenfalls geöffnet wird. Deshalb ist legitim und korrekt, dass der Grad der Kapital- respektive Stimmrechtsbeteiligung als Schnellindikator zur Differenzierung zwischen Familien- und Nicht-Familienunternehmen verwendet wird.[21]

16 Die Familie kann auch als kleinste menschliche Gemeinschaft, zu der die durch Ehe, Verwandtschaft und Schwägerschaft verbundenen Personen gehören, umschrieben werden. Bei Familienunternehmen mit mehreren Mitglieder aus verschiedenen Generationen wird auch von ‚Clan' oder ‚Dynastie' gesprochen.

17 Auf die Kritik des Kreismodells wird an dieser Stelle verzichtet und auf Halter 2009 verwiesen.

18 Klein 2000a; Frey, Halter, Zellweger 2004a; Frey, Halter, Zellweger, u. a. 2004b.

19 Klein 2000b, S. 15; Leach et.al. 1991, S. 3; Pentzlin 1976, S. 8; Clausen 1982, S. 50.

20 Andric, Bird, Christensen u. a. 2016.

21 Falls vinkulierte Namenaktien im Umlauf sind, sollten die Stimmrechte betrachtet werden.

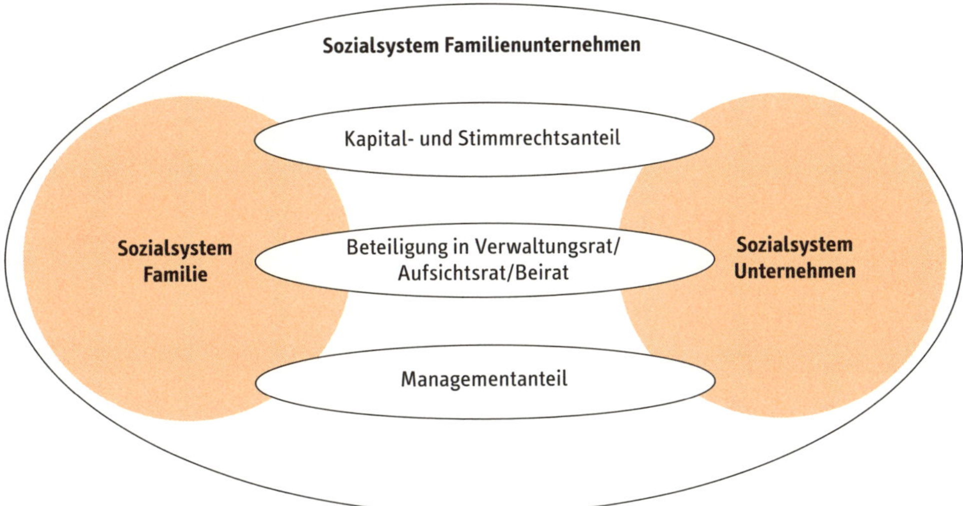

Abbildung 3: Grundgerüst zur Definition von Familienunternehmen[22]

Die zweite Einflussnahme stellt die *Vertretung im Verwaltungsrat, Aufsichtsrat respektive Beirat* dar.[23] Wenn es ein solches Gremium gibt, kann festgestellt werden, dass dieses rascher gegenüber Dritten geöffnet wird, im Unterschied zum Management, welches in der Regel länger in Familienhand bleibt. Im Management liegt das operative Geschick des Unternehmens. Bei rund 35 Prozent aller Familienunternehmen wird der Verwaltungsrat vollständig durch eigene Vertreter besetzt.[24] Gerade bei KMU stellt sich für uns die Frage, ob dieses Gremium genügend genutzt und gelebt wird, oder einfach die vom Gesetz vorgegebenen Formalien sichergestellt werden (vgl. dazu Kapitel 4.5).

Die dritte Einflussnahme erfolgt über die Wahrnehmung von *Managementfunktionen*. Das Management wird bei rund 60 Prozent aller Familienunternehmen vollständig durch familieninterne Mitglieder bestellt. Selbstverständlich gilt es bei dieser Betrachtung die Unternehmensgrösse mit zu berücksichtigen – gerade vor dem Hintergrund, dass die Kleinst- und Kleinunternehmen unsere Volkswirtschaften dominieren. Das obige Verständnis hinsichtlich Einflussmöglichkeiten der Familie auf das Unternehmen gilt es im Kontext der Gestaltungs-Dimensionen wieder aufzunehmen

22 Halter 2009, S. 74.

23 Je nach Kulturkreis werden hier unterschiedliche Begriffe verwendet. Entscheidend ist, dass das entsprechende Gremium für die Strategische und Finanzielle (Ober)Verantwortung steht und sich nicht für das operative Geschäft verantwortlich zeichnet, was fakultativ sehr wohl auch bei Personengesellschaften eingeführt werden kann.

24 Fueglistaller, Halter 2005, S. 37; Andric, Bird, Christensen u. a. 2016.

(vgl. dazu Kapitel 4). Das Thema und die Wirkung von vorhandenen oder fehlenden Governance-Strukturen werden im Nachfolge- und Führungsprozess massiv unterschätzt. Die Governance-Struktur ist ein praktisches, wirkungsvolles und einfaches Instrument zur Gestaltung verschiedener Gremien im Familienunternehmen um beispielsweise die nächste Generation an das Unternehmen heran zu führen. Sie kann mit etwas Geschick über den Zeitablauf hinweg sinnvoll angepasst und genutzt werden.

2.3.1 Die Funktionen der Familie

Für das Subsystem Familie können drei unterschiedliche Funktionen identifiziert werden. Nachfolgend wird zwischen natürlichen, wirtschaftlichen und sozial-kulturellen Funktionen unterschieden.[25] *Die natürliche Funktion der Familie* liegt in der Verbindung zwischen Mann und Frau und damit in der Fortpflanzung zur Erhaltung des Bestands unserer Gesellschaft. Auch wenn zunehmend neue Formen des Zusammen-

25 Löwe 1979, S. 20 f.; Klein 2000b, S. 10; Rosenbauer 1994, S. 44; Wiedmann 2002, S. 40 f.; Boungou Bazika 2005, S. 20 ff.; Siebel 1984, S. 208; Sechser 2006, S. 11.

lebens existieren, handelt es sich um ein Idealmodell, das von vielen Menschen angestrebt wird.[26]

In der wirtschaftlichen Funktion der Familie geht es darum, den Bedarf an Nahrung, Kleidung und Obdach zu sichern, um die heranwachsende Generation lebenstüchtig zu machen. Der Begriff «Haushalt» ist in diesem Zusammenhang zu sehen. Heute bildet die Familie zwar noch eine ökonomische (Über-)Lebenseinheit, doch ist sie nicht mehr primär der Ort der Wertgenerierung im wirtschaftlichen Sinn. Die ökonomische Funktion verliert an Bedeutung. Bei einer Heirat stehen heute primär emotionale Motive wie «Liebe» oder die «Unfähigkeit allein zu sein» im Vordergrund. Die primären Ziele sind das individuelle Lebensglück, das gemeinsame Überleben oder die gemeinsame Sinnfindung.[27] Gleichzeitig kann beobachtet werden, dass Unternehmensgründungen durch Nachkommen von Unternehmerfamilien mitgetragen werden. Eine zweite Beobachtung ist, dass die Mitarbeit von Familienmitgliedern sowohl unter wie auch über dem eigentlichen Marktwert von den Betroffenen oft akzeptiert wird. In beiden Fällen stellt die Familie eine Ressourcenquelle für die unternehmerische Aktivität dar.[28]

Die sozialkulturelle Funktion der Familie kann darin gesehen werden, dass die Familie die heranwachsenden Individuen aufzieht und erzieht, formt und prägt. Im Rahmen dieser Sozialisation findet die Einführung der Kinder in die Welt der sozialen Beziehungen statt und damit die Bildung der Tiefenschichten des Charakters und der Persönlichkeit.[29] In der Familie stehen die Individuen im Zentrum, verbunden mit gefühlsbetonten Beziehungserwartungen, denn die Familie dient der emotionalen Erhaltung des Individuums.[30] Sexualität, Liebe und Geborgenheit, Sicherheit, Glaube, Regeneration und Spannungsausgleich sind dabei tragende Elemente.

Das hier formulierte Bild der Familie hat einen institutionellen Charakter. Das bedeutet, dass die Familie für die Betroffenen einen stabilen Bedeutungsinhalt darstellt (z. B. die Familienkultur), auch wenn sich dieser langfristig verändern kann und deshalb zwischen den Generationen nur eine relative Stabilität bietet. Dieses normative Grundgerüst befindet sich folglich in einem dynamischen Prozess, wo sich die Inhalte und

26 Gross (1994) spricht in diesem Zusammenhang von Multioptionsgesellschaft. Das «Fräulein-Dasein» oder Junggesellen waren einst belächelte oder verpönte Lebensformen, der «Single» wurde in der Zwischenzeit zu einer attraktiven und akzeptierten Option (vgl. Gross 1994, S. 52). Geisel 2004, S. 43 hält fest, dass die Liebesheirat und Wunschkinder heute Errungenschaften der modernen Familie darstellen.

27 Simon 2002, S. 18f. und S. 58.

28 Boungou Bazika 2005, S. 24 f.

29 Rosenbauer 1994, S. 44; Belardinellie 2002; Frey, Halter, Zellweger 2005.

30 Wimmer, Gebauer 2004, S. 247; Klein 2000b, S. 61; Domayer, Vater 1994, S. 26.

Wertungen im Laufe der Lebensbiografie entwickeln und immer wieder neu definieren werden.[31]

2.3.2 Die Funktionen des Unternehmens

Das *Unternehmen* wird in der Literatur oft als soziotechnisches System verstanden, das vier spezifische Eigenheiten aufweist, die es von anderen sozialen Systemen unterscheiden.[32] Als wirtschaftliche Systeme sind Unternehmen langfristig auf einen ausgeglichenen Geldhaushalt angewiesen, um zu überleben.[33] Sie sind zweitens zweckorientiert und multifunktional, indem sie durch Wertschöpfung Nutzen für verschiedene Anspruchsgruppen generieren. Drittens sind sie soziotechnische Systeme, in denen Menschen, unterstützt durch technische Hilfsmittel, in arbeitsteiligen Prozessen Aufgaben verrichten. Schliesslich stehen Unternehmen in einem ökonomischen Wettbewerb; sie müssen sich mit knappen Ressourcen gegen die Mitbewerber durchsetzen. Das Unternehmen wird dabei als ein offenes System verstanden, welches dem Wettbewerb und den Absatz- und Beschaffungsmärkten ausgesetzt ist.

An die im Unternehmen tätigen Personen bestehen klare Leistungs- und Verhaltenserwartungen.[34] Die vom System definierten Ziele sollen mit meist rationalen, erwerbswirtschaftlichen Prinzipien erreicht werden. Das Unternehmen wird bewusst mittels Lenkung, Gestaltung oder Entwicklung beeinflusst. Lenkung beinhaltet die Feinanpassung der Strukturen, Gestaltung die Neuausrichtung der Organisationsprofile und mit Entwicklung ist die Neupositionierung in verschiedenen Lebensphasen des Unternehmens gemeint.[35] Gleichzeitig ist es die Aufgabe der Eigentümer, sinnstiftend im Dienste des Unternehmens zu wirken und so neben den transaktionalen Führungsaufgaben auch einem transformationalen Führungsverständnis gerecht zu werden.[36]

31 Bertram 2007, S. 109; Anders 2001, S. 226 f. Die Veränderung der Familie kann mit Stichworten wie Enttraditionalisierung, Wandel der Beziehungsbilder, Desynchronisierung und Flexibilisierung, Lebenslauf statt Lebenslage oder Abkehr von Sozialromantik umschrieben werden, vgl. dazu ausführlich Metzger 2001, S. 212 ff.

32 Rüegg-Stürm 2004, S. 20 f.; Löwe 1979.

33 Simon 2002, S. 13.

34 Wimmer, Gebauer 2004, S. 247.

35 Gomez, Zimmermann 1997, S. 11. Diese Sichtweise entspricht primär einem systemisch-kybernetischen Grundverständnis.

36 Jenewein, Heidbrink 2008; Heidbrink, Debnar-Daumler 2016. Diese Sichtweise entspricht primär einem systemisch-konstruktivistischen Grundverständnis (vgl. auch Glossar).

2.3.3 Unterschiedliche Zielsetzungen

In Familienunternehmen werden den beiden Subsystemen oft eine menschlich-familiäre Seite (Familie) und eine betrieblich-finanzielle Seite (Unternehmen) zugesprochen – was unseres Erachtens zu kurz greift, denn in der Praxis gilt es zu klären, bei welchen Fragestellungen und Konstellationen welche der beiden «Logiken» dominiert. Dies äussert sich in je unterschiedlichen, zum Teil unsichtbaren Normen, gelebten Beziehungsformen, kommunizierten Themen oder praktizierten Regeln. Die gegenseitige Beeinflussung kann zur Veränderung der Dynamik und der Kultur von Familie und Unternehmen führen und einen individuellen Charakter des Familienunternehmens herausformen.[37] So können beispielsweise Familien- und Gemeinschaftssinn Teil der Unternehmenskultur werden. Familienunternehmen verfolgen so gesehen ökonomische und nicht-ökonomische, respektive finanzielle und nicht-finanzielle Ziele.[38] Andere schreiben der Familie emotionale, dem Unternehmen rationale Eigenschaften zu.[39] Dies sind nur einige wenige Beispiele für teils umfangreiche Differenzierungen der beiden Systemen Familie und Unternehmen, um deren besondere Logiken im Allgemeinen und deren spezielles Zusammenwirken im Besonderen zu beschreiben.

Nachfolgend werden die wesentlichen Unterschiede herausgearbeitet. Ein Überblick gibt Tabelle 1 auf Seite 36. Um der Gefahr der dichotomen (= zweiteiligen) Betrachtung entgegenzuwirken, sind in der Abbildung die zweite und dritte Spalte nicht mit einer durchgezogenen Linie abgetrennt. Mit dem verbindenden Pfeil soll zum Ausdruck gebracht werden, dass unterschiedliche Schattierungen des Gesamtsystems möglich sind.[40] Der Charakter eines Familienunternehmens zeigt sich darin, wann bei welchen Themen und Fragestellung welche Logik dominiert.

Simon schreibt den Unternehmen eine primär *funktionsorientierte*, der Familie eine *personenorientierte Identität* zu.[41] Demnach kann sich ein Familienmitglied nie nur körperlich oder nur psychisch in seine Familie einbringen. Es gehört immer die «Person als Ganzes» zur Familie. Ihre Geschichte wird in allen biografischen Details bewusst erzählt, zelebriert oder in Einzelfällen verdrängt. Im Zeitverlauf bleiben Eigenschaften und Rollen von Personen relativ konstant, nur einzelne Funktionen verändern sich oder werden ausgetauscht. Einem Unternehmen stellt eine Person dagegen nur seine Arbeitskraft, seine körperliche oder geistige Leistungsfähigkeit zur Verfügung und nicht die

37 Klughardt 1991, S. 11; Simon 2002, S. 13 und 19.

38 Tagiuri, Davis 1996; Lee, Rogoff 1996.

39 Gudmundson, Harman, Tower 1999, S. 27, so dort auch Ward 1987; Beckhard, Dyer 1983, S. 5; McCann, Hammond, Keyt et.al 2004, S. 203; Netzhammer 2004, S. 60; Sharma, Chrisman, Chua 1996, S. 24.

40 vgl. auch die Kritik von Whiteside, Brown 1991, S. 384 ff.

41 Simon 1999, S. 181 f.; Simon 2002, S. 20 ff.; Buchinger 1991, S. 5 f.; Baecker 1998, S. 19.

«ganze Person». Die Arbeitnehmer nehmen dabei unterschiedliche Funktionen in der Produktion, im Verkauf, in der Verwaltung oder in anderen Bereichen wahr. Eine Person im Unternehmen fällt nur dann auf, wenn ihr Beitrag überdurchschnittlich ist oder sehr zu wünschen übrig lässt. Bezogen auf die Personalpolitik kann dies bedeuten, dass unter Familienmitgliedern eine konsequente Gleichberechtigung herrscht, während bei Arbeitnehmern die Besten zum Einsatz kommen, die anderen jedoch dagegen ersetzbar sind.[42]

Tabelle 1: Familie und Unternehmen – zwei unterschiedliche Logiken[43]

Merkmale	Familienlogik	Unternehmenslogik
Identität	Personenorientierung Gleichberechtigung Leistungsunabhängigkeit	Funktionenorientierung der Beste und Ersetzbarkeit Leistungsabhängigkeit
Sprache **Kommunikationsform, Kommunikationsmuster** **Beziehungsprinzip**	mündlich unverbindlich / weich / enthemmt / beziehungsorientiert Gefühl und Verwandtschaft	schriftlich verbindlich / hart / gehemmt / sachaufgabenorientiert Vertrag
Orientierung	innenorientiert über Liebe / Hingabe / Vertrauen / Tradition / Gerechtigkeit	aussenorientiert über Wettbewerb / Qualitäts- und Termintreue
Risiko und Veränderungsbereitschaft	risikoscheu / Veränderungen als Gefahr empfunden	risikofreudig / Veränderung als Chance empfunden
Lebensdauer	je Generation begrenzt	theoretisch unbegrenzt
Verhaltensweise und Leistungsverständnis	emotional Leistung nicht objektivierbar persönlicher Ausgleich	rational Leistung objektivierbar monetärer Ausgleich
Werte und Wertigkeit	Wert an sich; Wert als Input; Verhaltenskodex	Wert durch Ertrag Wert als Output

Unterschiede zwischen Familie und Unternehmen können auch in der eingesetzten *Sprache* identifiziert werden. Bezüglich der *Kommunikationsform* und den *Kommunikationsmustern* wird in der Familie primär mündlich (oral) und von Angesicht zu Angesicht kommuniziert. Kommunikation dient dabei in erster Linie zur Aufrechterhaltung der Beziehung. Diese sogenannte primäre Kommunikation (auch weiche oder enthemmte Kommunikation genannt) dient einem Selbstzweck, auch wenn es dabei um die Erfüllung anderer Aufgaben geht. Sie erfolgt spontan, beinhaltet emotional gefärbte

42 Auch Wimmer, Groth, Simon 2004, S. 35. Werden im Rahmen der Nachfolgeregelung Familienmitglieder trotz schlechterer Qualifikationen einem Dritten bevorzugt, wird dies als Nepotismus bezeichnet.

43 So aus Halter 2009, S. 80, i.A. Simon 2002; Wimmer, Groth, Simon 2004.

Reaktionen und folgt einer beschränkten Struktur.[44] Im Unternehmen dagegen kommt zunehmend die schriftliche (literale) und damit verbindlichere und strukturiertere Kommunikation zum Einsatz. Der Sinn der Kommunikation in Organisationen besteht entsprechend darin, Tätigkeiten und Informationen so weit miteinander zu vernetzen, dass anstehende Aufgaben gelöst werden können. Aus den Kommunikationsmustern können Beziehungsmuster abgeleitet werden, die in der Familie auf Gefühl und Verwandtschaft beruhen, bei Unternehmen auf Verträgen. In der Praxis kann die Durchmischung der Kommunikationsform und damit der Beziehungsprinzipien zu Irritationen bei den Betroffenen führen. Für Kinder kann es irritierend wirken, wenn der Vater sich beispielsweise nicht mit einem handgeschriebenen Brief an sie adressiert, sondern ihn wie einen Geschäftsbrief am Computer aufsetzt; oder wenn Eheverträge und Testamente als Verträge unmittelbar vor oder nach einer romantischen Hochzeit in der Familie aufgesetzt werden.[45]

Weitere Unterschiede können bezüglich der *Orientierung* von Familie und Unternehmen festgestellt werden, welche in den jeweiligen Kulturen erscheinen.[46] Die Familie wird dabei als ein innenorientiertes Sozialsystem verstanden, in dem Werte wie Tradition, Kontinuität und Gerechtigkeit im Vordergrund stehen. Ein Unternehmen dagegen steht in einem Wettbewerbsumfeld und muss sich täglich auf Absatz- und Beschaffungsmärkten behaupten können. Deshalb stehen dort Werte wie Qualitäts- und Termintreue, Einsatz- und Verantwortungsfreude im Mittelpunkt.

Damit verbunden sind auch das *Verständnis von Risiko* und das *Verhältnis zu Veränderungen*. Familien haben den Hang dazu, dem Ungewöhnlichen und Neuen auszuweichen. Entsprechend werden Schemata entwickelt, um das Aussergewöhnliche auf die bereits vorhandenen Kenntnisse über Personen wie beispielsweise zugeschriebene Verhaltens- und Entscheidungsmuster zurückzustufen und keine Identitätsdifferenzen aufkommen zu lassen.[47] Familien sind deshalb mitunter als risikoscheu zu bezeichnen. In Unternehmen dagegen ist Risikofreude unerlässlich. Denn um die Produkt- und Marktchancen zu erhöhen, muss Neues geschaffen werden. Doch Innovationen kosten nicht nur Zeit und Geld, sondern können auch scheitern.

Die *Lebensdauer* einer Kernfamilie ist begrenzt durch ihren biologischen Lebenszyklus – und damit gewissermassen vorbestimmt. Der Lebenszyklus eines Unternehmens ist soziologischer Natur und bezüglich Verlauf und Länge nicht vorbestimmt.[48] Eine gesicherte Finanzierung vorausgesetzt, verfügt ein Unternehmen also über eine

44 Buchinger 1991, S. 5 f.; Simon 1999, S. 190 f.; Simon 2002, S. 26 f.; Netzhammer 2004, S. 62.
45 Müller-Tiberini 2001, S. 78.
46 Für Kulturunterscheide vgl. Fröhlich 1995, S. 119.
47 Baecker 1998, S. 19.
48 Wimmer, Domayer, Oswald, Vater 1996, S. 245 ff.; Fueglistaller, Halter 2006.

unbegrenzte Lebensdauer.[49] «Wenn jedoch niemand mehr produziert oder Dienste leistet, finden Unternehmen einfach nicht mehr statt.»[50] Dass eine Familie auseinanderbricht, geschieht selten aus rein ökonomischen Gründen. Es sind primär Gefühle wie zum Beispiel Liebe und Zuneigung, und Motivationen wie zum Beispiel Verpflichtung, Dankbarkeit oder Loyalität, die sicherstellen, dass die Familienmitglieder den Kontakt untereinander herstellen und pflegen.

Bezüglich *Verhaltensweise* und *Leistungsverständnis* wird der Familie in der Regel ein emotionales Verhalten zugesprochen. Die Nicht-Kündbarkeit der Beziehungen in Familien hat eine affektive Wirkung – die Gefühle für- und gegeneinander werden tiefer.[51] Entsprechend ist die Leistung der einzelnen Familienmitglieder kaum objektivierbar. Die Beziehung untereinander folgt langfristigen Reziprozitätserwartungen; dabei erwarten Familienmitglieder einen persönlichen Ausgleich für ihr familiäres Engagement. Wer zum Beispiel Zeit und Geld in das Hobby seines Kindes investiert, erwartet später keinen finanziellen Ausgleich dafür, womöglich aber einfach Dank und Wertschätzung. Gegenleistungen haben in der Familie also keinen messbaren, sondern primär einen ideellen Wert.[52] Ein anderes Beispiel stellt die Aus- und Weiterbildung dar, die beim Unternehmen im Dienst der Strategie und der Organisationsentwicklung, in der Familie im Dienst der individuellen Entwicklungsbedürfnisse steht.

Eine Familie zieht den *Wert* aus der Existenz als solcher. Werte werden in Familien primär als Verhaltenskodex verstanden, die im Sinne einer Input-Funktion ihre Wirkung entfalten. Dies bedeutet, dass zum Beispiel Familienmitgliedern in Not geholfen wird, ohne die Leistung in Rechnung zu stellen. In Unternehmen werden Werte primär als Output im Sinne von Erfolg verstanden. Wert ergibt sich hier durch den Ertrag, den der Betrieb erwirtschaftet.

Die einzelnen Eigenschaften der Familie und des Unternehmens können in Familienunternehmen unterschiedlich stark ausgeprägt sein, was den Kern der Verschiedenartigkeit von Familienunternehmen ausmacht.[53] Diese sind wichtige Elemente und Treiber für die jeweilige Kultur respektive den Charakter des jeweiligen Familienunternehmens. Aus der Perspektive der Familienunternehmensstrategie stellt sich deshalb beispielsweise die zentrale Frage, ob primär das Unternehmen im Dienst der Familie oder die Familie im Dienst des Unternehmens steht. Familienorientierte Firmen sind

49 Simon 1999, S. 189.

50 Simon 2002, S. 28, ein klassisches systemisch-konstruktivistisches Verständnis.

51 Simon 2002, S. 23.

52 Hammer, Hinterhuber 1993, S. 254.

53 Hildenbrand betont, dass letztlich ohnehin nur je Einzelfall zu entscheiden ist, ob die Akteure ihre Wirklichkeit eher als Familie mit einem Betrieb oder vice versa verstehen, denn jede scholastische Begriffsklauberei verstellt den Blick auf die jeweilige Wirklichkeit. Vgl. Hildenbrand 2002, S. 121.

beispielsweise rigider in ihrer Betrachtungsweise der Dinge, risikoscheuer und weniger mit strategischem Denken vertraut und eine familien- und unternehmensexterne Unternehmensnachfolge kann unter Umständen emotional nur schwerlich umgesetzt werden.[54] Wenn dagegen die Frage im Zentrum steht, was für das Unternehmen selbst am besten ist, kann der familiäre Widerstand für eine familienexterne Nachfolgelösung wesentlich geringer ausfallen.

Aus systemischer Sicht findet durch die Überlagerung und gegenseitige Durchdringung der beiden Sozialsysteme eine wechselseitige Beeinflussung statt. Diese wechselseitige Beeinflussung schafft zusätzliche Komplexität aber gleichzeitig auch zusätzliche Erkenntnisse, wenn man sich dieser Abhängigkeit bewusst ist. Diese Betrachtung geht damit weiter und tiefer als die ‚klassische' Definition, welche beispielsweise Eigenkapitalanteile und Managementfunktion als Kategorisierungskriterien verwendet. Diese formalen Strukturkriterien, Eigenkapitalanteile und Managementfunktion, gehören zur systemisch-kybernetischen Perspektive, während die wechselseitige Beeinflussung die systemisch-konstruktivistische Sicht prägen (vgl. dazu Abbildung 3). Die gegenseitige Prägung über die Zeit führt in der Folge zu Merkmalsunterschieden zwischen Familien- und Nichtfamilienunternehmen und den individuellen Charakter eines Familienunternehmens. Aus einer ressourcenorientierten Perspektive wird in diesem Zusammenhang auch von «Familiness» gesprochen. Diese drückt den Familienbezug und die Familienprägung eines Unternehmens aus, die sowohl Stärke als auch Schwäche sein kann.[55]

Durch die Überlagerung der beiden Subsysteme mit ihrer jeweiligen Logik und Dynamik und den daraus entstehenden Paradoxien besteht ein inhärentes Konfliktpotenzial innerhalb und zwischen Familie und Unternehmen (vgl. dazu Tabelle 2).[56] So kraftvoll die Ressource «Familie» genutzt werden kann, so veränderbar ist diese wiederum, was gerade im Generationenwechsel oft zu der Herausforderung werden kann, da im Rahmen dieser Transformationsphase neue Sichtweisen das stabil geglaubte Gefüge hinterfragen und herausfordern.

Für die Unternehmensnachfolge kann dies bedeuten: Die familieninterne Nachfolgelösung kann nicht mit derselben Selbstverständlichkeit vollzogen werden, wie es noch

54 Reid, Dunn, Cromie u. a. 1999a, S. 55 ff.; Reid, Dunn Cromie u. a. 1999b; Dunn 1995. Ward 1987. Andere Autoren formulieren spezifische Vor- und Nachteile von Familienunternehmen. Solche Bewertungen sind jedoch mit Vorsicht zu geniessen, denn es muss davon ausgegangen werden, dass dahinter subjektive Idealbilder versteckt sind, die für das vorliegende Buch eher ungeeignet erscheinen.

55 Vertiefung des Begriffs «Familiness» vgl. Mühlebach 2004; Habbershon, Williams 1999; Habbershon, Williams, MacMillan 2003; Tokarczyk, Hansen, Green, Down 2007.

56 Terberger 1998, Klein 2000b, S. 86 ff; Neubauer, Lank 1998, S. 73 ff; Handler 1994, S. 144; Reid, Dunn, Cromie u. a. 1999b, S. 150; Wimmer, Groth, Simon 2004, S. 9. Die Konfliktpotenziale entstehen v. a. dadurch, dass die Rollenverteilungen nicht mehr eindeutig zugeordnet werden können. Vgl. Simon 1999, S. 196.

vor 30 Jahren der Fall sein mochte. Konfliktpotenziale entstehen unter anderem auch durch die unterschiedliche Entwicklung der Lebenszyklen von Familie und Unternehmen. Es sind also besondere Managementleistungen gefordert, zum einen, um geeignete Grenzen zwischen der emotionalen Familiensphäre und der Unternehmensführung zu schaffen und zu erhalten, zum anderen, um geeignete Instrumente wie beispielsweise einen Familienrat oder eine Familiencharta im Dienste der Koexistenz einzuführen (vgl. Kapitel 4.5). Je unklarer die Rollen- und Funktionsverteilungen innerhalb der Familie und des Unternehmens sind, desto grösser werden die Unsicherheiten und desto vielschichtiger die Konfliktpotenziale.[57]

Zusammenfassend lässt sich festhalten, dass die Eigenlogik der beiden Subsysteme zu berücksichtigen ist. In Kombination führen sie zu einer fallspezifischen Konstellation von Familienunternehmen. Gleichzeitig verändern sich Werte, Strukturen und Normen im Zeitverlauf. Das ist eine grosse Herausforderung für alle in die Unternehmensnachfolge involvierten Personen, besonders aber für den Unternehmer. Er ist es, der primär mit den Paradoxien umzugehen hat; er muss die anderen Beteiligten für einen gemeinsamen Weg gewinnen und eine gemeinsame Identität des Familienunternehmens schaffen. Die Paradoxien kann man in der Regel nicht auflösen, aber es gilt diese zu erkennen, verstehen und zu lernen mit ihnen konstruktiv umgehen zu können.

Tabelle 2: Sieben Paradoxien in Familienunternehmen[58]

Paradoxie I	Familieneinflüsse als Ressource und Gefährdung des Unternehmens wahrnehmen
Paradoxie II	Loyal sein gegenüber der eigenen Kernfamilie und dem grösseren Familienverband
Paradoxie III	Kurzfristige (Einzel-)Investoreninteressen berücksichtigen und langfristig die Zukunft des Unternehmens sichern
Paradoxie IV	Gleichheitserwartungen der Familie erfüllen und den Ungleichheitsanforderungen des Unternehmens nachkommen
Paradoxie V	Wachstum des Unternehmens unter Wahrung der unternehmerischen Autonomie der Familie (z. B. Stimmrechtskontrolle)
Paradoxie VI	Unternehmerische Wandlungsfähigkeit erhalten und (Familien-) Traditionen bewahren
Paradoxie VII	Schutzerwartungen der Familie befriedigen und Leistungsfähigkeit des Unternehmens und seiner Führung sichern

57 Danes, Rueter, Kwon, Doherty 2002, S. 34.
58 Wimmer, Groth, Simon 2004, S. 18.

Fallbeispiel 1: Zieh dir erst mal 'nen Blaumann über!

Ernst Polzek hält 50 % der Gesellschaftsanteile der Polzek Fahrzeugtechnik GmbH, die rund 100 Mitarbeiter an zwei Standorten in Deutschland beschäftigt. Sein sieben Jahre jüngerer Bruder hält die anderen 50 % und leitet die Bereiche Technik und Produktion.

Beide Brüder haben je zwei Kinder, wobei die Meinungen über deren Eignung für die Unternehmensnachfolge stark auseinander gehen. Von den vier Nachkommen arbeitet derzeit nur Herbert, Sohn von Ernst Polzek, im kaufmännischen Bereich der Gesellschaft.

Die Nachfolgeberatung hat erst begonnen. Nach dem Startgespräch mit Ernst Polzek erhält der beigezogene Berater einen Brief von Herbert Polzek. Dieser Brief wurde sowohl seinem Vater als auch seinem Onkel übergeben. Zur Zeit der Niederschrift des Briefes war Herbert 35 Jahre alt, sein Vater Ernst 66 und dessen Bruder 59. Der Brief hat folgenden Inhalt:

Das kürzlich geführte Gespräch machte wieder augenfällig, dass sich der gesamte Komplex «zukünftige Entwicklung und Nachfolgediskussion» nach wie vor in einem Vakuum-Zustand befindet. Es gibt Spannungsfelder sachlicher wie persönlicher Natur, für die es offenbar zur Zeit keine massgeschneiderten Lösungen gibt.

Es ist nicht leicht und auch prekär, als Nicht-Techniker sich in diesem Terrain profilieren zu wollen. Dennoch begleite ich die Unternehmen seit Jahren mit einer unternehmerischen Sichtweise. Der für mich zentrale Punkt ist die teilweise Neuausrichtung der Angebotspalette und die Ausdehnung des Kundenkreises über das angestammte Gebiet hinaus. Auf die letzten Jahre gesehen ist es bar jeder unternehmerischen Natur und fahrlässig, mit Produkten und Preisen auf den Markt zu gehen und schon im Vorfeld zu wissen, nicht kostendeckend zu produzieren. Das mag in wenigen begründeten Einzelfällen vertretbar sein, die Summe der Flops hat den Standort A ausbluten lassen. Selbst positive Kalkulationen müssen immer mit dem Negativsaldo verrechnet werden. Die Erträge, insbesondere aus der Fertigung, reichen nicht aus, um den Betrieb sich entwickeln zu lassen. Die Liquidität ist meistens angespannt, Gelder werden nur umgepumpt, es bleibt keine Substanz hängen. Die Firma verfügt über keine Rücklagen, ist bei kleinen Pannen schnell im Bereich der Krise. Daraus kann man ableiten, dass je nach Projekt entweder zu teuer produziert wurde, oder der Marktpreis nicht ausreichend war. Wie kann man hier entgegensteuern und den Zusammenbruch vermeiden?

Meine Grundidee geht dahin, den Bereich Veredelungen und Sonderfahrzeugbau bewusst überregional auszudehnen, ohne sich aus dem vertrauten Stammgebiet zu verabschieden. Mit Innovationen und Qualität können wir ein Anbieter sein, der Nischen füllt und somit auch als «Feuerwehr» für Serienhersteller in Betracht kommen, wenn diese solch individuelle und massgeschneiderte Lösungen nicht anbieten können.

Das Innovationspotenzial sehe ich im Betrieb gegeben, dieser Weg bedeutet aber auch Investitionen in den Bereichen Aussendienst, technische Planung und Qualitätsmanagement sowie im Bereich von Anlagen und Maschinen. Die Achterbahnfahrten der letzten Jahre zeigen auf, dass in Zeiten von Globalisierung und Allianzen ein Zurückducken in die regionale Ecke fatal ist. Man muss den heimischen Markt auch weiterhin bearbeiten, eine zusätzliche Schiene auf den gesamten Markt ist unausweichlich, weil sonst der Karren versumpft.

Wenn die Überlastungen aus dem Tagesgeschäft dazu führen, dass solche Überlegungen gar nicht diskutiert werden, oder zur Wiedervorlage monatelang auf Eis liegen, um sie dann zu beerdigen, ist die notwendige Neuausrichtung nicht gewollt und wird dazu führen, dass es dann wahrscheinlich andere Unternehmen machen und der Zug Richtung marktorientierter Zukunft für uns abgefahren ist. Kein Unternehmen würde sich je weiterentwickeln, wenn mit dem Hinweis auf laufende Geschäfte und vage Planbarkeit jede Orientierung ausbleibt. Man nennt das gemeinhin das unternehmerische Wagnis.

Der dritte Schwerpunkt resultiert schon aus dem zweiten, Investitionen und deren Finanzierung. Bei produzierenden Unternehmen liegt das Ertragspotenzial nicht im Anlage-, sondern im Umlaufvermögen. Will heissen, die Gewinnabsicht liegt im Geschäft, Fahrzeugbau und Reparatur, und nicht in der Gestellung von Immobilien, welche zu diesem Zwecke in persönlicher Haftung belastet werden. Die bisherige und gegenwärtige Finanzstruktur aus Besitz- und Betriebsgesellschaften ist aus meiner persönlichen Sicht kontraproduktiv und unzeitgemäss. Sie ist ein starres Korsett aus Eigentumsbedürfnis (Inhaber) und Sicherheitsbedürfnis (Bank). Würde man (fiktiv) heute den gesamten Immobilienbesitz zu reellen Bedingungen veräussern, abzüglich Kosten, Steuern und Resttilgung, wird kaum etwas übrig bleiben. Zumindest wäre die Kapitalrendite ein unternehmerisches Fiasko. Das Eigentum als Anlageform und Renditeobjekt scheidet hier aus.

In guten Geschäftsjahren konnten die Bilanzen somit durchaus solide erscheinen. Hinterfragt man dieses Konstrukt unternehmerisch aus der Perspektive eines Investors, müssen Zweifel aufkommen. Was hat das alles wirklich eingebracht? Ist das belastete Immobilienvermögen ein Risikofaktor?

Was immer mit den Firmen und Immobilien geschehen mag, die Ernte fahren niemals die Eigentümer ein, die dafür jahrelang den Kopf hingehalten haben. Es ist auch keine Perspektive für den- oder diejenigen, die dieses einmal weiterführen sollen... Die vielen ungelösten Fragen in puncto Haftungen, Verantwortungen und Erbfolgen sind ein gewaltiger Komplex, welcher in diesem Schreiben den Platz sprengen würde. Dieses alles muss in weiteren Gesprächen und Gesellschafterversammlungen einer Lösung zugeführt werden.

Das letzte Gespräch über meine künftigen Aufgabenbereiche war ein Paradebeispiel dafür, wie antiquierte Ansichten, Verkrustungen und vorgefertigte Meinungen in der Diskussion Platz gegriffen haben. Zitat «die Sachen sind ja wohl alle im Griff», es fiel der Begriff eines «Sachbearbeiters».

Man kann nun argumentieren, infolge Stress und Auftragsmangel handele es sich hier um einen Fauxpas, gemixt aus Polemik und mangelnder Sensibilität. Vielmehr gewinnt man (zumindest ich) den Eindruck, dass sich hier ein Denken aufzeigt, welches die artfremden Gebiete Technik und Administration in Gut und Böse scheidet.

Ich sehe meine wichtige Aufgabe darin, einer Polarisierung und Zersetzung des Betriebes entgegenzuwirken. Misslingt diese Gewaltenteilung, besteht die Firma aus Regierung und Opposition, verbunden mit der Gefahr, dass die fähigsten Köpfe mangels Perspektiven abspringen.

Diese Position muss aber durch Kompetenzen und klare Handlungsabläufe untermauert werden. Die Möglichkeiten sind schnell ausgeschöpft, wenn die ganze Hierarchie nach wie vor auf den Personen der beiden Brüder abgestellt ist.

Meine Funktionsbereiche sind nur nach innen definiert und klar, Leitungsbefugnisse nach aussen beziehen sich auf Teilbereiche der Verwaltung. Ein eigenständiges Handeln und Auftreten nach aussen ist so kaum möglich. Ausnahmen werden fallweise an mich herangetragen. Die Auswertungen werden primär für die Geschäftsleitung gemacht, es fallen kaum Arbeiten an, welche erkennbar nach aussen dringen.

Die Bezeichnung «Assistent der Geschäftsleitung» wurde vor einigen Jahren festgelegt, von mir so auch aufgefasst und umgesetzt. Mittlerweile musste ich erfahren, dass ich mich offensichtlich geirrt haben muss.

Des Weiteren lasse ich es mir auch nicht mehr länger gefallen, für alles und jeden nur der Prügelknabe zu sein. Die Art und Weise, wie anmassend und unverhohlen an meiner Qualifikation herumgemäkelt wird, ist inhaltlich abwegig und persönlich entwürdigend. Die Position des Nicht-Fahrzeugbauers ist Synonym für die mutmassliche Unfähigkeit, das Unternehmen leiten zu können.

Selbstverständlich bin ich auch bereit, mir Kritik anzuhören und Niederlagen einzustecken. Aber die Diskussionen nach dem Motto «zieh dir erst mal ‹nen Blaumann über» gingen an der Sache vollständig vorbei und bis an den Rand der Lächerlichkeit. So etwas bringt niemanden weiter.

Jetzt hat die Firma einen «Junior», welcher sich in 19 Jahren in die Struktur des Betriebes eingearbeitet hat und Wille und Mut zur Verantwortung zeigt (trotz vielfältiger anderer Möglichkeiten), und dann wird dieser wie ein blinder Passagier im Frachter versteckt.

Ich kann nur noch einmal betonen, mich der grundsätzlichen Verantwortung einer Betriebsnachfolge in Phasen zu stellen, vorzugsweise als Prokurist im Bereich Administration und Unternehmensentwicklung, später sofern die Strukturen vorhanden, auch als Gesellschafter. Diese Mission scheitert, wenn die psychologischen Barrieren der Altvorderen nicht durchbrochen werden können.

Es ist jetzt 5 vor 12 zum Handeln und die Zeiten des Erbsenzählens und Bleistiftspitzens auch endgültig vorbei. Ich kann den Karren nicht aus dem Dreck ziehen, wenn ich amputiert im Karren sitze. Meine zahlreichen Spitzfindigkeiten seht mir bitte generös nach, doch nur wer Anstoss erregt, vermag auch Anstoss zu geben.

Ich denke, die Gesellschaft, der wir uns doch alle verpflichtet fühlen, kann mehr denn je neue Anstösse gebrauchen.

Der Brief zeigt mit viel persönlicher Couleur die Konflikte auf, die aus dem Aufeinanderprallen der unterschiedlichen Sozialsysteme von Familie und Unternehmen entstehen können. Die drei Personen sind in ihrem familiengeprägten Rollenverständnis gefangen. Die hohe Loyalität gegenüber der Familie führt dazu, dass keiner bereit ist, den Konflikt aufzulösen. Dessen Fortführung erscheint den Beteiligten «einfacher» als die Thematisierung einer Lösung. «Dem Konflikt ausweichen» ist eine typische Verhaltensweise, denn Veränderungen werden – im Familiensystem – oft als Gefahr empfunden.

Im vorliegenden Fall wäre «Veränderung» die einzige Lösungsmöglichkeit gewesen. Herbert hätte entweder das Unternehmen – vorübergehend – verlassen oder man hätte ihm eine Führungsfunktion mit echter, operativer Verantwortung zuweisen müssen.

Fünf Jahre nach diesem Schreiben ist die Situation in der Gesellschaft unverändert. Die Nachfolgeberatung wurde aufgrund «wirtschaftlicher Schwierigkeiten» abgebrochen. Ernst Polzek und sein Bruder sind heute beide im Pensionsalter und trotzdem noch alleinige Gesellschafter. Herbert ist «Sachbearbeiter» in der Administration. Die Nachfolge ist nach wie vor ungelöst.

2.3.4 Eigentümerstruktur von Familienunternehmen

Die Eigentumsverhältnisse und die damit verbundene Komplexität spielen eine entscheidende Rolle, wie der Nachfolgeprozess zu gestalten ist. Je älter das Unternehmen ist, beziehungsweise je mehr Familiengenerationen bestehen, desto grösser wird tendenziell auch der Kreis der miteinander verwandten Gesellschafter. Konzeptionell unterscheiden wir gerne vier verschiedene Stufen familiärer Organisationsformen: Alleineigentümer (Controlling Owner), Geschwistergesellschaft (Sibling Partnership), Cousin-Konsortium (Cousin Consortium) und Unternehmerfamilie oder Familiendynastie, wobei bei Letzterem der Fokus mehr auf dem diversifizierten (Familien)Vermögen liegt (vgl. Abbildung 4). Diese Differenzierung ist wichtig, insbesondere hinsichtlich der Ausgestaltung der Governance-Strukturen, Governance-Instrumente und Governance-Prozesse (vgl. dazu Kapitel 4.5).

In der Phase des *Alleineigentümers* (Controlling Owner) handelt es sich bei den meisten Familienunternehmen um die Gründergeneration, bei welcher die Anteile am Unternehmen und die Stimmrechte in den Händen des Alleineigentümers liegen.[59] Diese

59 Zellweger 2006, S. 62.

Organisationsform zeichnet sich durch eine hohe Dynamik und Flexibilität aus, da Entscheidungen mehrheitlich von nur einer Schlüsselperson getroffen werden. Die starke Abhängigkeit des Familienunternehmens vom Alleineigentümer beinhaltet jedoch auch ein grosses Risiko. In diesem Fall stellt somit gerade die Nachfolge des abtretenden Unternehmers eine zentrale Aufgabe für das Familienunternehmen dar. So sieht sich der abtretende Unternehmer mit der Herausforderung konfrontiert, das Unternehmen an DEN oder DIE richtigen Nachfolger zu übergeben und damit sich selbst ersetzbar zu machen. Deshalb müsste in solchen Konstellationen nicht von der Unternehmens-Nachfolge, sondern von der Unternehmer-Nachfolge gesprochen werden.

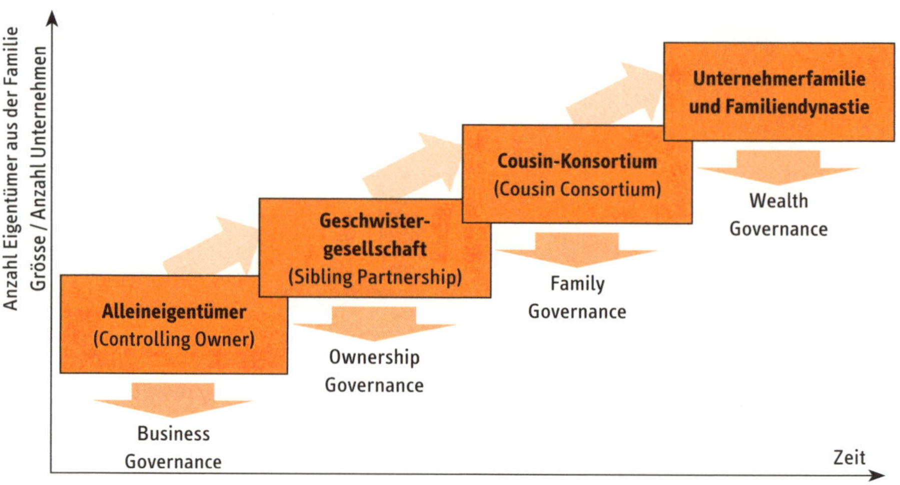

Abbildung 4: Eigentümerstruktur in Familienunternehmen[60]

Sobald das Eigentum am Familienunternehmen vom Alleineigentümer auf die nächste Generation übergeben wird, kommt es oft zur Konstellation der *Geschwistergesellschaft* (Sibling Partnership). In dieser Organisationsform halten mindestens zwei oder auch mehr Geschwister die Anteile und Stimmrechte am Unternehmen. Diese neuen Eigentumsverhältnisse führen zu einer erhöhten Komplexität der familialen Eigentümerschaft. Je breiter die Eigentumsverhältnisse am Unternehmen gestreut sind und je mehr Familienmitglieder Einfluss auf das Unternehmen ausüben (können/wollen), desto schwieriger wird es tendenziell, sich zu koordinieren und Entscheidungen im Unternehmen zu treffen.[61] Insbesondere die Phase der Geschwistergesellschaft beinhaltet hohes Konfliktpotential unter den Familienmitgliedern, was sich im schlimmsten Fall zerstörerisch auf das Unter-

60 i.A. Carlock & Ward 2001, Lansbert 1999, S. 28; Gersick et al. 1997, S. 18.
61 Zellweger 2006, S. 152.

nehmen auswirken kann. Konflikte, Neid und Eifersucht unter den Erben sind keine Seltenheit, nicht zuletzt, wenn sich die involvierten Personen zum Teil ungerecht behandelt oder übervorteilt fühlen. Eine DER zentralen Herausforderungen der Geschwistergesellschaft stellt somit die Gerechtigkeitsklärung im Nachfolgeprozess dar (vgl. Kapitel 4.4).

Die dritte Organisationsform, das sogenannte *Cousin-Konsortium* (Cousin-Consortium) entsteht, wenn sich bereits mindestens zwei Familienstämme aus den Geschwistern gebildet haben und deren Nachkommen – also Cousinen und Cousins sich die Eigentumsanteile und Stimmrechte am Familienunternehmen teilen. Häufig (aber nicht immer) handelt es sich bei dieser Konstellation um die dritte Generation eines Familienunternehmens.[62] Hier wird die Distanz der einzelnen Familienmitglieder zum Unternehmen zunehmend grösser und deren Identifikation nimmt kontinuierlich ab, sofern diese nicht aktiv gepflegt wird. Mehrheiten und Minderheiten können ungleich verteilt sein. Die grosse Herausforderung des Cousin-Konsortiums liegt darin, den zum Teil unterschiedlichen Erwartungen und Bedürfnissen verschiedener Familienstämme gerecht zu werden. Die emotionale Bindung aufrecht zu erhalten wird zur zentralen Aufgabe, um die Zukunftsfähigkeit des Familienunternehmens zu gewährleisten (Identifikation und Identität).

Tabelle 3: Charakteristika und Herausforderungen von Eigentümerstrukturen[63]

Stufe	Charakteristika	Herausforderung
Alleineigentümer	Kontrolle und Besitz bei einem Familienmitglied	Machtmissbrauch Abhängigkeit / Lösung vom Alleininhaber Fehlende externe Sicht
Geschwistergesellschaft	zwei oder mehrere Geschwister mit Anteilen Mehrheit bei einer Geschwistergeneration	Klärung der Eigentumsverhältnisse und Aufgabenstellung Rolle von operativ nicht tätigen Geschwistern Einbehalten von Kapital Rivalität unter Geschwistern
Cousin-Konsortium	Mehrere Familienaktionäre Mix zwischen im Unternehmen tätigen und nicht tätigen Familiengesellschaftern	Komplexität durch Diversität Identifikation mit dem Unternehmen Zusammenhalt in der Familie
Unternehmerfamilie, Familiendynastie	Familie als unternehmerische und geduldige Investoren, welche verschiedene Unternehmen im Verbund aufbauen und verkaufen	Identifikation mit Unternehmen und Investorenrolle, Entscheidungsfindung in Familie, Rollen und Qualifikationen gemeinsame Identität Zusammenhalt Komplexität

62 Aronoff, Ward 2011, S. 78.
63 i.A. Gersick et al. 1997, S. 32 ff.

Schliesslich sprechen wir der Vollständigkeit halber noch von *Unternehmerfamilien und Familiendynastien*. Dabei handelt es sich um eine sehr breite und vielschichtige Familienstruktur, die auch über «geschäftliche» Beziehungen miteinander verbunden ist und bleiben soll. Dabei kann es sich um weiter verzweigte Familien- und Unternehmensstrukturen wie z. B. im Kontext der Familie Haniel handeln – oder um Strukturen wie bei den japanischen Keiretsu.[64]

Tabelle 3 fasst die wichtigsten Charakteristika und Herausforderungen der verschiedenen Eigentümerstrukturen zusammen. Untersuchungen haben gezeigt, dass die finanzielle Performance von Familienunternehmen in Abhängigkeit zu der Anzahl an Gesellschaftern steht.[65] Die finanzielle Performance ist dabei bei wenigen Familienaktionären am höchsten. Bei einer Zunahme an Familiengesellschaftern sinkt die Eigenkapitalrentabilität vorerst signifikant. Erst wieder bei einer verzweigten Aktionärsstruktur mit mehr als sechs Aktionären zeigt die finanzielle Performance des Unternehmens einen steigenden Trend.[66] Je weitläufiger Führung und Kapital auf mehrere Familienmitglieder aufgeteilt ist, desto komplexer wirkt sich dies tendenziell auf das gemeinsame Gerechtigkeits- und Fairnessverständnis aus. Familienunternehmen, welche auf eine lange und erfolgreiche Geschichte zurückblicken können, haben den Kreis an Familienmitgliedern mit Führungs- und Eigentumsverantwortung möglichst klein gehalten. Eine mögliche Ausweitung des Eigentümer- und Führungskreises gilt es deshalb im Kontext familiengeführten KMU zwingend kritisch zu diskutieren sowie sehr bewusst zu entscheiden und zu gestalten (vgl. dazu Kapitel 4.5).

2.3.5 Rollenmodell Familienunternehmen

Neben den unterschiedlichen Zielsetzungen und daraus ableitbaren Paradoxien in Bezug auf die beiden Subsysteme Familie und Unternehmen können verschiedene Rollen im Familienunternehmen identifiziert und den Einzelpersonen zugeschrieben werden. Das in den Achtzigerjahren entwickelte Modell von Tagiuri und Davis erweitert das duale System (Familie und Unternehmen) um die Perspektive Eigentum.[67] Mit dem Einbeziehen dieser dritten Sichtweise Eigentum beschreibt das Drei-Kreise-Modell das Familienunternehmen als drei sich überlappenden Subsysteme: Familie, Unternehmen und Eigentum. Vor dem Hintergrund der diskutieren Einflussmöglichkeiten von der Familie auf das Unternehmen ergänzen wir das Modell gerne mit dem Kreis Beirat, Aufsichtsrat resp. Verwaltungsrat, der die strategische Verantwortung trägt (vgl. dazu Abbildung 5).

64 Zellweger, Kammerlander 2014.

65 Zellweger 2006, S. 152 ff.

66 Zellweger, Mühlebach 2008, S. 119 f.

67 Tagiuri, Davis 1996.

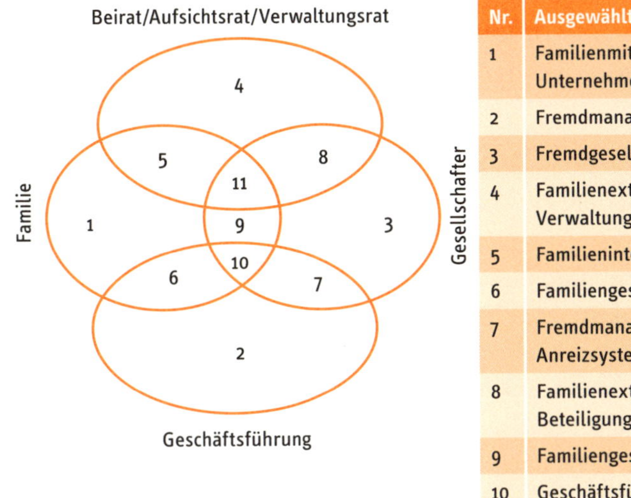

Nr.	Ausgewählte Rolle(n)
1	Familienmitglied ohne Einfluss auf das Unternehmen
2	Fremdmanager ohne Beteiligung
3	Fremdgesellschafter (i.d.R. Minderheitsbeteiligter)
4	Familienexterner Beirat/Aufsichts-/ Verwaltungsrat
5	Familieninterner Beirat/Aufsichts-/Verwaltungsrat
6	Familiengeschäftsführer ohne Anteile
7	Fremdmanager mit Beteiligung (i.d.R. Anreizsystem)
8	Familienexterner Beirat/Verwaltungsrat mit Beteiligung (i.d.R. Anreizsystem)
9	Familiengesellschafter ohne direktem Einfluss
10	Geschäftsführender Familiengesellschafter
11	Familiengesellschafter mit Beirats-/ Aufsichtsrats-/Verwaltungsratsfunktion

Abbildung 5: Ausgewählte Rollen in Familienunternehmen[68]

Jedes Individuum aus dem Familienunternehmen kann einem der Sektoren zugeordnet werden. Ein Familienmitglied, das auch in der Geschäftsleitung tätig ist aber keine Anteile hält, würde zum Beispiel dem Sektor 6 angehören, wohingegen ein Aktionär, der nicht zur Familie gezählt wird, dem Sektor 3 zugeordnet werden kann. Zu welchem Sektor eine Person gehört, hat weitreichende Folgen was die unterschiedlichen Erwartungen angeht. Diese Folgen beschränken sich nicht nur auf das Unternehmen und dessen Dynamik, sondern auch auf das Familienleben. Das Modell macht die Komplexität des Familienunternehmens deutlich, indem es zeigt, dass eine Person verschiedenen Subsystemen im funktionalen Sinn angehören kann. Insofern hilft es, die realen Strukturen im Unternehmen besser zu verstehen:

- Welche Erwartungen haben verschiedene Personengruppen an das Unternehmen?
- Welchen Zwängen und Abhängigkeiten unterliegen sie, und was bedeutet das für ihr Handeln und ihr Verhältnis zu den anderen Beteiligten?

68 i.A. Tagiuri, Davis, 1996, S. 200. Wichtig: Den Bereich Beirat/Aufsichtsrat/Verwaltungsrat haben wir im Dienste der Lesbarkeit nur mit dem unteren Bereich des Drei-Kreise-Modells verbunden – weitere Kombinationen wären selbstverständlich denkbar und sind in der Praxis beobachtbar.

- Was sind zu erfüllende Aufgaben?
- Was sind Entwicklungsschritte im Zeitraum?

Hier kann eine professionelle Beratung als «Scharnier» wirken, indem diese etwa zwischen den einzelnen Gruppen vermittelt (vgl. dazu Kapitel 7.2).

Die Koppelung von Familie, Eigentum, Geschäftsführung sowie Aufsichtsrats-/Beirats-/ Verwaltungsratsfunktion ist praktisch immer eine Herausforderung, da damit verschiedene Interessen und Erwartungen verbunden sind. Würde man zudem Ist- und Wunschsituationen oder formale und informale Rollenverteilungen – wie sie in der Realität meist auftauchen – berücksichtigen, würde die Darstellung noch komplexer. Meist gelingt es der Gründergeneration – etwa durch eine starke Unternehmerpersönlichkeit – über lange Zeit hinweg eine einigermassen belastbare Harmonie zwischen den Rollen aufrechtzuerhalten. Im Zeitverlauf sind aber in der Tendenz eher weniger Übereinstimmungen zu erwarten.[69]

Im Folgenden werden einzelne (ausgewählte) Rollen genauer betrachtet. Dabei wird exemplarisch von einem klassischen Familienbild, mit dem Vater als Ernährer und der Mutter als Erzieherin der Kinder, ausgegangen. Diese Situation, die in sehr vielen Nachfolgefällen heute noch immer anzutreffen ist, hat illustrativen Charakter – im Wissen, dass es auch andere gibt und diese entsprechend individuell ausgelegt werden müssen.

Unternehmensführer oder Geschäftsführer

Der Geschäftsführer (vgl. Rolle Nr. 2) – meist eben der Unternehmer – steht oft im Fokus der öffentlichen Wahrnehmung und Meinung. Nicht nur, weil seine Persönlichkeit, die in der Regel für Erfolg, Leistung und materiellen Reichtum steht, auf die Allgemeinheit meist eine grosse Faszination ausübt, sondern auch, weil insbesondere in kleineren Unternehmen die Existenz vieler Menschen häufig von seiner Person abhängt.

Vergleicht man die Biografien bedeutender Unternehmer, so lässt sich feststellen, dass Führungsstärke sowie die Fähigkeit, Menschen für etwas zu begeistern, zu ihren Stärken zählen. In ihrer Rolle als Unternehmensleiter tragen sie in erster Linie Sorge dafür, dass es der Unternehmung gut geht. Ihr unternehmerisches Handeln führt dazu, dass sie die Interessen der Unternehmung oft über die privaten Interessen stellen.[70]

69 Groth, Wimmer 2005, S. 98.
70 Hennerkes 2004, S. 28 ff.

Familienmitglieder

Die Familie befindet sich inmitten eines sozialen Strukturwandels, wovon die einzelnen Familienmitglieder betroffen sind (vgl. Rolle Nr. 1).[71] Es zeigen sich vermehrt starke Tendenzen zur Individualisierung und zur Bildung von nicht sehr stabilen, kleinfamilienähnlichen Konstellationen. Im Laufe des Lebens erlebt ein Familienmitglied verschiedene Arten des Zusammenlebens. Mit hohen Scheidungsraten, zwischenzeitlichem Single-Dasein und Lebensabschnittspartnern etablieren sich flexible Familienformen, die dem Unternehmen als unsichere Partner an die Seite gestellt sind. Dennoch, im Idealfall, zählen in der Familie die positiv gewerteten Elemente: Liebe, Geborgenheit und Fürsorge.

Trennungen in Unternehmerfamilien haben weitreichende Folgen. Wurden keine rechtlichen Regelungen getroffen, kann eine Scheidung, die einen Ausgleich des Zugewinns erfordert, zu einer finanziellen Belastung für den Betrieb werden, die bis zum Konkurs führen kann. In einer Unternehmerehe sollte darum vertraglich sichergestellt werden, dass es bei Trennung oder Tod eines Ehepartners nicht zu einem Abfluss von Kapital und somit Liquidität aus dem Unternehmen kommt. Andererseits muss die meist unbezifferte Leistung des nicht im Unternehmen tätigen Partners, wie Unterstützung, Betreuung und Erziehung der Kinder oder gesellschaftliche Verpflichtungen, berücksichtigt werden.[72] Es kann davon ausgegangen werden, dass Ehepartner im Vorfeld ihrer Ehe implizite und explizite Annahmen treffen, etwa über ihre Ziele, Kinder, Glaube, Heimat, die Planung gemeinsamer und individueller Interessen, Geld, Freunde und die Beziehung zu den Herkunftsfamilien.[73] Haben dazu früher klare Normen und Arbeitsteilungen bestanden, müssen diese heute diskutiert werden. Eng damit verbunden ist auch die Frage der Machtverteilung. In der Literatur wird die These vertreten, dass eine klare Aufteilung der Kompetenzen ein liebevolles Miteinander eher ermöglicht als ein unklares, täglich auszuhandelndes Verhältnis. Gerade in Unternehmerfamilien spielt neben familieninternen Faktoren hier ein grösseres Ganzes hinein. So ist das Verhältnis der Ehepartner zu Mitarbeitern, zu mitarbeitenden Familienmitgliedern, zu Kunden und zu Lieferanten zu definieren. Über die Ehe hinaus gewinnt die Klärung der Machtverhältnisse für das Unternehmen eine grosse Bedeutung.

In alten Kulturen war der *Vater* aufgrund seiner körperlichen Stärke der Ernährer und Beschützer der Familie. In der heutigen Zeit hingegen, ist seine ureigene Aufgabe nicht mehr zwingend definiert.[74] Den Vätern aus Familienunternehmen wird oft die

71 Groth, Wimmer 2005.
72 Klein 2004, S. 76.
73 Gersick, Davis, McCollom Hampton und Lansberg 1997, S. 64 ff.
74 LeMar 2001, S. 91; Siefer 1996.

Rolle eines «peripheren Vaters» zugeschrieben. Vielfach finden diese durch ihr Engagement im Unternehmen wenig Zeit, sich ins Familienleben einzubringen. Im Familiensystem wird ihm entsprechend eine Rolle am Rande zugesprochen. Die Abwesenheit des Vaters wird schliesslich durch die Anwesenheit der Mutter doppelt gewichtet. Diese Konstellation kann zur Folge haben, dass die Beziehung der Kinder zum Vater eher durch eine Honorierung und Wertschätzung von Arbeit und Leistung bestimmt wird. Die Zuwendung findet bei Kindern meist in Form von Zeit ihre Ausprägung. Väter von Unternehmerfamilien befinden sich demnach oft in einem kräftezehrenden Dilemma: sie haben entweder gegenüber dem Unternehmen oder gegenüber der Familie ein schlechtes Gewissen.[75]

In der klassischen Unternehmerfamilie spielt die *Ehefrau und Mutter* eine wichtige Rolle als Stütze des Unternehmers und der Familie. Ihre mangelnde Beachtung, nicht nur in der Literatur, wird ihrer faktischen Wirkung und Bedeutung nicht gerecht.[76] In Bezug auf das Familiensystem übernimmt die Ehepartnerin das Management und oft auch die alleinige Verantwortung des Haushaltes und der Kindererziehung; und sie prägt wesentlich den Bezug der Kinder zum Unternehmen. Sie ist in der Regel dafür verantwortlich, die Kinder zur Selbständigkeit zu erziehen. Spätestens wenn die Kinder aus dem Haus sind, fällt diese Aufgabe allerdings ersatzlos weg und eine Neu- oder Umorientierung kann anstehen.[77] Im Unternehmen übernehmen Ehefrauen oft eine wichtige Funktion in Bezug auf die Ausgestaltung der Unternehmenskultur oder sie leisten wesentliche Arbeit im Bereich der Administration und der Personalführung. Allerdings tun sie dies oft ohne formalisierte Funktion, folglich sind sie weder in einem Organigramm aufgeführt, noch beziehen sie einen marktüblichen Lohn. Bei strategischen Entscheidungen nehmen sie häufig indirekt Einfluss auf das Geschehen und können in vielen Fällen den Unternehmer beeinflussen. So können sie den ersten Schritt zur Regelung der Unternehmensnachfolge einfordern – beispielsweise aus dem Bedürfnis heraus, mehr Privatzeit mit dem Senior zu geniessen, solange das Ehepaar noch gesund ist. Untersuchungen zeigen, dass zwischen ihrem Einfluss und dem Grad der Sichtbarkeit – in Bezug auf das Unternehmen und das Eigentum – eine Diskrepanz herrscht.[78] So kann der Einfluss einer Ehefrau auf das Unternehmen sehr hoch sein, ohne dass sich dies in einem Organigramm widerspiegelt. Zudem ist es nicht unüblich, dass die Ehefrau des Übergebers hinter den Szenen agiert, um Krisen zwischen Nachfolger und dem Übergeber zu lösen. Die Ehefrau respektive Mutter wirkt daher oft als Puffer bzw. Vermittlerin zwischen den beiden Generationen und sollte als Unparteiliche wirken –

75 Kepner 1983, S. 66.
76 Hennerkes 2004, S. 33; Klein 2004, S. 78; Rowe, Hong 2000; Danes, Olson 2003.
77 Siefer 1996, S. 108; LeMar 2001, S. 103.
78 Poza, Messer 2001.

was sie jedoch aus einer Beziehungsperspektive kaum schaffen wird. Eine Moderation durch familienexterne Berater ist an dieser Stelle sicher hilfreich.[79]

Kinder, die in eine Familienunternehmung hineingeboren werden, lernen bereits in den ersten Jahren intuitiv die Werte und Einstellungen ihrer Eltern zum Unternehmen kennen. Mythen und Märchen, Erfolgserlebnisse, aber auch Streit zwischen Mutter und Vater bezüglich der Unternehmung oder deren Umgang mit Misserfolgen prägen dabei ihre Wahrnehmung des Familienunternehmens.[80] Gleichzeitig sind diese Kinder von Anfang an einer Doppelbelastung ausgesetzt. Einerseits müssen sie im Laufe der Entwicklung eine eigene Identität entwickeln, auf der anderen Seite müssen sie sich, gerade in Mehrgenerationenunternehmen, mit dem Gedanken vertraut machen, möglicherweise der zukünftige Nachfolger zu sein. LeMar schätzt die Situation so ein:[81] Je mehr das Kind auch Kind sein darf, desto grösser sind seine Chancen auf eine individuelle Entwicklung. Je mehr es Nachfolger sein muss und dadurch in seiner Entwicklung kanalisiert wird, desto stärker wird es in seiner Entfaltung behindert. So sind Unternehmerkinder in einem Dilemma gefangen: Wie alle anderen Kinder haben sie ein Bedürfnis nach Spiel und Spass. Der Blick ist jedoch schon früh auf die Unternehmung gerichtet, was ein gewisses Mass an Verantwortung mit sich bringt. Den Eltern ist oft nicht bewusst, dass ihre Kinder aufgrund von Erwartungshaltungen beginnen, unrealistische Ziele zu verfolgen. Ein Kind, das bereits im Unternehmen mitarbeitet, nimmt ebenfalls eine Doppelrolle ein: Zum einen ist es Tochter bzw. Sohn, zum anderen Juniorchef.

Reiner (Mit)Eigentümer

Der reine (Mit)Eigentümer ist von der Familie losgelöst (vgl. dazu Rolle 3 in Abbildung 5). Eine solche Konstellation kann beispielsweise durch einen Unternehmenskauf entstehen. Die Beteiligung am Unternehmen stellt für den Miteigentümer dabei in erster Linie eine spezielle Anlage dar. Die Entscheidung zu einem solchen Kauf basiert nahezu immer auf einer Rendite-/Risiko-Überlegung. Die angemessene Verzinsung des eingesetzten Kapitals (etwa in Form einer hohen Dividendenausschüttung) spielt dabei eine wesentliche Rolle. Es handelt sich also um eine Investitionsentscheidung, die eher sachlichen Erwägungen folgt. Während Unternehmensgründer und Erben meist stark emotional an ihr Unternehmen gebunden sind, ist die Beziehung des Käufers zum Unternehmen entsprechend von rationalen Komponenten geprägt, so die Annahme.[82]

79 Morris et al. 1997; Janjuha-Jivray, Woods 2002.
80 Klein 2004, S. 80.
81 Le Mar 2001.
82 Terberger 1998, S. 31 und 81.

Eigentümer und Unternehmensführer

Dem Eigentümer, der sein Unternehmen selbst leitet, kommt eine Doppelrolle zu (vgl. dazu Rolle 7 in Abbildung 5). Als Chef kann er sehr sozial eingestellt sein, steht er doch in täglichem Kontakt mit seinen Mitarbeitern; auf Entlassungen möchte er zum Beispiel dann möglichst verzichten, um sein Gesicht in der öffentlichen Wahrnehmung nicht zu verlieren. Doch in der Rolle als Kapitalgeber muss er eine andere Sicht haben: Entlassungen könnten etwa notwendig werden, um Kosten zu sparen, das Überleben der Unternehmung zu sichern und das eingebrachte Kapital rentabel zu verzinsen. So steht diese Person schnell im Zwiespalt zwischen der sozialen Verpflichtung und der eigenen Rendite.[83]

Familienmitglied und Eigentümer

Sind zahlreiche Familienmitglieder gleichzeitig Eigentümer, ohne in der operativen Verantwortung zu stehen, kann das von Nachteil sein (vgl. dazu Rolle 9 in Abbildung 5). Eine Vielzahl von verschiedenen Gesellschafterinteressen, welche keinen gemeinsamen Willen der Eigentümer mehr zulassen, kann sich zu einer echten Gefahr für die Unternehmung auswachsen.[84] Die zunehmende Kapitalmarktorientierung der Anleger lockert die Bindung von nicht im Unternehmen tätigen Familiengesellschaftern. Kann dem nicht rechtzeitig entgegengesteuert werden, entdecken die Gesellschafter ihre zuvor vielleicht noch unterdrückten persönlichen Investmentbelange. Sobald sie beginnen, regelmässig eine durchschnittliche Kapitalrendite zu erwarten und auch davon ausgehen, dass entsprechend Gewinne ausgeschüttet werden, wird es für das Familienunternehmen kritisch. Unter Betrachtung eines grösseren Zeithorizonts gibt es allerdings immer wieder Phasen, in denen notgedrungen weniger ausgeschüttet werden kann oder bewusst weniger ausgeschüttet werden soll, um beispielsweise die Eigenkapitalquote zu erhöhen oder wichtige Investitionen vorzunehmen. In solchen kritischen Phasen müssen die Eigentümer also ihre persönlichen Belange hinter jene der Unternehmung stellen können. Tatsächlich liess sich in einer Untersuchung feststellen, dass erfolgreiche Familienunternehmen die Überlebensnotwendigkeit des Unternehmens gegenüber den Partikularinteressen der Gesellschafter vorrangig behandeln.[85]

83 Hinterhuber et. al. 1994, S. 105.
84 Groth, Wimmer 2005, S. 100 ff.
85 Redlefsen 2004, S. 25 ff.

Unternehmensführer und Familienmitglied

Die Persönlichkeit des Unternehmers und Familienmitglieds ist oft die entscheidende Stärke des Familienunternehmens.[86] Diese Doppelrolle kommt oftmals dem Vater zu, der gleichzeitig Unternehmer und Familienvater in einer Person ist. Für viele Familienunternehmer ist die Trennung von Familie und Unternehmen nur schwer vorstellbar, sie sehen darin auch keine Notwendigkeit.

Das Familienmitglied als Manager (vgl. dazu Rolle 6 in Abbildung 5), also ohne Eigentum am Unternehmen, befindet sich in einer zwiespältigen Situation. In der Rolle als Geschäftsführer muss er sich im Rahmen einer schwierigen Wettbewerbssituation hart und konsequent zeigen; als liebenswerter Vater muss er gleichzeitig den emotionalen Bedürfnissen und Erwartungen der Familie gerecht werden. Gleichzeitig ist er eben nicht (Mit)Eigentümer des Unternehmens und agiert folglich unter fremder Beobachtung.

Eigentümer, Unternehmensführer und Familienmitglied

Unter dem Idealbild eines Unternehmers und Gründers versteht man meist eine Person, die durch Schaffenskraft, Visionen und Beharrlichkeit sozusagen das Lebenselixier einer Unternehmung darstellt (vgl. dazu Rolle 10 in Abbildung 5).[87] Diese Position birgt eine enorme Komplexität, denn die Interessen der Unternehmung sind mit denjenigen der Familie oft nicht deckungsgleich. So gilt es, Entscheidungen situativ und unter Abwägung der Konsequenzen für Familie und Unternehmen zu treffen.

Dazu zwei einfache Beispiele: Der Miteigentümer ohne Bezug zur Familie (Rolle 3) ist vorwiegend an einer hohen Dividendenausschüttung interessiert. Das Familienmitglied, welches Eigentümer und gleichzeitig Manager ist, könnte hingegen ein starkes Bedürfnis haben, die Gewinne zu reinvestieren.[88] In Bezug auf die Unternehmensnachfolge gäbe es für einen Unternehmer und Vater nach rational nachvollziehbaren Gesichtspunkten keinen Sinn, ein Unternehmen aufzubauen oder fortzuführen, wenn nicht die Familie davon in irgendeiner Weise profitiert. So gern jedoch der Vater den Sohn als Nachfolger sieht, der Eigentümer und Manager in ihm weiss, dass das Unternehmen nur weiter bestehen wird, wenn dieser auch die notwendigen Fähigkeiten zur Fortführung besitzt. Diese Beispiele zeigen, dass gerade in Familienunternehmen die verschiedenen Rollen ein hohes Konfliktpotenzial bergen.

86 Hennerkes 2004, S. 28; LeMar 2001, S. 90 f.; Hinterhuber et. al. 1994, S. 105.
87 Siefer 1996, S. 81 f.
88 Neubauer, Lank 1998, S. 15.

Fallbeispiel 2: Bin ich denn kein Unternehmer?

Der Unternehmer Fritz Ballmer, heute 67 Jahre alt, Vater zweier erwachsener Söhne und einer Tochter, hat einen mittelständischen Betrieb mit 60 Mitarbeitern geleitet. Hier erzählt er die Geschichte der Unternehmensübergabe – gleichzeitig eine Bestandsaufnahme seines Schaffens.[89]

Blauer Himmel und Sonnenschein. Es hätte ein wunderbarer Sonntagmorgen werden können. Doch da kam wieder diese Frage von meiner Frau: «Wie ist das denn jetzt mit deiner Nachfolge?» Der Pfeil traf meine wunde Stelle. Ich hatte keine Lust auf Streit. Doch weitere unbequeme Fragen folgten. Zuerst antwortete ich nicht. Als meine Frau und auch die Kinder anfingen, nachzubohren, flüchtete ich mich in die Ausrede, dass ich das zuerst mit meinem Bruder besprechen müsse, der ja auch beteiligt sei. Schon kam der nächste Pfeil geflogen: «Warum entscheidest du das nicht? Es geht doch um deine Nachfolge!» Ich hörte den leisen Vorwurf heraus: Ich wäre doch nur ein Buchhalter und passiver Verwalter. Ich könne doch gar kein richtiger Unternehmer sein. Darüber ärgerte ich mich.

Dabei bin ich überzeugt, dass sich mein Lebenswerk sehen lassen kann. Vor fast 40 Jahren habe ich den Betrieb unseres Vaters zusammen mit meinem jüngeren Bruder erworben. Mein Bruder hat sich eher um die Technik gekümmert, ich habe den kaufmännischen Bereich verantwortet. In den letzten 20 Jahren ist unsere Firma kontinuierlich gewachsen. Wir geniessen in der Region und in der Branche einen ausserordentlich guten Ruf. Ein guter Ruf, der aber offenbar nicht auf mich abfärbt.

Ich sehe das alles etwas anders als meine Familie. Ich denke, ich kann mich ganz gut einschätzen: Stimmt schon, ich bin nicht der klassische Patron, und ich bin auch kein guter Verkäufer und schon gar kein Selbstdarsteller. Dafür bin ich insgesamt recht ausgeglichen. Nicht umsonst wirke ich auf andere wohl eher freundlich und bescheiden. Vielleicht haben mir gerade diese Charaktereigenschaften bei der Leitung der Firma geholfen. Jedenfalls war für mich immer klar: Nur mit guten Mitarbeitern können wir erfolgreich sein. Ich habe meinen Leuten immer viel Freiraum gelassen. Deshalb konnte ich sie auch langfristig an die Firma binden. Inzwischen beschäftigen wir rund 60 Mitarbeiter. Die letzten fünf Jahre waren finanziell die erfolgreichsten in unserer ganzen Firmengeschichte und darauf bin ich besonders stolz. Dank des hohen Cash-Flows gelang es uns, die Fremdverschuldung auf ein Minimum abzusenken.

89 Protokolliert während verschiedener Beratungssitzungen. Alle Namen geändert.

Weshalb bloss schätzt meine Familie meine unternehmerische Leistung so gering ein? Das frage ich mich immer wieder. Ich bin doch auch in der Familie nie fordernd gewesen. Nie habe ich von meinen Kindern verlangt, dass sie in meine Fussstapfen treten müssen. Sie waren frei, das zu erlernen oder zu studieren, was sie wollten. War das vielleicht ein Fehler? Wenn jetzt meine Familie das Gefühl hat, dass alle anderen für den Erfolg verantwortlich sind, nur nicht ich – ist das dann mein Fehler?

Doch an jenem Sonntagmorgen habe ich mir einen Ruck gegeben. Die Kinder sollten sich selbst ein Bild von der Situation machen. «Wir berufen eine Sitzung zum Thema Nachfolge ein», schlug ich vor. «Wer von euch interessiert ist, soll kommen.» Meine Söhne waren sofort angetan.

Ganz bewusst habe ich keine Traktandenliste[90] für die Sitzung erstellt. Vielmehr habe ich meine Söhne aufgefordert, vorgängig einen Fragenkatalog zu erstellen. Ich wollte, dass wir wichtige Themen offen angehen. Sie liessen mir einen dreiseitigen Fragenkatalog zukommen. Hier ein Auszug:

- Verhältnis produktives zu administrativem Personal?
- Lohnniveau der Belegschaft?
- Höhe der Schulden?
- Kundenstruktur?
- Arbeitsstunden Fritz Ballmer effektiv nach Aufgabengebieten?
- Persönliches Vermögen von Fritz Ballmer?
- Wert der Firma?
- Zukünftige Branchenentwicklung?
- Neue Märkte?
- Was kann die Firma dem Eigentümer bieten?
- Stellenprofil des zukünftigen Geschäftsführers?
- Wie viel Zeit und Geld steht für den Generationenwechsel zur Verfügung?

Genau so einen Fragenkatalog hatte ich befürchtet. Sie haben nicht gefragt: Was kann ich der Firma bieten? Sondern: Was kann die Firma mir bieten? Derartige Fragen durften gar nicht beantwortet werden. Deshalb habe ich den Spiess einfach umgedreht, habe mich für den Fragenkatalog bedankt und darauf hingewiesen, dass ich ein Dossier für die Sitzung vorbereiten würde. Darin erwartete ich von ihnen Antworten auf folgende Fragen:

- Was könnt ihr – als Person – der Firma bieten?
- Wie soll die zukünftige Organisation der Firma aussehen?

90 Schweizerdeutsch: Tagesordnung.

- Welche Funktionen und Aufgaben wollt ihr mittelfristig übernehmen?
- Seid ihr interessiert, das Unternehmen zu übernehmen?

Mit dieser Aufgabenstellung hatten die beiden nicht gerechnet. Statt Antworten zu erhalten, mussten sie nun Antworten geben.

Schliesslich kam der Tag der ersten Sitzung. Am Ende empfanden wir sie alle als überraschend gut und konstruktiv. In dieser Sitzung haben wir den Grundstein für eine tiefergehende Diskussion über die Zukunft der Familienunternehmung gelegt. Im Laufe der nächsten Monate realisierten meine Söhne, dass es unterschiedliche Vorgehensweisen gibt, wie ein Familienunternehmen erfolgreich geführt werden kann. Es wurde ihnen auch klar, dass sie ihre Position und ihren Weg dorthin erst finden mussten. Ich glaube, mit der vertieften Auseinandersetzung über strategische Fragestellungen ist auch ihre Achtung vor meiner Leistung gestiegen. Vielleicht haben sie jetzt endlich erkannt, dass ich die Unternehmungsentwicklung immer im Griff hatte.

Beide haben die Chance erhalten, sich eine eigenständige Position in der Unternehmung zu erarbeiten. Dazu mussten sie ins kalte Wasser springen und bereit sein, unternehmerische Verantwortung zu übernehmen. Diese Entscheidung konnte ich ihnen nicht abnehmen, die mussten sie selbst treffen.

Die Übergabe der Unternehmensführung dauerte zwei Jahre. Der jüngere Sohn trat wenige Monate nach der ersten Nachfolge-Sitzung in das Unternehmen ein und übernahm eine neu geschaffene Funktion in der Geschäftsleitung. Nach gut einem Jahr übernahm er von Fritz Ballmer den Vorsitz der Geschäftsleitung. Wenige Monate später verkaufte Fritz Ballmer seinem jüngeren Sohn die Hälfte seiner Aktien zum Steuerwert.

Es war eher überraschend, dass sich der ältere Sohn für die Fortsetzung seiner bisherigen Karriere entschied. Dennoch zeigt er sich immer sehr interessiert am Gedeihen des Unternehmens und insbesondere an der Entwicklung seines jüngeren Bruders. Er übernimmt häufig die Rolle des geistigen Sparring-Partners und unterstützt die Entscheidungen seines Bruders. Fritz Ballmer ist stolz, dass einer der Söhne die Unternehmensführung übernommen hat und dass sich das Verhältnis seiner Kinder untereinander so harmonisch entwickelte.

Dieses Beispiel zeigt, dass Grundwerte in der Familie weitergegeben werden und dass selbst Werte, die die Familie als Schwäche empfindet, sich langfristig als unternehmerische Stärke entpuppen können. Der Perspektivenwechsel ist wichtig um sich bewusst mit den verschiedenen Rollen und damit verbundenen Erwartungen auseinander zu setzten. Die Grundlage dafür ist eine offene und erwartungsfreie

Kommunikation. Tradierte Verhaltensmuster können zwar sehr erfolgreich sein. Vor einer Transformation im Rahmen einer Nachfolgeregelung gilt es jedoch viele Selbstverständlichkeiten nicht nur sich selbst, sondern vor allem unter den Familienmitgliedern offen zu legen und auch gemeinsam zu diskutieren. Nur so entsteht ein gemeinsames Verständnis für die gleiche Geschichte. Ein externer Coach kann hier mit wenig Aufwand bereits viel Wirkung entfalten.

2.4 Gestaltungsebenen

Wenn wir von familiengeführten KMU sprechen, stellen wir schnell fest, dass die Gestaltungsebenen sehr vielfältig sind. Die bisherigen Ausführungen haben den Versuch unternommen, die beiden Subsysteme Familie und Unternehmen zu charakterisieren, sowie auf die verschiedenen Rollen aufmerksam zu machen. Die Differenzierung und gegenseitige Durchdringung und Beeinflussung ist systemimmanent und führt zu der ganz spezifischen Charakteristik des jeweiligen Familienunternehmens. Diese Charakteristik, diese Besonderheiten verankern sich tief in der Kultur von Familie und Unternehmen. Für einen geordneten und klugen Umgang mit Familienunternehmen schlagen wir die Unterscheidung von vier verschiedenen Perspektiven, respektive Analyseebenen, vor, die miteinander verbunden sind (vgl. Abbildung 6):[91]

A: Intrapersonelle Ebene – Charakter, Persönlichkeit und Einstellungen
B: Interpersonelle Ebene – Beziehungen und Interaktionen
C: Organisationale Ebene – Familie und Unternehmen
D: Ebene der Umwelt – Anspruchsgruppen und Gesellschaft

Aus einer systemisch-kybernetischen Sicht lässt sich das Gesamtgefüge von Familie und Unternehmen in Abgrenzung zu einer Umwelt betrachten.[92] Das heisst, dass die beiden Subsysteme inklusive ihrer Teilkomponenten als Elemente des Sozialsystems Familienunternehmen verstanden werden. Der Unternehmer kann darin als Element des Familienunternehmens respektive der beiden Subsysteme Familie und Unternehmen beschrieben werden. Durch seine Tätigkeit im Sinne von Lenken und Gestalten der anderen Elemente nimmt er, gleichzeitig bewusst und unbewusst, Einfluss auf die Ent-

91 i.A. Sharma 2004, S. 1, 9 ff.; Gallo 1995, S. 83 ff.
92 vgl. dazu auch Glossar in Anhang 2.

wicklung der dargestellten Sozialsysteme. Entsprechend findet er auch einen zentralen Platz in Organigramm und Stammbaum, welche die Strukturen von Unternehmen und Familie beispielsweise abbilden.

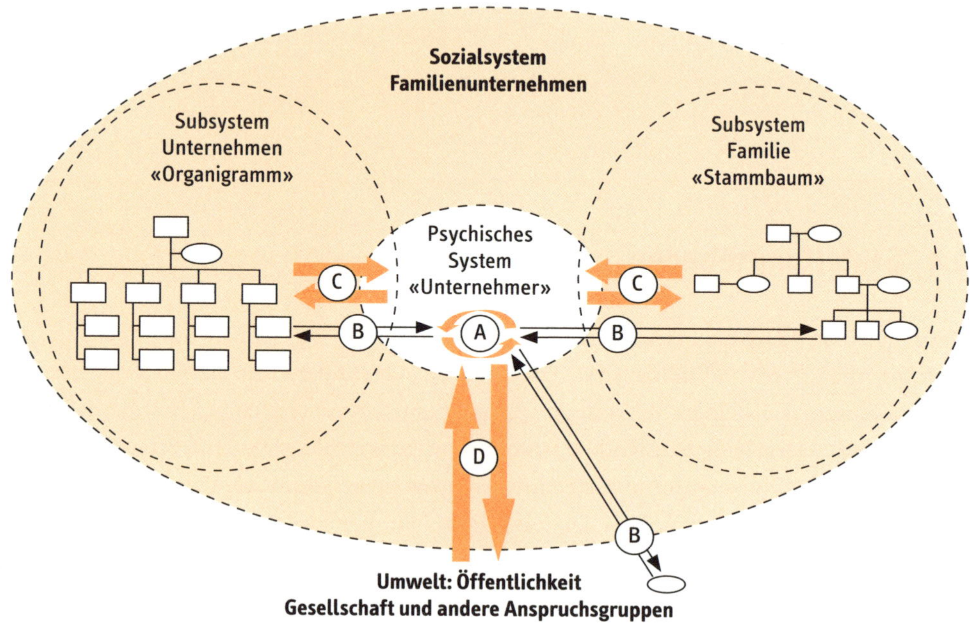

Abbildung 6: Das Familien-Unternehmens-Modell[93]

Aus systemisch-konstruktivistischer Sicht ist der Unternehmer mit seiner Wahrnehmungs-, Interpretations- und Kommunikationsfähigkeit wesentlich an der sozialen Konstruktion des Familienunternehmens beteiligt. Die Unterscheidung der verschiedenen Analyseebenen kann in der Praxis oft helfen, den Dialog in Bezug auf allfällige Differenzen zu entemotionalisieren. Sehr viel Konfliktpotenzial liegt darin, dass die verschiedenen Parteien von unterschiedlichen Ebenen sprechen, ohne dass dies im Dialog durch die Betroffenen als solches wahrgenommen wird. So können beispielsweise persönliche Motive und damit verknüpfte Erwartungen an die Beziehungen des Sohnes mit der strategischen Perspektive des Seniors, der den Blick auf das Unternehmen richtet, nicht verbunden werden.

93 Halter 2009, S. 90.

2.4.1 Intrapersonelle Ebene: Charakter, Persönlichkeit und Einstellungen

Auf der *Ebene des Individuums (A)* – hier der Unternehmer – gibt es Forschungsarbeiten, die beispielsweise das Wesen und die Rolle des Gründers, des Nachfolgers, der Frau als Unternehmerin, der Frau als Gattin des Unternehmers oder des Fremdmanagers untersuchen. Dabei geht es um Themen wie persönliche Wertvorstellungen, Erwartungen, Eigenschaften und Persönlichkeitsstruktur, Motive, Kompetenzen und Fähigkeiten oder die Gesundheit eines Individuums,[94] also um die Frage: Wer ist der Unternehmer, die Unternehmerin, der Nachfolger, der Übergeber, der Sohn, die Tochter oder der Mitarbeitende?

Diese Aspekte können als individuelle Ressourcen verstanden werden wie beispielsweise die persönlichen Stärken und Schwächen. Wir sprechen gerne vom Dreiklang Haltung – Bereitschaft – Handlung eines Individuums (vgl. dazu Kapitel 2.4.5); sie haben Einfluss auf die Interaktion der beteiligten Personen (z. B. Übergeber, Übernehmer). Vor allem das Wesen des Unternehmers, seine Kommunikationsformen und -stile, spielen eine wichtige Rolle. Sie beeinflussen indirekt das soziale Gebilde, sowohl die Familie wie auch das Unternehmen. Erkenntnisstiftend sind auf dieser Analyseebene Disziplinen wie Physiologie, Biologie, Psychologie und Sozialpsychologie.

Ein zentrales Element auf individueller Ebene stellen die psychologischen Aspekte dar, insbesondere die Emotionen, die bei einer Nachfolgeregelung nicht zu unterschätzen sind.[95] Habig und Berninghaus bezeichnen den Nachfolgeprozess als psychologisch-menschliche Herausforderung und messen den steuerlichen, rechtlichen und betriebswirtschaftlichen Aspekten nur eine untergeordnete Bedeutung zu. Es darf davon ausgegangen werden, dass 80 Prozent der Probleme im psychologisch-menschlichen Bereich zu lösen sind (und in der Forschung vernachlässigt werden).[96] Gleichzeitig ist es in der Praxis oft noch ein Tabut bei den Betroffenen, rechtzeitig einen Coach oder Psychologen dazu zu ziehen.

94 Howorth, Assaraf Ali 2001, S. 242; Kailer 2003, S. 185 f.; Wiedemann 2002, S. 54.
95 Hegi 2001, S. 25; Dunemann, Barret 2004, S. 18 f.; vertiefend dazu in Halter 2009.
96 Habig, Beringhaus 2003. Vgl. auch Klein 2004, S. 317; Le Mar 2001, S. 19; Hennerkes 2004, S. 266.

2.4.2 Interpersonelle Ebene: Beziehungen und Interaktionen

Auf der Ebene der *interpersonalen Prozesse und Gruppen (B)* beschäftigt sich eine Forschungsrichtung mit der Natur von «contractual agreements» und der Art und Weise ihres Zustandekommens – also die Art und Weise, wie gemeinsam getragene Ideen und Ziele zustande kommen. Eine zweite Richtung beschäftigt sich mit der Konfliktentstehung und -bewältigung.

Auf interpersoneller Ebene stehen individuelle und persönliche Beziehungen im Zentrum der Betrachtung, allen voran die Beziehungen zwischen Übergeber und Übernehmer, zwischen Familienmitgliedern und zwischen Familien- und Nicht-Familienmitgliedern.[97] Es können aber auch Beziehungen zu Personen ausserhalb der Familie und dem Unternehmen betrachtet werden, wie beispielsweise zu einem guten Freund oder Bekannten. Es darf davon ausgegangen werden, dass einvernehmliche Beziehungen für die Gestaltung der Unternehmensnachfolge förderlich sind. Zentrales Element ist eine konstruktive, ehrliche und offene Kommunikation; sie erst ermöglicht eine offene Auseinandersetzung mit den individuellen Gefühlen, Ängsten, Sorgen und Widerständen der Beteiligten.[98]

Es geht jedoch nicht nur um offensichtliche Beziehungen und Interaktion, sondern auch um Vorstellungen und Projektionen. So hat beispielsweise der Vater ganz konkrete Vorstellungen darüber, was sein Sohn angeblich denkt und fühlt, ohne jedoch wirklich mit ihm darüber zu sprechen, und vice versa. Eine solche Sichtweise im Kontext der Unternehmensnachfolge zu durchbrechen, ist eine grosse Herausforderung. Gerade in konfliktären Situationen kann professionelle Unterstützung in der Form von Moderation, Coaching oder Mediation sehr hilfreich sein (mehr dazu in Kapitel 7.2.3). In solchen Settings können u. a. folgende Fragen angesprochen und besprochen werden:

- Wo gibt es aktive und wo passive Beziehungen?
- Wie sind Beziehungen gestaltet?
- Wie können diese Beziehungen im Rahmen der Nachfolgeregelung genutzt werden?

97 Dunemann, Barret 2004; Morris, Williams, Allen, Avila 1997; Chua, Chrisman, Sharma 2003.
98 Handler 1994a, S. 146.

2.4.3 Organisationale Ebene: Familie und Unternehmen

Auf der *Ebene der Organisation (C)* geht es um die Identifikation und das anschliessende «managen» von spezifischen Ressourcen in Familie und Unternehmen.[99] Der Fokus liegt dabei auf der systemimmanenten Logik und Funktionsweise der beiden Subsysteme Familie und Unternehmen (vgl. dazu Kapitel 2.3). Es stellt sich die Frage, inwieweit die Verbindung der beiden Subsysteme positiv genutzt werden kann bzw. auf welchen Beziehungsebenen zwischen den beiden Systemen es möglicherweise einer Anpassung, Korrektur oder Ergänzung bedarf. So steht beispielsweise die Frage im Raum, wie der familiäre Charakter des Unternehmens als Ressource im Bereich der Mitarbeiterführung oder der Familienname als Marke nutzbar gemacht werden kann.

Gleichzeitig kann aber auch die Beziehung zwischen Individuum und den beiden Subsystemen Familie und Unternehmen näher betrachtet werden. Dabei handelt es sich vor allem um die Frage, welche Erwartungen und Vorstellungen an die Familie und das Unternehmen gerichtet werden und vice versa. Wenn diese verschiedenen Erwartungshaltungen bekannt sind und von allen Beteiligten im Kern aktiv mitgetragen werden, kann von einer «starken Kultur» gesprochen werden.

2.4.4 Ebene der Umwelt: Anspruchsgruppen und Gesellschaft

Auf der *gesellschaftlichen Ebene (D)* schliesslich geht es um die Bedeutung und Wahrnehmung von Familienunternehmen in der Gesellschaft und in Volkswirtschaften. Der Unternehmer übernimmt gerade in kleineren Unternehmen durch seine Gegenwart eine zentrale Aufgabe, um beide Subsysteme zu verbinden. Unternehmer werden im Sinne der Vereinfachung nachstehend als zentrale Figur und damit als personalisierter Verantwortungsträger und Repräsentant des Familienunternehmens gegenüber internen und externen Anspruchsgruppen verstanden – auch wenn andere Personen aus dem Familienunternehmen diese Rolle oft ebenfalls übernehmen.

Neben Familienmitgliedern und Mitarbeitenden im Innern des Gesamtsystems haben die in der Literatur identifizierbaren Anspruchsgruppen ihre Erwartungen und Ansprüche gegenüber dem Familienunternehmen.[100] Die Gesellschaft beispielsweise formuliert selbst Bilder, was ein «gutes Familienunternehmen» ist. Solche Bilder können einen dominanten Charakter haben und führen oft zwangsläufig zu einer prägnanten, deutlich spürbaren Erwartungshaltung. So gilt eine Unternehmensnachfolge in einem

99 Sharma 2004, S. 18.
100 Anspruchsgruppenkonzept von Freeman 1984; Janisch 1992, S. 119 f.; Selchert 1988, S. 32; Rüegg-Stürm 2004, S. 30.

Familienunternehmen beispielsweise immer noch dann als gelungen, wenn diese familienintern abgewickelt werden kann.

Solche und andere Erwartungshaltungen können die betroffenen Personen und Unternehmerfamilien unter Druck setzen. Als Unternehmerfamilie ist man zumindest lokal bekannt und der öffentlichen Meinung entsprechend ausgesetzt. Für die Gestaltung des Familienunternehmens und, damit verbunden, für das Verständnis desselben ist es lohnenswert, sich beispielsweise Gedanken über die Art und Weise zu machen, wie der Kontakt, der Dialog und Austausch mit der Gesellschaft gepflegt werden soll. Dies reicht von grosser Zurückhaltung bis hin zur aktiven Bearbeitung der öffentlichen Meinung. Die Familie und die Familienkultur kann als strategische Ressource aktiv genutzt und eingesetzt werden. So werden beispielsweise Familienunternehmen als Arbeitgeber oft als stabiler und nachhaltiger empfunden, als börsenkotierte Grosskonzerne. Der Fokus kann aber auch nur auf das Kern-Business gelegt und die Familie bewusst nicht involviert werden. Entscheidend dabei ist nicht der eine oder andere Weg, sondern vielmehr die konsequente Haltung und Sicherstellung.

Banken und andere Kapitalgeber, Lieferanten, Kunden, Mitarbeiter, mitunter auch Konkurrenten oder der Staat und Nichtregierungsorganisationen können als wichtige Partner für das Familienunternehmen verstanden werden.[101] Diese Stakeholder (= Anspruchsgruppen) haben das Interesse, möglichst wenige Risiken durch die Unternehmensnachfolge einzugehen. In diesem Zusammenhang kommt der Gestaltung der institutionellen Beziehungen eine hohe Bedeutung zu.[102] Kailer spricht dabei auch von Ressourcenbedingungen im weiteren Sinn und meint damit die Wirtschaftslage, das Gründer- und Nachfolger-Ambiente oder die Branchenentwicklung.[103] Auf folgende Anspruchsgruppen wird in diesem Zusammenhang nachfolgend kurz näher eingegangen: Mitarbeitende und Führungskräfte, Geldgeber, Kunden, Lieferanten und Konkurrenten.

Mitarbeitende und Führungskräfte von Familienunternehmen sehen in der Nachfolgeregelung häufig eine Bedrohung ihrer beruflichen Tätigkeit: Familienunternehmen gewichten familiäre und soziale Interessen in der Regel stärker als rationale und betriebliche Anliegen.[104] Bei einer Nachfolgeregelung sehen Mitarbeiter und Kader daher die bestehende (familiäre und soziale) Unternehmenskultur in Gefahr und reagieren entsprechend skeptisch auf Veränderungen. Der Fokus der menschlichen und emotio-

101 Rüegg-Stürm 2004; In der Schweiz hat ein Bundesgerichtsentscheid aus dem Jahr 2004 in den vergangenen zwei Jahren für Aufmerksamkeit gesorgt, da eine familieninterne Unternehmensnachfolge unter gegebenen Umständen als Teilliquidation behandelt werden konnte, was zu hohen Steuerbelastungen führte. Dieser Entscheid wurde im Rahmen der Unternehmenssteuerreform II per 1. Januar 2007 korrigiert.

102 Dunemann, Barret 2004, S. 10 ff.

103 Kailer 2003, S. 185; Handler 1994, S. 146.

104 Lee, Rogoff 1996, S. 431.

nalen Geschäftsführung verlagert sich nach Einschätzung der Mitarbeitenden zunehmend auf die rationalen Bedürfnisse der Unternehmung (z. B. Gewinnorientierung). Dadurch entstehen Unsicherheiten und Gerüchte. Die Arbeitsplätze scheinen durch die mit der Nachfolge einhergehenden möglichen Restrukturierungsmassnahmen bedroht, was zu einem Paradoxon führt: An die Stelle von Aufbruchsstimmung und Wahrnehmung einer Chance tritt Resignation und Unmut, wodurch eine erfolgreiche Zusammenarbeit verhindert wird. Die Folge sind Mitarbeiterunzufriedenheit und eine erhöhte Mitarbeiterfluktuation, was zu hohen Kosten und Verlust von Know-how führt.

Die Geldgeber – zumeist die Banken – haben Interesse daran, ihr Geld möglichst risikofrei an Kreditnehmer zu vergeben und am Schluss wieder amortisiert zu bekommen. Durch verschiedene Richtlinien und das anlässlich von Basel II zwingend eingeführten Rating System kam es jedoch punktuell zur Verknappung von Kreditmitteln, während gleichzeitig die Kreditpreise erhöht wurden. Diese Effekte resultieren aus einer Professionalisierung des Bankensystems, das an die Stelle des bisherigen, mehrheitlich auf Vertrauen basierenden Kreditsystems trat. Das Bedürfnis der Banken nach Transparenz ist bei Nachfolgeregelungen heute signifikant stärker, was es den KMU erschwert, Kredite für eine erfolgreiche Nachfolgeregelung aufzunehmen. Die Geldgeber drängen vermehrt auf eine umfangreiche Zukunftsplanung, um die Chancen und Risiken des Geschäfts möglichst objektiv beurteilen zu können. Die Beziehung zu den Geldgebern wird daher selten als Partnerbeziehung, sondern von den Nachfolgern vielmehr als einseitig und durch die Geldgeber dominiert wahrgenommen.

Das Interesse der *Kunden* zielt zunächst einmal auf eine wertschöpfende und zuverlässige Zusammenarbeit ab. Diese sehen indes in einem Nachfolgeprozess häufig ein Risiko, da die weiteren Belieferungen sowie die aktuellen Garantieleistungen nicht gesichert scheinen. Gleichzeitig wird oft erwartet, dass die Nachfolger ihren eigenen «Footprint» hinterlassen wollen und oft kann eine Aufbruchsstimmung beobachtet werden.

Weiter ist festzuhalten, dass Beziehungen unter KMU häufig als eine partnerschaftliche Beziehung wahrgenommen werden. Aufträge werden durch Beziehungen und Bekanntschaften abgeschlossen, auch wenn diese nur marginal profitabel sind. Bei einer Nachfolge können diese Kundenbeziehungen verloren gehen: Der Nachfolgeprozess kann zum Anlass genommen werden, solche nicht profitablen Geschäftsbeziehungen zu hinterfragen und je nach Ergebnis zu beenden.

Ähnlich liegen die Interessen der *Lieferanten.* Auch sie empfinden den Nachfolgeprozess als Risiko, welches sie minimieren wollen. Es werden daher alternative Vertriebs- und Geschäftspartner gesucht.

Die Mitbewerber können die erwähnten Unsicherheiten nutzen. So kann sie bewusst Gerüchte streuen oder verstärken. Dies festigt ihre Position und mindert die Attraktivität des im Nachfolgeprozess stehenden KMU. Dieses kann so zu einem veritablen Übernahmekandidaten werden.

Fallbeispiel 3: Ein Wink mit dem Zaunpfahl

Helmut Frenzel[105] ist 69-jährig, Präsident des Verwaltungsrates und Mehrheitsaktionär eines erfolgreichen Familienunternehmens in der Textilbranche. Die Geschäftsleitung hat er schon vor fünf Jahren seinen beiden Söhnen übertragen und ihnen vor drei Jahren je 24 % der Aktien geschenkt. Die nachfolgenden Ausführungen und Zitate stammen aus Protokollen und persönlichen Notizen von verschiedenen Sitzungen und Gesprächen.

«Eigentlich habe ich ja viel Glück gehabt», denkt sich Helmut Frenzel. Die letzten Jahre waren sehr erfolgreich, trotz harter Konkurrenz aus Fernost. Mit Geschick und Geduld hat er sich mit seinem Textilunternehmen eine führende Marktposition erarbeitet. Doch ist es eine harte Aufgabe, diesen Platz dauerhaft zu verteidigen. Zum Glück hat er die operative Arbeit in den letzten Jahren an seine beiden Söhne übertragen. Lukas, der ältere und kreativ sehr begabte Sohn, führt die Designabteilung. Der jüngere Sohn David hat die Gesamtführung übernommen. Helmut Frenzel hat, aus seiner Sicht rechtzeitig, den ersten Schritt zur Sicherung der Nachfolge unternommen und beiden Söhnen je 24 % der Aktien geschenkt.

Helmut Frenzel lässt sich als Präsident des Verwaltungsrates regelmässig über den Geschäftsgang informieren. In seinem Büro arbeitet er täglich mehrere Stunden. «Wie soll es jetzt mit der Nachfolge weitergehen?», überlegt er sich. «Soll ich meine Aktien bis zum Tod behalten?» Diese Frage beschäftigt Helmut Frenzel, wann immer er über dieses Thema nachdenkt. Vor Jahren schon hat er ein Testament erstellt. Darin ist festgehalten, dass seine Aktien den beiden Söhnen zugewiesen werden, Lukas erhält nochmals 25 % und David 27 %. Damit ist die Entscheidungskompetenz klar geregelt.

Dieses Jahr wird Helmut Frenzel 70 Jahre alt. Er fühlt sich gesund und wohl. Doch zufrieden ist er nicht. Verschiedene strukturelle Aufgaben stehen an. So ist der Verwaltungsrat überaltert und sollte verjüngt werden. Mit dem neuen Steuerkommissär steckt er im Clinch. Bislang konnte er sich nicht über die Behandlung der bestehenden Rückstellungen einigen. Der Steuerkommissär verlangt die Auflösung

105 Alle Namen geändert.

aller nicht benötigten Rückstellungen, was nicht nur die Gewinn-, sondern auch die Vermögenssteuern in die Höhe treiben würde. Allein um die Steuern zu begleichen, braucht Helmut Frenzel wesentliche Einnahmen. Aus diesem Grund wäre es vermutlich sinnvoll, sich bald von den Aktien zu trennen.

David spürt die Unzufriedenheit seines Vaters und spricht ihn direkt darauf an. Mit seinem Bruder hat David bereits gesprochen; beide sind der Meinung, dass sie ihren Vater von der Gesamtverantwortung entlasten wollen. Wie, ist beiden noch unklar. David vereinbart deshalb ein Gespräch mit seinem Vater, bei dem die Regelung der Nachfolge im Mittelpunkt stehen soll.

Das Gespräch dreht sich stark um das Thema Geld. Auch wenn sein Vater behauptet, dass er ohne diese Aktien ein armer Mann wäre, so ist das nicht die ganze Wahrheit. David vermutet, dass sein Vater Angst vor dem Statusverlust hat, und davor, zum alten Eisen zu zählen. «Dann kann ich doch gleich ins Altersheim», war seine spontane Bemerkung. Immerhin 40 Jahre lang war Helmut Frenzel Dreh- und Angelpunkt der Textilfirma. Da ist es verständlich, dass der Entscheid zum Rückzug nicht leicht fällt.

Für David wird schnell klar, dass eine für alle Seiten befriedigende Lösung nicht nur die finanziellen, sondern auch die psychologischen Bedürfnisse abdecken muss. Aufgrund dieser Überlegungen kann David seinen Vater überzeugen, dass eine Nachfolgeregelung zu Lebzeiten wesentlich besser ist als die bestehende testamentarische Lösung. Er schlägt deshalb vor, einen Vertrag aufzusetzen, wie die Nachfolge zu regeln sei.

Das Grundgerüst der neuen Lösung ist schnell erarbeitet. Beide Söhne kaufen sämtliche Aktien zum aktuellen Steuerwert. Der Kaufpreis wird als Darlehen gewährt und in einem Zeitraum von 20 Jahren in monatlichen Tranchen zurückbezahlt. Ferner wird dem Vater vertraglich zugesichert, dass er für die gesamte Laufzeit des Darlehens im Verwaltungsrat bleiben kann. Es steht ihm ein Büro und ein Geschäftsauto zur Verfügung. Das Präsidium des Verwaltungsrates geht jedoch an David über, worüber sich die Brüder im Voraus geeinigt hatten. Diese Lösung garantiert Helmut Frenzel und seiner Ehefrau ein finanziell sorgenfreies Leben.

Einige Tage später liegt der Vertrag vor. Doch immer wieder wünscht Helmut Frenzel Änderungen. Die Unterzeichnung wird Woche um Woche hinausgeschoben. Die Situation wird immer unbefriedigender. Manchmal fragt sich David, ob es richtig war, die Nachfolge so zügig voranzutreiben. Dann, eines Abends, erhält er von seiner Mutter den Anruf: Sein Vater liegt auf der Intensivstation. Nach dem

Golfspielen hat er sich unwohl gefühlt, eine Stunde später plötzlich hohes Fieber bekommen. Sein Arzt hat ihn untersucht und mit Verdacht auf Blutvergiftung ins Spital eingewiesen – ein Verdacht, der sich dort bestätigt hat.

Nach 14 Tagen hat sich Helmut Frenzel soweit erholt, dass er vom Spital in eine Reha-Klinik wechseln kann. Dort teilt er David mit, dass er offenbar nur ganz knapp dem Tod entronnen sei. Der Spitalarzt habe ihm gesagt, wäre er nur einige Stunden später eingewiesen worden, hätte er die Nacht vermutlich nicht überlebt.

Für Helmut Frenzel war dies wohl ein Wink mit dem Zaunpfahl. «Die Nachfolge müssen wir jetzt definitiv regeln. Ich möchte den Vertrag so schnell wie möglich unterzeichnen. Das habe ich zu lange hinausgezögert, und jetzt liegt es mir auf dem Magen. Die Lösung ist gut, davon bin ich jetzt überzeugt. Kommt am Freitag um 11 Uhr nochmals hierher, dann werden wir gemeinsam den Vertrag unterzeichnen. Anschliessend möchte ich euch alle zum Mittagessen einladen», sagt er bei Davids letztem Besuch zum Abschied.

Die Unterzeichnung des Nachfolgevertrages fand wie angekündigt und in aufgeräumter Stimmung statt. Ganz offensichtlich ist Helmut Frenzel damit ein grosser Stein vom Herzen gefallen.

Im Rahmen des Nachfolgeprozesses müssen auch unbequeme Entscheidungen gefällt und umgesetzt werden. Hier gilt das Sprichwort: «Schmiede das Eisen, solange es heiss ist.» Das heißt, beliebig viel Zeit steht hierfür nicht zur Verfügung. Hinausgeschobene Entscheide können sehr gefährlich werden, wenn sich die Situation, wie gezeigt, plötzlich ändert.

Zusätzlich muss beachtet werden, dass hinausgeschobene Entscheidungen alle betroffenen Parteien weiter beschäftigen – man setzt sich damit sachlich, aber vor allem emotional auseinander. Dies absorbiert unternehmerische Energie, die für andere Aufgaben fehlt. Aus diesen Gründen muss der Nachfolgeprozess – der entsprechende Teilschritt resp. Meilenstein – auch zeitnah abgeschlossen werden.

2.4.5 Ebene der Zeit: Transaktionslogik und Entwicklungslogik von Individuum und Organisation

Die obigen Ausführungen haben deutlich gemacht, dass es grundverschiedene Ebenen gibt, die im Rahmen eines Nachfolgeprozesses betroffen sind. Auch wenn das Auseinanderhalten analytisch klar erscheint – in der Praxis findet oft deren Vermengung statt, was das Salz in der Suppe ausmacht. Entscheidend erscheint uns jedoch die Differenzierung zwischen Individuum und Organisation.

Mit dem organisationalen Blick auf ein Unternehmen sprechen wir gerne von den Kernelementen *Kultur – Strategie – Struktur* (vgl. Abbildung 7).[106] Diese drei Begriffe werden oft auch als das «magische Dreieck» der Unternehmensführung bezeichnet. Alle drei Ebenen können bewusst analysiert, umschrieben und gestaltet werden. Die Praxis zeigt, dass diese drei Dimensionen zwingend aufeinander abgestimmt und immer wieder den sich verändernden Bedingungen angepasst werden müssen, um eine nachhaltige Leistungs- und Entwicklungsfähigkeit des Unternehmens aufrecht zu erhalten.

Veränderungen auf der Struktur-Ebene sind relativ schnell machbar. Prozessabläufe, Neudefinition von Schnittstellen und ähnliches gehören zum Optimierungs-Alltag. Für eine strategische Anpassung braucht es bereits mehr Zeit. Von der Analyse, über die Veränderung bis hin zur spürbaren Wirkung kann es gut mehrere Monate dauern. Veränderungen auf der Ebene der Kultur sind noch viel schwieriger und sehr anspruchsvoll. Gerade dies ist der Grund, warum Fusionen und Zusammenlegungen von zwei Unternehmen nur sehr selten innert nützlicher Frist gelingen und auch finanziell zu einem Erfolg werden. Tieferliegende Veränderungsprozesse sind schmerzhaft, brauchen viel Geduld und Hartnäckigkeit. Ein Familienunternehmen, das sich über mehrere Jahre entwickelt hat, verfügt über eine eigene organisationale DNA. Diese organisationale DNA erschliesst sich einem (externen) Nachfolger nicht «einfach so». Sie zu verändern, ist alles andere als trivial.

Gerade Kleinst- und Kleinunternehmen sind vom Eigentümer stark geprägt. Deshalb kommt auch dem Individuum eine zentrale Bedeutung zu. Hier sprechen wir gerne vom Dreiklang *Haltung – Bereitschaft – Handlung*.[107] Diese individuumsbezogene Sicht ermöglicht es, den Unternehmer ganzheitlich zu erfassen. Mit der *Haltung* werden die Grundwerte und Grundüberzeugungen eines Individuums umschrieben. Diese prägen im Wesentlichen sein Denken und Handeln. Eine wesentliche, unternehmerische Kernkompetenz

106 i.A. Fueglistaller, Halter, Fust 2013.
107 i.A. Fueglistaller, Halter, Fust 2013.

stellt in diesem Zusammenhang die «Reflexive Wahrnehmung» des Individuums dar. Die Neugier nach dem Neuen, Andersartigen und damit der Selbstschutz vor Plattitüden und eingefahrenen Mustern ist eine entscheidende Tugend eines Unternehmers. Mögliche Fragen sind:

- Wird das «eigene Ich» durch den Unternehmer aus verschiedenen Perspektiven betrachtet?
- Sind auch andere Meinungen und Einschätzungen zugelassen?
- Wird der eigene Erfolg immer wieder selbstkritisch hinterfragt?

Bei der *Bereitschaft* geht es beispielsweise um Motive oder Absichten eines Unternehmers. Ist die Bereitschaft da, neue Dinge auszuprobieren? Ist die Bereitschaft da, die Komfortzone zu verlassen und die Extrameile zu gehen? Als unternehmerische Kernkompetenz stellen wir die «Kommunikation» ins Zentrum. Ohne die Bereitschaft eines Unternehmers, täglich in den Dialog zu treten mit sich selbst, mit den Mitarbeitenden, Kunden und Lieferanten, wird es schwierig, das Sozialsystem Unternehmen am Leben zu erhalten und zu führen.

Schliesslich sprechen wird von der *Handlung*. Dabei geht es um die meist operativ sichtbaren Tätigkeiten. Die wesentliche unternehmerische Kernkompetenz stellt dabei das «Entscheiden» dar. Entscheidungen zu fällen bedeutet vor allem Verantwortung zu übernehmen – völlig losgelöst davon, ob es sich um Angenehmes oder Unangenehmes handelt.

Im Rahmen einer Nachfolgeregelung gilt es nun, ein Unternehmen vom Verkäufer auf den Käufer zu übertragen. Die Praxis zeigt und lehrt uns immer wieder auf eindrückliche Art und Weise, dass die Übertragung auf keinen Fall aus einer reinen Transaktionslogik betrachtet und angegangen werden darf. Der Käufer trifft in der Regel auf ein vom Verkäufer geprägtes Unternehmen. Je kleiner ein Unternehmen ist, desto häufiger entsteht der Eindruck, dass die Prägung des Unternehmens mehr oder weniger der Prägung des Unternehmers (= Verkäufers) entspricht. Dies bedeutet, dass die Kultur – Strategie – Struktur im Wesentlichen vom und auf den Verkäufer ausgerichtet und geprägt ist und vice versa. Daraus folgend entstehen rasch wichtige Fragen:

- Wie hoch ist die Abhängigkeit des Unternehmens vom Verkäufer?
- Ist die Kultur – Strategie – Struktur noch zeitgemäss und zukunftsfähig?

- Sucht der Verkäufer sein Ebenbild hinsichtlich Haltung – Bereitschaft – Handlung?
- Was sind die Anforderungen an den Käufer, um einer zukunftsfähigen Kultur – Strategie – Struktur gerecht zu werden?

Auch wenn die Überlebenswahrscheinlichkeit bei einer Unternehmensübernahme durch den Käufer hoch ist, dies zum Beispiel im Vergleich zur Gründung: Die grösste Herausforderung ist der Transformationsprozess bei der Überführung des Unternehmens auf eine neue unternehmerische Persönlichkeit. Das Anpacken von Veränderungen und das gleichzeitige Sicherstellen von Kontinuität bei der Gestaltung und Entwicklung des Unternehmens ist ein Balanceakt.

Im Rahmen einer Transaktionslogik könnte man versucht sein, ein Unternehmen nach der besten Kunst aus finanzieller und juristischer Sicht zu übertragen. Warum sollte ich mir da noch Gedanken machen über psychologische und weiche Faktoren? Die Erfahrung lehrt uns, dass die oben umschriebenen Fragen oft zu kurz kommen oder gar auf der Strecke bleiben. Insbesondere dann, wenn der Nachfolgeprozess lange dauert und Verkäufer und Käufer noch eine Zeit lang zusammen arbeiten, gilt es, auch der sogenannten Entwicklungslogik eine hohe Aufmerksamkeit zuzumessen. Auf diese gehen wir später ein (vgl. dazu Kapitel 6).

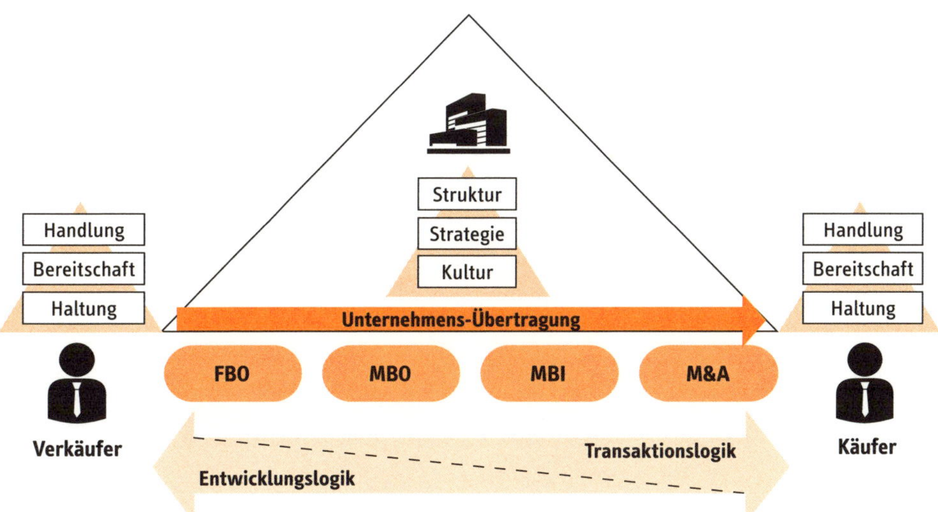

Abbildung 7: Transaktionslogik und Entwicklungslogik bezüglich Organisation und Individuum[108]

108 Eigene Darstellung i.A. Fueglistaller, Halter, Fust 2013.

3 Normative, strategische und operative Fragen

Unser zentrales Ziel bei der Entwicklung des St. Galler Nachfolge-Modells war es, ein Rahmenkonzept zu bieten, das den bewussten Umgang mit und die Verknüpfung von verschiedenen Themen, Perspektiven und Dimensionen erlaubt. Wie jedes Modell bewegt es sich in einem Spannungsfeld zwischen einer der Anschaulichkeit dienenden Vereinfachung und einer der Wirklichkeit verpflichtenden Differenzierung. Die Ausgangslage bildet der Kontext, in dem eine Nachfolgeplanung und -regelung vorgesehen ist, sprich dem Familienunternehmen, das mit seinen bereits klar differenzierten Modellen und Konzepten umschrieben worden ist (vgl. dazu Kapitel 2.3).

Immer wieder gibt es Probleme und Überraschungen kurz vor der Besiegelung der Nachfolgelösung, z. B. bei der endgültigen Übergabe der Führungsverantwortung, bei der Übertragung des Eigentums oder bei der Übertragung von operativen Verantwortlichkeiten. Der Übergeber mag sich nostalgischen Erinnerungen hingeben; ihm mag noch einmal bewusst geworden sein, wie viel Zeit und Energie er in sein Lebenswerk gesteckt hat; oder ihn beschleicht das Gefühl, dass er die falsche Entscheidung getroffen hat – sehr oft sind es rein emotionale Gründe, warum er die Unterzeichnung des Übertragungsvertrags im letzten Moment scheitern lässt. Zu oft beobachten wir Nachfolgeprozesse, wo der Fokus vor allem auf operativen Aktivitäten wie Unternehmensbewertung, Finanzierungskonzepte oder Steueroptimierung gelegt wird und dabei die tiefer liegenden Aspekte nicht oder vor allem zu spät thematisiert und geklärt werden. Wie nachstehend aufgezeigt wird, gehen einem solchen Verhalten fast immer Fehler oder Versäumnisse auf normativer und strategischer Ebene voraus, sei es, weil zentrale Fragestellungen auf diesen beiden Ebenen entweder nicht ausreichend besprochen oder gar nicht erwähnt wurden, sei es, weil es bewusste oder unbewusste Unstimmigkeiten gibt oder der Mut dazu fehlt.[109] Die grösste Herausforderung liegt also darin, dass die wesentlichen Aspekte auf allen drei Ebenen zwischen den beiden Parteien Übergeber und Übernehmer abgestimmt werden können.

109 vgl. dazu auch Breuer 2009, S. 17.

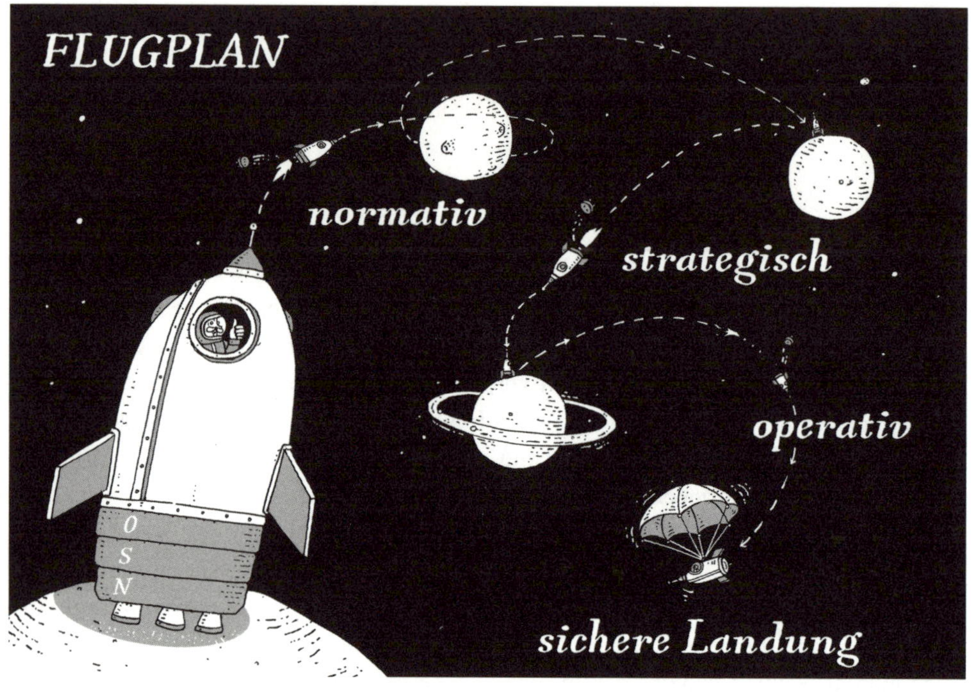

3.1 Die normative Ebene: Werte, Prinzipien, Unternehmenskultur

Die *normative Ebene* fokussiert sich auf Werte und Kultur. Individuumsbezogen geht es um die Bedürfnisse der Betroffenen rund um die Haltung von Verkäufer und Käufer – bei der organisationalen Betrachtung sprechen wir von Kultur des Unternehmens und oder der Familie (vgl. Kapitel 2.4.5). Im Kontext der Unternehmensnachfolge gilt es, zwischen den Parteien eine aufrichtige, umfassende Akzeptanz für die getroffene Lösung zu finden. Dies kann nur dann gelingen, wenn für die Betroffenen unter anderem die Gestaltungsdimension *«Gerechtigkeit und Fairness»* ausreichend berücksichtigt und gestaltet wurde (vgl. dazu vertieft Kapitel 4.4). Mit Bezug auf das Unternehmen wollen wir deshalb in Anlehnung an die St. Galler Schule zunächst eine Auseinandersetzung mit der Unternehmensverfassung, der Unternehmenspolitik und der Unternehmenskultur suchen und führen – also mit den Aspekten der normativen Ebene. Übertragen auf Familienunternehmen heisst das, sich auseinanderzusetzen mit den generellen Zielen des Familienunternehmens, den Zielen der Familie und des Unternehmens, mit den Prinzipien, Normen und Spielregeln, welche die Lebens- und Entwicklungsfähigkeit eines Familienunternehmens bestimmen.[110] Nur so lässt sich prüfen, welche Nachfolgelösung am besten zur eigenen Kultur passt, welche Lösung Akzeptanz bei den Involvierten findet und ob gewisse Anpassungen notwendig sind.

Die *Unternehmensverfassung* ist eine formale Rahmenordnung, welche den Zweck und das Kompetenzsystem regelt, und damit die innere Ordnung festlegt. Sie bildet die Verhaltens-, Entscheidungs- und Gestaltungsgrundlage für die Unternehmensvertreter nach innen (z. B. Mitarbeitende) und nach aussen (z. B. Kunden und andere Anspruchsgruppen); sie stellt also einen konstitutiven, unveränderbaren Bestandteil der Unternehmenskultur dar. Dieser unveränderbare Bestandteil der Unternehmenskultur normiert explizit die Verhaltensmöglichkeiten für die involvierten Beteiligten. In Familienunternehmen, bei denen familiäre und betriebliche Interessen eng verwoben sind, sollte eine Unternehmensverfassung zwingend auf die Aspekte der Familie ausgeweitet werden. Diese bewusste Auseinandersetzung mit dem Selbstverständnis kann als Grundlage für spätere Entscheidungen und Handlungsmuster dienen. Analog zu einer Unternehmensverfassung können die Familienelemente auch im Rahmen einer Familienverfassung oder eines Familienleitbilds erarbeitet werden; wir schlagen, beispielsweise, den Familienrat als das dafür zuständiges Gremium vor.

In der Verfassung wird die starke Verbundenheit und grosse Verantwortung des Unternehmers deutlich. Mit ihrer Anerkennung erkennt ein Übernehmer gleichzeitig die normativen Anliegen des Übergebers bzw. kann diese antizipieren, was eine zufriedenstellende Lösung begünstigt. Fehlt hingegen eine Verfassung, sind die normativen Anliegen nur latent beobachtbar. Es entstehen leicht Missverständnisse, welche eine Nachfolge erschweren.

Die *Unternehmenskultur* ist durch Werte, Normen und soziale Traditionen der Mitglieder eines Unternehmens respektive einer Familie geprägt. Sie entwickelt sich aus den kognitiven Fähigkeiten und den affektiv geprägten Einstellungen des ganzen Teams. Gerne greifen wir bei der Umschreibung der Unternehmenskultur auf das Modell von Schein zurück, der die drei sichtbaren und unsichtbaren Ebenen *Artefakten*, *Normen und Werte* sowie bewussten Grundannahmen differenziert.[111] So kann beispielsweise die Grundannahme verbreitet sein, dass alles planbar und kontrollierbar ist oder sich jede Person im Sinne des *Stewardship-Approaches* in den Dienst des Familienunternehmens zu stellen hat.[112] Solche Grundannahmen können die Entscheidungsfindung und die Verhaltensweisen der Beteiligten und damit auch des Familienunternehmens – je nach Fragestellung – förderlich oder hinderlich beeinflussen. Bei *Normen und Werten* handelt es sich um konkretisierte Verhaltensrichtlinien, die das tägliche Tun und Lassen

110 i.A. an Bleicher 1992, S. 56 und 58; Gomez, Zimmermann 1997, S. 22.
111 Schein 1995.
112 vgl. dazu Glossar in Anhang 2.

und die Ausrichtung beeinflussen. Mögliche Grundsätze sind beispielsweise, dass das eigene Handeln einer langfristigen Strategie unterzuordnen ist, dass die Gemeinschaft und der Familienfriede vor den ökonomischen Erfolg oder die Kundenbedürfnisse vor die individuellen Ziele und Bedürfnisse der Familienmitglieder gestellt werden. Solche Leitsätze machen die Werte und Werthaltungen sichtbar und müssen entsprechend aus den System heraus erarbeitet werden, damit diese entsprechend mitgetragen werden. *Artefakte* schliesslich sind Symbole und Zeichen, welche eine Unternehmenskultur sichtbar machen. Mythen, Geschichten, Symbole und Zeichen haben in Familienunternehmen eine nicht zu unterschätzende Strahlkraft und stellen ein wichtiges Kommunikationsinstrument dar. Die physische Präsenz der Unternehmerfamilie, das Portrait eines Patrons im Eingangsbereich oder in Besprechungsräumen sind nur zwei Beispiele. Gerade diese Elemente können bewusst in den Gestaltungsprozess eingebaut werden, um Veränderungen sichtbar, spürbar und damit nachvollziehbar zu machen.

Bei einer Unternehmensnachfolge sollte die Unternehmenskultur schon in der Vorbereitungsphase einbezogen oder zumindest gespiegelt werden. Wir empfehlen, sie bei einer Auseinandersetzung über das «Selbstverständnis Familienunternehmen» zum Thema zu machen (vgl. dazu weiter hinten in Kapitel 5.1). So kann sie zum Fundament für die anschliessende Lösungsfindung und Bewertung der Nachfolgeoptionen werden. Sie dient aber auch dem Nachfolger als Ausgangspunkt, um die Balance zu finden zwischen Wertschätzung und Pflege des Bisherigen und den Veränderungen in der Zukunft. Die Beantwortung der Fragestellungen auf normativer Ebene beeinflussen in der Folge die Art und Weise der festzulegenden Nachfolgestrategien und deren anschliessende Umsetzung auf operativer Ebene (vgl. dazu auch den Fragekatalog im Anhang 1). Gerade in etablierten Unternehmen geht es um die Frage nach Traditionen, gelebten Werten und Regeln. Im Sinne der Sichtbarkeit kann beispielsweise der Umgang mit Vorbildern und Nachahmern, der Stellenwert von Ferien oder gar der Einfluss von religiösen Bräuchen thematisiert werden.[113]

In der Praxis geht es nicht darum, dass in der Prozessbegleitung rund um die normative Ebene mehrere Tage investiert werden müssen. Auch ein einfaches, aber gemeinsam hergeleitetes Nachfolgeleitbild kann hier im KMU-Kontext einen sehr guten, praktikablen Beitrag leisten.

113 Müller-Tiberini 2008, S. 113 ff.

3.2 Die strategische Ebene: Eigentümer- und Unternehmensstrategie

Auf der *strategischen Ebene* geht es um Fragen der strategischen Positionierung und Ausrichtung des Unternehmens und der Familie in einem Zeithorizont von fünf bis zehn Jahren. Im Rahmen des Nachfolgeprozesses gilt es folglich der Dimension *«Zweckmässigkeit»* dienlich zu sein – das heisst, sowohl im Dienste des Unternehmens wie auch im Dienste der Familie zu wirken.

Bezogen auf das Unternehmen bedeutet dies, dass das Unternehmen in der nächsten Phase eine klare Stossrichtung behält und Erwartungssicherheit für die beteiligten Anspruchsgruppen besteht. In Anlehnung an die St. Galler Schule hat das Strategische Management den Aufbau, die Pflege und die Nutzung von Erfolgspotenzialen, welchen entsprechend Ressourcen zugeteilt werden müssen, zum Ziel.[114] Es werden dabei Richtlinien für das gesamte Unternehmen und seine Entwicklung festgelegt mit dem Ziel, die Leistungs- und Entwicklungsfähigkeit des Unternehmens sicherstellen zu können.

An der Schnittstelle zwischen Familie und Unternehmen geht es beispielsweise um die Frage, welche Rolle die Ressource Familie im Unternehmen spielt. Entsprechend kann die Familie oder das Familiensystem als Strategische Erfolgsposition verstanden und genutzt werden, was in der Literatur auch mit dem Begriff der *«Familiness»* umschrieben wird.[115]

Weiter kann von Familienstrategie oder Eigentümerstrategie gesprochen werden. Dabei geht es neben der strategischen Auseinandersetzung mit der Unternehmensnachfolge auch um Fragen rund um die Vermögensplanung, die Liquiditätsplanung, Ausschüttungs- und Investitionspolitik bis hin zur Definition des eigenen Lebensstils und den damit verbundenen Lebenshaltungskosten. Eine konkrete Eigentümerstrategie könnte beispielsweise lauten, dass konsequent Geld aus dem Unternehmen ins private Vermögen übertragen wird. Dies einerseits, um die persönliche Vorsorge zu gewährleisten und andererseits, um das Unternehmen möglichst schlank zu halten mit dem Ziel, sich möglichst viele Nachfolgeoptionen offen zu halten. Als Entscheidungsgrundlage für den Verteilschlüssel kann beispielsweise ein Investitionsplan (Ersatzinvestitionen und Wachstumsinvestitionen) dienen, sowie eine Definition des minimalen und maximalen Eigenfinanzierungsgrades. Ein Nebeneffekt dieser Eigentümerstrategie ist, dass die Leistungs- und Entwicklungsfähigkeit des Unternehmens laufend reflektiert wird und der Gerechtigkeitsanspruch innerhalb der Familie im Falle einer familieninternen Unternehmensnachfolge eher eingelöst werden kann. So betrachtet steht die unseres Erachtens

114 vgl. weiter oben.
115 Zellweger, Mühlebach 2008; Mühlebach 2004.

auf operativer Ebene beobachtete jährliche Steueroptimierung im Widerspruch zu einer Unternehmens- und Eigentümerstrategie: ein schweres Unternehmen mit viel nichtbetriebsnotwendigem Kapital und gleichzeitig eine schwache Basis im Bereich der persönlichen Vorsorge deuten auf eine Vernachlässigung der (eigner)strategischen Ebene hin.

3.3 Die operative Ebene: Die Umsetzung der Unternehmensnachfolge

Auf der *operativen Ebene* gilt es, die definierten Ziele in gültige und verbindliche Lösungen zu übertragen und dadurch auch die *«Rechtmässigkeit»* sicherzustellen. Das operative Management hat im Unternehmen die Aufgabe, die normativen und strategischen Vorgaben in leistungs-, finanz- und informationswirtschaftliche Prozesse umzusetzen. Die operativen Tätigkeiten berücksichtigen den sozialen Aspekt durch Kooperation und Kommunikation zwischen den Ebenen. Die Aufgaben des operativen Managements sind z. B. die Sicherstellung von organisatorischen Prozesse, Dispositionssysteme, Aufträge und das eigentliche Verhalten der Involvierten.

Die operative Ebene befasst sich mit einer eher kurzfristigen Periode von mehreren Monaten. Dieser Prozess steht in direktem Zusammenhang mit dem Verkaufsprozess und der Abwicklung der eigentlichen Unternehmensnachfolge. Dabei geht es um Tätigkeiten wie beispielsweise die Suche und Einführung eines Nachfolgers, oder die abschliessende Definition und Umsetzung der Eigentums- und Führungsnachfolge, sowie deren fachlichen / technischen Umsetzung.

Fallbeispiel 4: Soll ich? Soll ich nicht?

Hans Kaufmann[116] hat in fast 30-jähriger, intensiver Arbeit eine namhafte Wirtschaftsprüfungsgesellschaft aufgebaut. Er ist geschieden und hat einen erwachsenen Sohn, der jedoch einen anderen Beruf erlernt hat. Hans Kaufmann ist jetzt im Pensionsalter und weiss, dass er seine Nachfolge regeln sollte. Der folgende Bericht basiert auf der Beobachtung eines Nachfolgeberaters.

Die Gesellschaft ist Hans Kaufmanns Ein und Alles. Der berufliche Erfolg hat auch sein privates Leben geprägt – so hat der Unternehmer immer alle gesellschaftlichen Kontakte dazu genutzt, neue Mandate zu akquirieren.

Seit einiger Zeit wird er vom Verwaltungsrat [= VR] bedrängt, endlich die Nachfolge zu regeln. Diesen Gedanken hat er lange beiseitegeschoben, aus zeitlichen Gründen; das rasante Wachstum der Gesellschaft hat seinen vollen Einsatz gefordert. Im Unternehmen gibt es einen sehr begabten jungen Mann, der das Zeug hat, die Gesellschaft erfolgreich weiterzuführen. Deshalb gibt Hans Kaufmann dem Drängen des Verwaltungsrates nach und erklärt sich bereit, seine Aktien zu verkaufen – die einzige Option, die für ihn in Frage kommt. Sein erarbeitetes Vermögen will er steuerfrei realisieren.

Hans Kaufmann will den Wert seiner Aktien wissen. Von befreundeten Treuhändern hat er gehört, dass ein Unternehmenswert von 120 % des Umsatzes durchaus realistisch sei. Bei nächster Gelegenheit erwähnt er diese Zahl gegenüber dem VR. Wie erhofft führt dieser ein erstes Gespräch mit dem potenziellen Übernehmer Felix Niederer. Der zeigt grundsätzliches Interesse, sich an der Gesellschaft zu beteiligen. Gleichzeitig signalisiert er, dass er bereits von grossen Mitbewerbern kontaktiert worden sei. Offenbar hat er ein Angebot, dort als Partner einzusteigen – nicht verwunderlich in einer Branche, in der man sich untereinander gut kennt.

Nur wenige Wochen später findet sich Hans Kaufmann unversehens in den Nachfolgeverhandlungen. Das Thema hat eine ungewollte Eigendynamik entwickelt. Was war geschehen? Felix Niederer hat den Aktienpreis von 120 % des Umsatzes nicht akzeptiert. Es müsse doch berücksichtigt werden, dass er mitgeholfen habe, diesen Umsatz aufzubauen. Ausserdem verfüge er nicht über die notwendigen finanziellen Mittel. Für ihn ist auch die weitere Zukunft entscheidend, deshalb möchte er gern Auskunft zu folgenden Fragen:

- Wann will sich Hans Kaufmann aus der operativen Tätigkeit zurückziehen?
- Wann sollen die persönlichen Mandate übergeben werden?

116 Alle Namen geändert.

- Wie lange will er sein Büro behalten?
- Was geschieht mit dem Firmenauto?

Hans Kaufmann ärgert sich über diese Fragen. Er weiss nämlich keine Antworten darauf; will sie gar nicht wissen. Auf jeden Fall will er noch fünf Jahre in der Gesellschaft weiterarbeiten. Natürlich bei vollem Lohn, Spesen und Geschäftsauto. Das kann er auch sehr gut begründen: Nur so seien Kontinuität und Sicherheit gegeben.

Kurze Zeit später liegt ein unterschriftsreifer Übernahmevertrag auf seinem Schreibtisch. Darin sind alle Kompromisse der letzten Wochen, die der Verwaltungsrat mit ihm und Felix Niederer ausgehandelt hat, niedergeschrieben. Mit Unterzeichnung des Vertrags würde er seine Aktienmehrheit per sofort verlieren. Beim Preis hatte er Konzessionen gemacht, dafür sollte er die nächsten Jahre nach Lust und Laune arbeiten können. Auch die Finanzierung war geregelt, den Kaufpreis hätte er sofort auf seinem Bankkonto.

«Ist es das, was ich wirklich will?», fragt sich Hans Kaufmann. Seit Tagen und Wochen beschäftigt ihn diese Frage. Wäre es nicht besser und lukrativer, seine Gesellschaft an einen grossen Mitbewerber zu verkaufen? Soll er überhaupt verkaufen? In drei, vier Jahren könnte er sicher einen besseren Preis realisieren. Es ist ihm gar nicht wohl in seiner Haut. Er wird zu einer Entscheidung gedrängt, die er eigentlich gar nicht treffen will. Und so lässt er die Verträge in der Unterschriftenmappe liegen.

Drei Wochen später, es ist kurz vor Weihnachten, wird er vor ein Ultimatum gestellt. Felix Niederer erklärt im rundheraus, dass er die ganze Nachfolge abblasen und kündigen werde, wenn der Vertrag nicht dieses Jahr unterschrieben werde. Er müsse wissen, woran er sei, denn auch für ihn bedeute der Kauf eine wesentliche Weichenstellung.

Hans Kaufmann ist ausser sich: Nach 30 Jahren als erfolgreicher Unternehmer soll er zu einer Unterschrift gezwungen werden? Er trägt sich mit dem Gedanken, den ganzen Deal aus Prinzip platzen zu lassen. Doch nachdem sein Ärger abgeflaut ist, drängen wieder sachliche Überlegungen an die Oberfläche. Eigentlich hat die Lösung auch gute Seiten. Zum alten Eisen gehört er noch lange nicht, sonst hätte ihn Felix Niederer nicht gebeten, noch einige Jahre weiterhin aktiv mitzuarbeiten. Zudem findet er den jungen Mann sympathisch. Er fühlt sich an sich selbst erinnert. In der Jugend war er auch ungestüm und fordernd; eigentlich genau die richtige Mischung für einen erfolgreichen Unternehmer. Der Weggang von Felix Niederer würde eine grosse Lücke hinterlassen, die kurzfristig nicht zu schliessen wäre. Das würde die Entwicklung der Gesellschaft zurückwerfen, vermutlich um Jahre. Und

Hans Kaufmann muss sich auch ehrlich zugestehen, dass er gar keine Lust hat, sich ums Tagesgeschäft zu kümmern.

Also was tun? Unterschreiben? Nicht unterschreiben? Hans Kaufmann ist hin und her gerissen zwischen sachlogischen Argumenten und widerstreitenden Emotionen. Er hat das Gefühl, dass sein ganzes Umfeld ihn zur Unterschrift drängt. Der äussere Druck steigt, doch in seinem Innern steigt der Druck ebenfalls. Er weiss, dass er sich entscheiden muss. Er wünscht, dass jemand käme und ihm sagte: «Bist du verrückt, das darfst du auf keinen Fall unterschreiben!» Doch niemand kommt.

Am Morgen des 24. Dezember unterschreibt Hans Kaufmann den Vertrag. Anschliessend geht er allein zum Mittagessen, in seinen Club.

In diesem Fallbeispiel manifestieren sich die drei Ebenen des St. Galler Nachfolge-Modells im inneren Widerstreit des Unternehmers (normative und strategische Ebene) und in der nach aussen sichtbaren Hinhaltetaktik (operative Ebene). Aus strategischer Sicht spricht vieles dafür, die Aktien an Felix Niederer zu verkaufen, das ist die sachlogische Dimension. Doch aus normativer Sicht spricht alles dagegen, denn mit diesem Schritt gibt Hans Kaufmann sein Lebenswerk aus der Hand. Die Beobachtungen auf operativer Ebene bieten ihm die Argumente, um eine Entscheidung hinauszuzögern.

Wenn Felix Niederer kein Ultimatum gestellt hätte, wäre der MBO vermutlich im Sand verlaufen. Felix Niederer konnte jedoch nicht ahnen, dass sein Ultimatum emotional negativ empfunden, aber auf der normativen Ebene positiv eingeordnet wurde. Hans Kaufmann konnte das Verhalten von Felix Niederer in seinem normativen Weltbild einordnen: «Früher war ich auch so.». Damit wurde die Brücke geschlagen zwischen der normativen und der strategischen Ebene. Jetzt konnte es Hans Kaufmann auch vor sich selbst rechtfertigen, den Vertrag (operative Ebene) zu unterzeichnen.

Aus heutiger Sicht, gut zwei Jahre nach Vertragsunterzeichnung, ist das Verhältnis von Hans Kaufmann und seinem Nachfolger von grundsätzlicher Wertschätzung geprägt, was die beiden nicht daran hindert, sich hin und wieder auf operativer Ebene miteinander zu messen.

4 Die 6-Gestaltungs-Dimensionen

In einem nächsten Schritt werden nachstehend die sechs wesentlichen Gestaltungs-Dimensionen des St. Galler Nachfolge-Modells dargestellt. Dabei geht es um

die Übertragungs-Option per se (Kapitel 4.1),

das Übertragungs-Objekt (Kapitel 4.2),

die Übertragungs-Ebene in Sachen Nachfolge (Kapitel 4.3),

den Umgang mit Fairness und Gerechtigkeit (Kapitel 4.4),

der Gestaltung der Governance-Strukturen, -Instrumente und Prozesse (Kapitel 4.5),

das Zeit- und Projektmanagement (Kapitel 4.6).

4.1 Übertragungs-Optionen

Die familieninterne Nachfolge (FBO = Family-Buy-out), die Übertragung an Mitarbeitende (MBO = Management-Buy-out), der Verkauf an familienexterne und unternehmensexterne Personen oder unternehmerische Teams (MBI = Management-Buy-in) oder der Verkauf an einen strategischen Investor oder Finanzinvestoren (M&A = Merger and Akquisition) stellen im Kontext der familiengeführten KMU die verbreitetsten Nachfolgeformen dar.[117] Den IPO besprechen wir nachstehend nicht, auf die Liquidation resp. ordentliche Geschäfts-

117 Christen, Halter, Kammerlander u. a. 2013.

aufgabe gehen wir am Rande kurz ein.[118] Die Nachfolgeoptionen FBO, MBO, MBI und M&A sind im Kern grundverschieden. Die Praxis zeigt, dass diese Nachfolgeoptionen oft sequenziell angegangen werden. Dies bedeutet, dass Unternehmer den Nachfolger oft zunächst familienintern und erst danach im Unternehmen oder extern suchen (vgl. dazu dann Kapitel 4.1.5)

An erster Stelle steht beim Verkäufer oft der FBO, obwohl deren Bedeutung in den letzten 10 Jahren im deutschsprachigen Raum wesentlich zurückgegangen ist. In der Schweiz darf beispielsweise davon ausgegangen werden, dass heute noch rund 40 Prozent der Eigentumsübertragungen innerhalb der Familie erfolgen – im Vergleich zu 60 Prozent im Jahr 2005.[119] Gleichzeitig kann beobachtet werden, dass der FBO etwas häufiger gewählt wird in grösseren die Unternehmen, in ländlich verankerten Unternehmen, in Branchen mit langfristigen und grossen Investitionszyklen, in Unternehmen die bereits in mehreren Generationen geführt worden sind und in Unternehmen wo der FBO schon eine gewisse Tradition hat (= Mehrgenerationenunternehmen).

Die Tendenz hin zur familienexternen Nachfolge provoziert die Frage nach möglichen Ursachen. Ein erster Grund mag darin bestehen, dass die Generation der heute 20- bis 40-Jährigen viel mehr Möglichkeiten bezüglich Berufswahl und Lebensgestaltung hat oder hatte als noch ihre Eltern und erst recht ihre Grosseltern – die Soziologie spricht in diesem Zusammenhang von der Multioptionsgesellschaft.[120] In dieser herrscht ein Trend zur Individualisierung, junge Familienmitglieder gehen ihren eigenen Weg und verfolgen dabei lieber ihre persönlichen Lebensziele, als sich in den Dienst eines Familienunternehmens zu stellen. Bei der Entscheidungsfindung wird viel stärker das Bedürfnis nach Liebe, Lust und Freude in den Vordergrund gestellt und nicht Gehorsam und Pflichterfüllung. Auch die Familien-Traditionen befinden sich im Wandel, was sich nicht nur in der Ablösung der Drei-Generationen-Familie zeigt (Connectedness), sondern auch darin, dass das Gefühl der Verpflichtung nicht mehr so stark ausgeprägt ist. Empirische Studien nennen das fehlende Interesse der Kinder einhellig als häufigsten Grund für familienexterne Nachfolgelösungen – im-

118 Auf Untervarianten und Spielarten wie man diesen in der Literatur begegnet gehen wir nicht weiter ein (z. B. Stiftung, Verpachtung, BIMBO = Buy-in Management-Buy-out). In der Praxis sind selbstverständlich auch Kombinationen der Nachfolgeoptionen möglich.

119 Halter 2009. Für die Schweiz vgl. Zürcher Kantonalbank 2005, S. 13; Halter, Baldegger, Schrettle 2009; Halter 2009b; Andric, Bird, Christensen u. a. 2016; Für Deutschland Freund, Kayser, Schröer 2005; Albach 2002, S. 166; German Wealth Report 2000; Kailer, Weiß 2005, S. 19 oder Martin 2000, S. 4; Wimmer, Gebauer 2004, S. 244; Kropfberger, Mödritscher 2002, S. 108. Für Österreich vgl. Pichler, Bornett 2005, S. 148, Mandl 2005, S. 2; Chini 2004, S. 272.

120 Gross 1994.

mer vorausgesetzt, dass der Arbeitsmarkt Alternativen bietet.[121] Gleichzeitig lässt sich feststellen, dass aus der Perspektive des Unternehmens und des Übergebers heute (glücklicherweise) die Frage nach den Fähigkeiten, Kompetenzen und Erfahrungen des Nachfolgers gestellt wird. Das aus der Zeit vor der Französischen Revolution stammende Prinzip der Primogenitur und die damit verbundene Gefahr von Nepotismus ist dem Wunsch nach dem Einsatz des Besten oder Geeignetsten gewichen.[122] Damit löst eine Unternehmenslogik die bisher eher dominierende Familienlogik ab. Ein weiterer Grund für den Wandel liegt in einer wichtigen demografischen Entwicklung, nämlich der steigenden Lebenserwartung. Sie führt dazu, dass im Jahr 2040 auf einen Pensionär nur noch 1,6 Erwerbstätige kommen, während es zum heutigen Zeitpunkt noch 3 sind.[123] Auch bedeutet es nicht, dass ein Unternehmer nicht zwingend mit dem formellen Pensionierungsalter seine Tätigkeit aufgeben will oder muss. Angenommen, das Unternehmerpaar hat sehr früh Kinder bekommen, kann es gut sein, dass beide Generationen über zwei bis drei Jahrzehnte parallel einer Erwerbstätigkeit nachgehen. Damit könnte die Nachfolgeregelung an die Enkel unter Umständen zielführender sein – einzelne Autoren sprechen in diesem Zusammenhang vom «Prinz-Charles-Phänomen».

Einige Kernunterschiede der Nachfolgeoptionen gehen auf sehr unterschiedliche *Informationsasymmetrien* zwischen den beiden Marktspielern Verkäufer und Käufer zurück (vgl. dazu auch nachstehende Abbildung 8). Die wichtigsten Unterschiede sind in Tabelle 5 zusammengefasst. Den Unterschieden entsprechend sind auch die Anforderungen an die Ausgestaltung der Nachfolgeprozesse sehr verschieden, wobei wir jeweils nur auf die wichtigsten Unterschiede eingehen.

121 Schefer 2002, S. 4; Katila 2002, S. 180; Frey, Halter, Zellweger 2005, S. 21. Im Rahmen von internationalen Vergleichen kann deutlich aufgezeigt werden, dass die ökonomischen Rahmenbedingungen einen wesentlichen Einfluss darauf haben, vgl. www.guesssurvey.org

122 Fischer, Retzer 2001, S. 305 f.; Bruppacher 2005, S. 26 ff.; Kropfberger, Mödritscher 2002, S. 111.

123 Schefer 2002, S. 5.

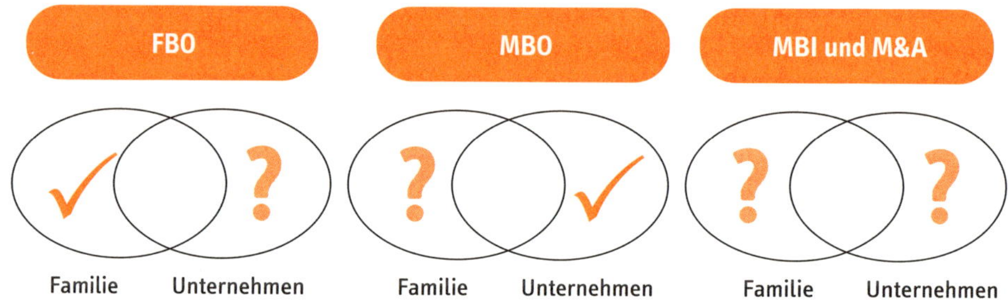

Abbildung 8: Klassische Informationsasymmetrien aus Sicht des Nachfolgers[124]

4.1.1 Family-Buy-out (FBO)

Im Rahmen eines *FBO* kann man davon ausgehen, dass die Beteiligten sich auf der Familienebene gut bis sehr gut kennen, so dass zumindest vordergründig im Familiensystem kaum fundamentale Informationsasymmetrien vorhanden sind. Die Beziehung, die gemeinsame Geschichte, gleiche oder ähnliche Werte und eine gemeinsam gelebte Familienkultur schaffen Berechenbarkeit und damit in der Regel Vertrauen. In Bezug auf das Unternehmenssystem zeigt uns die Praxis häufig, dass die Informationsasymmetrie zwischen den Generationen sehr gross ist. Potenzielle Nachfolger haben häufig erstaunlich wenig Informationen über die Leistungs- und Entwicklungsfähigkeit des Unternehmens. Mehrfach haben wir es schon erlebt, dass mitarbeitende Kinder über Jahre kaum oder keinen Einblick in Bilanzen und Erfolgsrechnungen haben. Gerade bei einer Nachfolgeplanung ist es die Pflicht der Nachfolger, einen differenzierten und (selbst)kritischen Blick auf das Unternehmen zu werfen, insbesondere um auch das zukünftige Potenzial des Unternehmens richtig einzuschätzen.

Der Nachfolgeprozess beim FBO dauert in der Regel viel länger, als bei einem externen Verkauf (vgl. dazu Kapitel 6.1). Beim FBO ist die Suche nach dem richtigen Nachfolger nur scheinbar relativ einfach. Wie bereits umschrieben, spielen heute zwei Faktoren eine wesentliche Rolle: Die Motivation der übernehmenden Generation und die Sorge der abtretenden Generation um die Kompetenzen, Fähigkeiten und Erfahrungen des Nachfolgers. Gerade diese Prozessphase ist für die Familie nicht leicht, oft

124 i.A. Halter, Dehlen, Sieger, u.a. 2012; Dehlen, Zellweger, Halter u.a. 2013. Familienmitglieder meinen sich zu kennen, weshalb das Familiensystem «abgehakt» wird. Die grösste Informationsasymmetrie liegt vor allem bei den FBO-Nachfolger im Unterschied zu den MBI-Nachfolgern, die das Geschäft in der Regel kennen sollten. Beim MBI und M&A ist die Informationsasymmetrie allseitig und entsprechende Fragzeichen zu klären sind, denn die Parteien kenn sich anfänglich gar nicht.

ist sie stark emotional aufgeladen und konfliktträchtig. Den Eltern fällt es womöglich schwer, die Fähigkeiten der potenziellen Nachfolger in Frage zu stellen, sind es doch die eigenen und geliebten Kinder. Obwohl viele Unternehmer-Eltern schon früh signalisieren, dass sie den Nachwuchs nicht zwingend in der Pflicht sehen – der geheime oder offene Wunsch, das Unternehmen möge in der Familie weitergeführt werden, ist doch häufig vorhanden. Andererseits projizieren nicht selten die Kinder diesen vermuteten Wunsch auch auf ihre Eltern, obwohl der Wunsch in dieser Prägnanz bei den Eltern gar nicht vorhanden ist. Insofern ist es auch für die Jungmannschaft nicht immer leicht, die eigene Position zu vertreten, gerade wenn ihre eigenen Interessen anders gelagert sind. Die Paradoxien zwischen Familie und Unternehmen kommen voll zum Tragen (vgl. dazu Kapitel 2.3.3).

Bei der eigentlichen Umsetzung des FBO Prozesses gibt es einige Eigenheiten zu berücksichtigen. Auch wenn ein kurzer Prozess oft angestrebt wird – die obigen Ausführungen zeigen deutlich, dass der FBO im Normalfall als *Entwicklungsprozess* verstanden werden muss. Bei der *Preisfindung* werden bei den verschiedenen Herleitungsschritten (vgl. dazu Kapitel 5.5) eher zurückhaltende Zahlen eingesetzt mit dem Wunsch, der Preis möge nicht zu hoch ausfallen. Die hauptsächliche Begründung lautet meistens: «Wir wollen die Kinder nicht allzu sehr finanziell belasten und ihnen keine zu grosse Bürde aufbinden». So kommt dem sogenannten Family-Discount eine wichtige Rolle zu; er umfasst im Durchschnitt 40 Prozent vom «fairen» Marktwert (vgl. dazu auch Abbildung 13).[125] Gleichzeitig ist gerade bei dieser Frage die statistische Standardabweichung beim FBO am grössten. Dies bedeutet in der Praxis, dass der Kaufpreis sehr wohl auch beim fairen Marktpreis liegen kann – aber das Unternehmen auch ohne Entgelt übertragen wird (juristisch z. B. als Schenkung oder Erbvorbezug zu verstehen. Je nach Höhe des Preises, Familienstruktur (z. B. mehrere Kinder) und Nachfolger-Wahl (z. B. ein Kind von Dreien) gilt es, die Rechtmässigkeit und Zweckmässigkeit aus juristischer und betriebswirtschaftlicher Sicht aufeinander abzustimmen. Denn die gefühlte und die vom Gesetz vorgeschlagene Gerechtigkeit müssen nicht zwingend deckungsgleich sein. So könnten beispielsweise auf der Grundlage eines sehr hohen Family-Discounts die beiden Nicht-Nachfolger beim Ableben der Eltern Pflichtteilsansprüche nach dem jeweiligen Erbrecht geltend machen.

Ein weiterer wesentlicher Unterschied liegt in der *Finanzierung* der Nachfolge. (Teil) Schenkungen oder (Teil)Erbvorbezüge sind Finanzierungsformen und haben nichts mit der Preisfindung zu tun. Sehr oft wird auch mit sogenannten Verkäufer-Darlehen gearbeitet. Letzteres bedeutet, dass der Kaufpreis den Eltern über mehrere Jahre zurück bezahlt wird. Solche Modelle können sehr gut funktionieren. Gleichzeitig müssen sich

125 Andric, Bird, Christensen u. a. 2016.

beide Parteien bewusst sein, dass dadurch die gegenseitige Abhängigkeit noch über längere Zeit vorhanden ist. Deshalb ist es nicht von der Hand zu weisen, dass der Einbezug von Fremdkapital oder gar Equity-Partner zwar in der Regel teurere Instrumente sind – die Loslösung der Käufer von den Verkäufern und damit die Entkoppelung von Eltern und familiären Nachfolgern aber rascher von statten geht.

Schliesslich beobachten wir bei den Nachfolgern *Beweggründe* wie Traditionsbewusstsein, Aufrechterhaltung von Familienwerten, soziale Verpflichtung und ähnliche, um das elterliche Unternehmen zu übernehmen. Die Praxis zeigt gleichzeitig, dass die alleinige «Verwaltung» eines Unternehmens, mit dem einzigen Ziel, eine Tradition fortzuführen, in der heutigen Zeit nicht mehr ausreicht. Es ist heute noch mehr unternehmerisches Engagement notwendig, um die Leistungs- und Entwicklungsfähigkeit eines Unternehmens aufrecht zu erhalten.

Zusammenfassend gesagt, stehen die nachstehenden Fragen beim FBO im Zentrum:

- Wie kann die Prozessverbindlichkeit zwischen den Parteien auf längere Zeit sichergestellt werden?
- Wie können emotional behaftete Themen besprochen werden?
- Wie kann die allseitige Wertschätzung sichergestellt werden?
- Wie können die Bedürfnisse aus dem Kontext «Familie und Unternehmen» getrennt und trotzdem vereint gestaltet werden (vgl. Paradoxien in Kap. 2.3.3)?
- Wie lernen die involvierten Parteien, bewusst in neue Rollen hinein zu wachsen und verschiedene Rollen in unterschiedlichen Situationen passend zu leben (vgl. Kapitel 2.3.5)?
- Wie kann eine implizite Kommunikationskultur auch in eine konstruktive und wertschätzende, explizite Kommunikationskultur verwandelt werden?
- Wie können die Kinder ein eigenes Verständnis sowie eigene Ideen und Entwicklungsmöglichkeiten für das vorhandene Unternehmen generieren?
- Wie können die Kinder ein eigenes unternehmerisches (Selbst-)Vertrauen aufbauen?

4.1.2 Management-Buy-out (MBO)

Der MBO kann zwei Auslöser haben: Einerseits als quasi Notlösung, falls ein FBO nicht zustande kommt. Andererseits kann ein MBO eine bewusste Entscheidung des Übergebers sein, weil er Vertrauen in die Fähigkeiten und das Potential des Managements hat.

Ein Mitarbeiter, der bereits mehrere Jahre im Unternehmen tätig ist, kennt die Unternehmung sowie deren Potenzial in der Regel gut. Einem Mitarbeiter ein marodes Unternehmen als Top-Firma vorzugaukeln, ist in der Regel und glücklicherweise schwierig. Das «Schmücken der Braut», wie es im Beraterjargon heisst, ist problematisch und wird gegenüber einem Mitarbeiter in der Regel nicht gelingen. In Bezug auf das Unternehmen ist die Informationsasymmetrie zwischen Übergeber und Übernehmer sehr tief. Vereinzelt werden Kadermitarbeiter als Quasi-Familienmitglieder empfunden und es besteht ein beidseitig hohes Vertrauen und starke Loyalität.

Wenn auch kürzer als beim FBO, so ist die Dauer des MBO-Prozesses trotzdem nicht zu unterschätzen. Ein wesentlicher Vorteil ist die hohe Motivation des Managements. Mit der Übernahme erhält das Management die einmalige Chance, selber zum Unternehmer aufzusteigen. Dass damit der eigene Arbeitsplatz gesichert wird, ist meist von zweitrangiger Bedeutung. Selbstwertgefühl, soziale Anerkennung und die finanziellen Perspektiven sind die grössten Antriebsfedern. Eine zentrale Frage stellt sich: Handelt es sich beim Mitarbeiter / Manager um einen Unternehmertypen? Die Erfahrung zeigt, dass gute und leistungsfähige Kader-Mitarbeitende teilweise nicht die charakterlichen Voraussetzungen zum Unternehmer mitbringen. Ein guter Mitarbeiter ist nicht zwingend ein guter Chef. Die grosse Schwierigkeit besteht darin zu beurteilen, ob der Kandidat das Potential als Unternehmer mitbringt. Im Nachhinein ist die Beurteilung einfach. Doch im Moment der Entscheidung für oder gegen die eine oder andere Person muss man sich weitgehend vom Gefühl leiten lassen. Kritisch könnte auch eingewendet werden, dass im Rahmen eines MBO allfällig wünschenswerte Impulse zur Veränderung nicht in der notwendigen Form zur Umsetzung kommen, da sich die Kandidaten vor allem auf der Vergangenheit abstützen und «verwalterisch» weiterführen wollen und nicht den Mut haben für eigene unternehmerische Initiativen.

Eines der grössten Handicaps von Mitarbeitenden ist, dass sie in der Regel nicht über die finanziellen Mittel verfügen, um das Unternehmen von heute auf morgen zu bezahlen. Ein erstes Entgegenkommen kann auch hier bei der *Preisfindung* beobachtet werden. Hier kann ein durchschnittlicher Loyalitäts-Discount von 25 Prozent beobachtet werden.[126] In der Praxis heisst es dann oft: «Wissen Sie – er ist halt wie mein eigener Sohn». Dass alleine daraus steuerliche Stolpersteine entstehen können, liegt auf der Hand. Auch ein Mitarbeiter muss unseres Erachtens für die *Finanzierung* im Rahmen seiner eigenen Möglichkeiten Eigenmittel in die Hand nehmen – schliesslich geht es auch um die Bereitschaft, persönliches Risiko einzugehen und die eigene Komfortzone zu verlassen. Trotzdem sehen wir oft, dass in Ergänzung zum Eigenkapital auch Fremdkapital und Verkäuferdarlehen gewährt werden. Equity-Darlehen von Dritten kommen

126 Andric, Bird, Christensen u. a. 2016; Christensen, Halter, Kammerlander u. a. 2013.

dann zum Einsatz, wenn der Verkäufer beispielsweise sein ganzes Kapital per sofort beziehen will.

Zusammenfassend, müssen die nachstehenden Fragen beim MBO ins Zentrum gerückt werden:

- Wie entwickelt sich ein Mitarbeiter/Manager als Angestellter weiter zum Unternehmer?
- Verfügt der Mitarbeiter über entsprechendes Potenzial als unternehmerische Persönlichkeit?
- Wie kann die Verbindlichkeit im Prozess sichergestellt werden, ohne die Beziehung zwischen Käufer und Verkäufer zu stören?
- Wie gehen die Parteien mit der sich verschiebenden Rollen-Verteilung um?
- Hat der Verkäufer Vertrauen in den Käufer, um bei der Finanzierung der Nachfolgelösung bspw. ein Verkäuferdarlehen zu gewähren?
- Wie kann ein Fall-Back-Plan geplant und umgesetzt werden, falls sich der erwartete Erfolg nicht einstellt?
- Wie können Governance-Strukturen sichergestellt werden, die Verkäufer und Käufer konstruktiv miteinander nutzen können?
- Wie akzeptieren die anderen Mitarbeiter ihren (ehemaligen) Kollegen als Chef und wie gehen solche Mitarbeiter damit um, wenn sie sich selbst vielleicht die gleiche Hoffnung gemacht haben?

4.1.3 Management-Buy-in (MBI) und Merger & Akquisition (M&A)

Dem Verkauf an eine Partei, die weder mit der Familie noch mit dem Unternehmen im Vorfeld in einer Beziehung stand und deshalb auf keine Erfahrungswerte aufgebaut werden kann, kommt eine besondere Eigenheit zu. Die *Informationsasymmetrie* zwischen Verkäufer und Käufer ist bei einem MBI und einem M&A Prozess maximal. Für den Käufer stellt das Unternehmen eine «Black-Box» dar, welche es mittels Gesprächen, Dokumentenanalysen und einer differenzierten Due Diligence zu erhellen gilt. Umgekehrt hat der Verkäufer keine Beziehung zum Käufer und ist in der Regel eher skeptisch in Bezug auf dessen Fähigkeiten, Vertrauenswürdigkeit, Verbindlichkeit oder unternehmerische Kompetenz. Wenn sich zwei Einzelpersonen als Käufer und Verkäufer gegenüber sitzen, kommen deshalb sehr oft nicht nur die rational ökonomischen Argumente zum Tragen, sondern auch personenbezogene Dinge wie die gefühlte oder empfundene Haltung, Bereitschaft und Handlung des Gegenübers (vgl. dazu Kapitel 2.4.5). Im Kern wird jedoch eine Transaktionslogik verfolgt. Am Startpunkt des Prozesses besteht Interesse aneinander, aber auch Misstrauen. Deshalb ist häufig ein Katz und Maus-Spiel zu beobachten. Dieses gilt es bis zur Vertragsunterzeichnung zu überwinden.

Erst das Bewusstsein über die Verschiedenartigkeit und das Ausmass seines Informationsbedürfnisses ermöglicht dem Käufer die Informationsbeschaffung und bildet damit die Grundlage für einen Start ins Unternehmertum. Die Aufmerksamkeit sollte deshalb auf der Frage liegen, mit welchen Strategien dieser Informationsbedarf gestillt werden kann. Als Möglichkeiten des Informationstransfers werden die beiden Begriffe «Screening» und «Signaling» benutzt.[127] Beim Screening bemüht sich die schlechter informierte Partei aktiv um Informationen – beispielsweise, wenn der Nachfolger das Kaufobjekt durchleuchtet (wie der Übernehmer im Rahmen der Due Diligence). Beim Signaling hingegen teilt die besser informierte Partei aktiv, offen und transparent Informationen mit seinem Gegenüber und leistet damit einen Beitrag zur Vertrauensbildung.

Beim Verkauf an Dritte werden oft auch Mittler oder sogenannte M&A-Berater eingesetzt (vgl. dazu auch Kapitel 7.1). Diese helfen zum einen, die notwendige Professionalität im Transaktionsprozess sicherzustellen und spielen damit eine wichtige Rolle beim Zusammenführen von Verkäufer und Käufer. Wenn ein Verkäufer auf dem Markt einen anfänglich noch unbekannten Käufer sucht oder strategische Interessenten wie Mitbewerber, Lieferanten, Kunden etc. ansprechen will, kann er dies in der Regel nicht im Alleingang tun. Zudem wird der Verkäufer in der Regel versuchen, die Anonymität möglichst lange aufrecht zu erhalten. Entsprechend ist es wichtig, dass verlässliche und professionelle Mittler das Anbahnen zwischen Käufer und Verkäufer sicherstellen. Der Nachteil liegt dabei oft in der starken Transaktionsgetriebenheit des Mittlers. Der Abschluss steht für ihn oft im Zentrum und weniger eine unternehmerische Entwicklungslogik – so dass oft die weicheren Faktoren zu stark in den Hintergrund rücken.

Mit dem Blick auf die externen Käufer können unterschiedliche Interessenskreise identifiziert werden: Die Suche nach einem Geschäftsführer mit der Option Unternehmensübernahme, der Verkauf an ein neues Managementteam, an einen strategischen Investor oder gar an Finanzinvestoren sind Varianten. Beim strategischen Investor stehen Aspekte wie Synergieeffekte, Markterweiterung oder Diversifizierung im Vordergrund. Beim finanziellen Investor (Direktinvestoren oder Private Equity Gesellschaften mit entsprechenden Portfolios oder Fonds) steht weniger das operative Geschäft per se im Vordergrund, sondern eine möglichst gute Verzinsung des investieren Kapitals. Eine entsprechend hohe Bedeutung hat ein tragfähiges Management, das im Unternehmen bleibt. Oft wird dabei vom Management die Bereitschaft erwartet, selbst auch Anteile zu übernehmen. Häufig möchte ein finanzieller Investor das Übernahmeobjekt nach 5 bis 7 Jahren wieder veräussern.

127 Halter, Dehlen, Sieger, u. a. 2012.

Zusammenfassend betrachtet, müssen die nachstehenden Fragen beim MBI und M&A-Prozess ins Zentrum gerückt werden:

- Gibt es noch Strukturen oder Altlasten, an denen ein externer Käufer kein Interesse hat (z. B. Trennung von betriebs- und nicht-betriebsnotwendigem Vermögen), und die deshalb durch den Verkäufer zu bereinigen sind?
- Kann das Unternehmen umfassend dokumentiert werden, damit ein Outsider nach und nach Vertrauen in die anfängliche «Black-Box» und so genügend Informationen für seine Beurteilung bekommt?
- Wie finden sich Käufer und Verkäufer in einem intransparenten Markt?
- Welche Rolle hat ein Mittler im MBI/M&A-Prozess?
- Welche Dynamik entsteht im Nachfolgeprozess durch den Einsatz des Mittlers?
- Wie kann das beidseitige Misstrauen am Anfang eines Prozesses überwunden werden?

Tabelle 4: Kernunterschiede der Nachfolgeoptionen[128]

	FBO	**MBO**	**MBI und M&A**
Prozess und Timing	lange bis gefühlt unendlich	mittelfristig	kurz und bündig
Prozesslogik	Entwicklungslogik		Transaktionslogik
Preis	Marktpreis ./. Family Discount	Marktpreis ./. Loyalitäts-Discount	Marktpreis ./. Sympathie-Discount + Kompensations-Goodwill
Finanzierung	Eigenmittel Erbvorbezug Schenkung Verkäuferdarlehen Fremdkapital Bürgschaften	Eigenmittel Fremdkapital Verkäuferdarlehen Equity-Darlehen von Dritten Bürgschaften	Eigenmittel Fremdkapital Equity-Darlehen von Dritten
Antrieb	Tradition Familienwerte Unterstützung durch die Familie	Sicherstellen von eigenem Arbeitsplatz Fortführung von Unternehmen Unabhängigkeit	Selbstverwirklichung Flucht aus Anstellung Unabhängigkeit Finanziellen Mehrwert erschliessen Strategisches Investment Finanzielles Investment

128 Eigene Darstellung.

Anforderungen	Intakte Beziehungen Gute Familien-Kommuni-kationskultur Vertrauen Definition von Rollen und Aufgaben Verbindlichkeit	Prozessverbindlichkeit Finanzierung Unternehmerisches Flair	Fitness und Dokumentation des Unternehmens Bereitschaft rasch loszulassen Matching der richtigen Partner

4.1.4 Ordentliche Geschäftsaufgabe und Liquidation

Ist die Nachfolgefähigkeit und Nachfolgewürdigkeit (vgl. dazu Kapitel 5.3) nicht gegeben, muss die Möglichkeit der «Ordentlichen Geschäftsaufgabe» und Liquidation in Betracht gezogen werden. Es kann sehr wohl das Ziel eines Eigentümers sein, das Unternehmen (oder Teilbereiche davon) im Rahmen einer ordentlichen Geschäftsaufgabe aufzugeben – auch dies ein sehr wohl strategischer Entscheid.[129] Die Begriffe Liquidation, Konkurs und Ordentliche Geschäftsaufgabe gilt es jedoch auseinander zu halten.

Die *Liquidation* wird gemeinhin gleichgesetzt mit dem Konkurs des Unternehmens. Juristisch gesehen ist die Liquidation aber generell jede Einstellung des Betriebs, bei der man die Aktiven des Unternehmens versilbert und das Restvermögen der Gesellschaft nach Begleichung der Schulden an die Gesellschafter ausschüttet. Dies unabhängig davon, ob das Verfahren ein freiwilliges ist und von den Gesellschaftern so beschlossen wurde oder ob die Liquidation mit amtlichem Zwang im Rahmen eines Konkurs- oder Nachlassverfahrens stattfindet. Somit handelt es sich beim Ausdruck «Liquidation» um einen Überbegriff.

Grundsätzlich wird über eine Gesellschaft der *Konkurs* eröffnet, wenn sie ihre Zahlungen eingestellt hat oder überschuldet ist. Im Konkursverfahren werden in der Folge die Aktiven der Gesellschaft zur Deckung der Gläubigerforderungen verwertet, wobei in der Regel nicht alle Forderungen gedeckt werden können. So wurden beispielsweise in der Schweiz im Jahr 2011 bei 11'073 Konkursen Verluste von über 2 Milliarden vermerkt.[130] Bei Kapitalgesellschaften ist die Gesellschaft bei Überschuldung zudem selbst verpflichtet, diesen Zustand dem Richter zu melden und die Bilanz zu deponieren.

Wir verstehen die *Ordentliche Geschäftsaufgabe* im Unterschied zur konkursamtlichen Zwangsliquidation, wie eben beschrieben, als bewusste Stilllegung der Gesellschaft, solange der oder die Gesellschafter noch selbst darüber entscheiden kann/können. Entsprechend handelt es sich um einen eigenbestimmten Prozess.

129 Giesselbrecht, Andenmatten, Rietmann 2021.
130 http://www.bfs.admin.ch/bfs/portal/de/index/themen/06/02/blank/key/02/betreibungen.html.

Tabelle 5: Von der Ordentlichen Geschäftsaufgabe bis zum Konkurs

Geschäftsaufgabe	Liquidation	Konkurs
• Zeitpunkt wird selber bestimmt • Realisation des Umlaufsvermögens • Verkauf von nicht benötigtem Vermögen • Einbehalt von Vermögen (z. B. Liegenschaft)	• Zeitpunkt wird selber bestimmt • Liquidator übernimmt den Liquidationsprozess • Die Vermögenswerte werden veräussert	• Gesetz oder Schuldner lösen Konkurs aus (Fremdbestimmt) • Liquidation sämtlicher Vermögenswerte • Risiko einer privaten Haftung für den Eigentümer

Kommt eine Weitergabe nicht zustande, ist der Betrieb rechtzeitig einzustellen. Häufig geschieht dies jedoch nicht. Ist das Unternehmen in der Krise und der Unternehmer aufgrund mangelnder Finanzpolster noch zu jung, um die Unternehmung zu verkaufen und in Pension zu gehen, besteht die Gefahr, dass die betriebliche Krise «ausgesessen» wird, bis es zu spät ist und die Möglichkeit der geordneten Geschäftsaufgabe nicht mehr besteht. Insbesondere bei KMU ist die Situation aufgrund der hohen Abhängigkeit zwischen Unternehmer und Unternehmen damit komplexer als bei Grossunternehmen. Bezüglich Timing gilt es somit, zwei Lebensläufe aufeinander abzustimmen. Die Fitness des Unternehmens äussert sich entscheidend im Ertrags-, respektive Cash Flow-Potenzial. Ein solches Potenzial ist vorhanden, wenn sowohl die Branche eine gute Perspektive hat als auch dem Unternehmen selbst eine positive Zukunft prognostiziert werden kann. In einem solchen Fall ist die Weitergabe des Betriebes wirtschaftlich sinnvoll. Ein Nachfolger im Rahmen eines FBO/MBO/MBI sollte gefunden werden können. Falls es nur der Branche schlecht geht, das Unternehmen hingegen Gewinne erzielt, kann das Unternehmen in der Regel mit einem höheren Risikofaktor verkauft werden. Eine Ausnahme bildet der Umstand, dass der Erfolg des Unternehmens derart mit dem Unternehmer verbunden ist, dass eine Übergabe des Betriebes keinen Sinn macht. Dies ist häufig bei Einmann- oder Kleinstbetrieben der Fall. Einziges Aktivum dieser Betriebe ist der Unternehmer selbst und falls dieser aufhört, nehmen die Kunden einfach die Dienste der im Markt schon bestehenden Konkurrenten in Anspruch.

Im umgekehrten Fall – das Unternehmen ist in einem schlechten Zustand, aber die Branche ist vielversprechend – kann u. U. ein Nachfolger gefunden werden. Der Nachfolger ist dann der Überzeugung, dass er das Unternehmen wieder auf Kurs bringen kann (Turnaround). Sind Branche und Unternehmen in einem schlechten Zustand, darf der Zeitpunkt für die geordnete Geschäftsaufgabe nicht verpasst werden, da sonst der Konkurs droht.

Wenn eine Ordentliche Geschäftsaufgabe rechtzeitig und richtig vollzogen wird, kann dies sehr wohl ohne wesentliche finanzielle Verluste erfolgen. Die grösste Herausforderung stellt das Timing und der dazu notendigen Mut des Eigentümers dar. Es gilt die Frühwarnindikatoren wie Margenerosion, Auftragsrückgang und ähnliches rechtzeitig zu erkennen und richtig zu interpretieren. Die Kostenstruktur muss konsequent reduziert werden, was erfahrungsgemäss schwierig ist bei einem rückläufigen Geschäftsgang. Auf der persönlichen Ebene sind Gefühle wie Hoffnung, Verzweiflung, Verdrängung, Angst, Orientierungslosigkeit und Überforderung häufige Begleiter eines solchen Prozesses.[131]

Zusammenfassend müssen die nachstehenden Fragen bei der ordentlichen Geschäftsaufgabe ins Zentrum gerückt werden:

- Wann ist der richtige Zeitpunkt, um den Prozess zu lancieren?
- Wie schaffe ich es, Kostensenkungen und Ertragsrückgang zu synchronisieren?
- Habe ich den Mut und auch die Bereitschaft, diesen Weg einzuschlagen?
- Kann ich das Gefühl überwinden, dabei das Gesicht zu verlieren?
- Kenne ich die rechtlichen Rahmenbedingungen, die es zu berücksichtigen gilt?

4.1.5 Denken und Handeln in Szenarien

Je grösser die Zeiträume sind, desto schwieriger (aber auch notwendiger) wird es, die Fragen nach der Verbindlichkeit der Szenarien zu stellen. Das «Was wäre wenn» muss zwingend durchgespielt werden, verbindliche Meilensteine müssen definiert werden. Stellen Sie sich vor: Als Familie sind Sie sich einig und gehen von der Annahme aus, dass die Tochter heute in 5 Jahren, nach Abschluss des Studiums, einem Auslandjahr und 3 Jahren externer Berufserfahrung ins Unternehmen einsteigt. In diesen 5 Jahren kann viel geschehen. Man weiss nicht, wo die Liebe hinfällt, ob die Karriereoptionen beim anderen Unternehmen nicht allzu verlockend sind oder die Gesundheit der Eltern eine Wartezeit von 5 Jahren überhaupt zulässt. Falls die Absage der Tochter nun nach grossem innerem Kampf heute in 4.5 Jahren ausgesprochen wird, kann dies unter Umständen zu einer grösseren Überraschung bei den Eltern und folgenschweren familieninternen Konflikten führen, sofern die nächstbeste Alternative nicht ausreichend vorbereitet ist.

131 Hinsichtlich Abwicklung einer Geschäftsaufgabe gilt es die nationalen Gesetzgebungen zu berücksichtigen, auf die vorliegend nicht eingegangen wird.

Deshalb lautet die Empfehlung an dieser Stelle: Formulieren Sie mindestens zwei denkbare Nachfolgeszenarien und definieren Sie im Anschluss daran einen Entscheidungsbaum mit entsprechenden Anforderungen und einzuhaltenden Meilensteinen, welche mit gewissen (beidseitigen!) Bedingungen zu verbinden sind (vgl. dazu exemplarisch Abbildung 9). Dieses Vorgehen nennen wir «Strategische Nachfolgeplanung». Die obigen Ausführungen haben die wesentlichen fundamentalen Unterschiede aufgezeigt. Entsprechend muss man sich, je nach Option, unterschiedlichen Aufgaben stellen, die unter Umständen proaktiv vorzubereiten sind.

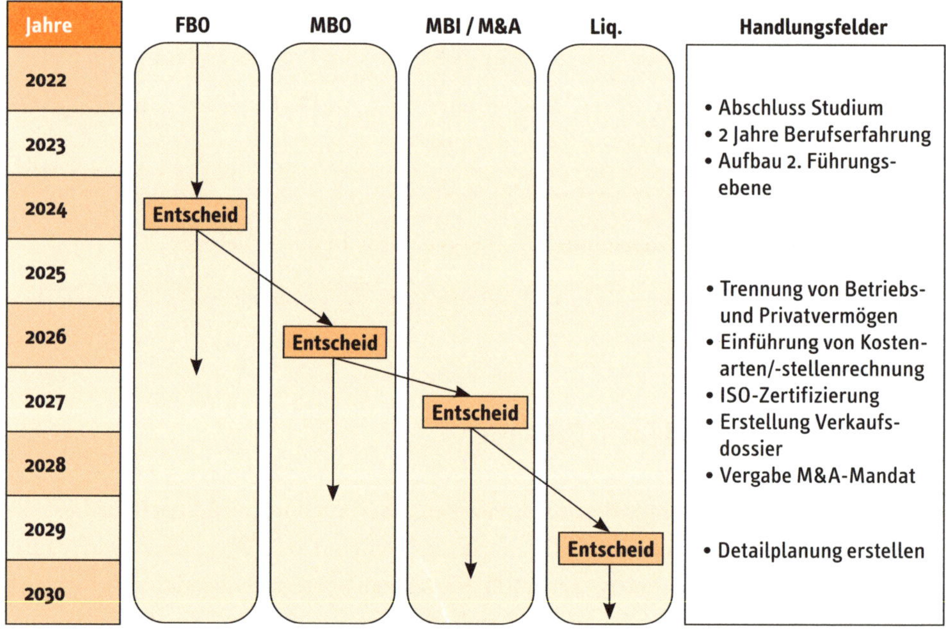

Abbildung 9: Entscheidungsbaum für Nachfolge-Szenarien[132]

132 i.A. Halter, Kammerlander 2014.

Fallbeispiel 5: Immer für eine Überraschung gut!

Das Ehepaar Irmgard und Walter Becker sind Eigentümer der Bäckerei «Zumbrot». Sie haben zwei Söhne, beide mit einer akademischen Ausbildung. Nach einem missglückten Versuch, die Bäckerei zu verpachten, soll sie jetzt verkauft werden.

«Du Schatz, jetzt müssen wir uns mal ernsthaft Gedanken machen, wie es mit unserer Bäckerei weitergehen soll.» Walter Becker[133] nimmt gerade einen Schluck Kaffee und beisst herzhaft in sein Vollkorn-Gipfeli – hausgemacht nach eigenem Rezept, nicht nur mit hochwertigem Bio-Mehl aus der Region, sondern auch richtiger Butter und ... das Weitere ist Betriebsgeheimnis. Doch schnell wandern seine Gedanken zurück zum eigentlichen Thema, zur Zukunft seiner Bäckerei.

Vor 25 Jahren wollten er und seine Frau Irmgard etwas Eigenes aufbauen. Frisch verheiratet und ohne Ersparnisse, waren sie froh, die Bäckerei «Zumbrot» pachten zu können. Der Start gelang hervorragend, und bereits nach zwei Jahren kauften sie alle gepachteten Einrichtungen und wandelten die Pacht in Miete um. Sobald genügend Geld vorhanden war, investierten sie in einen modernen Backofen. Zehn Jahre später konnten sie sich mit dem ehemaligen Eigentümer einigen, die Liegenschaft zu einem vernünftigen Preis erwerben, im obersten Stock eine schöne Wohnung einrichten und unten die Bäckerei ausbauen.

Markus wurde ein Jahr nach Unterzeichnung des Pachtvertrags geboren, zwei Jahre später folgte Paul. Beide Söhne konnten ihre berufliche Entwicklung selbst wählen. Keiner entschied sich für das Bäckerhandwerk. Markus arbeitet als Maschineningenieur für einen grossen Schweizer Automobilzulieferer in Polen, Paul ist noch in Ausbildung als Elektro-Ingenieur. Wenn alles gut geht, schliesst er sein Studium nächstes Jahr ab und wird dann finanziell auf eigenen Beinen stehen.

Irmgard und Walter Becker sind stolz auf ihre beiden Söhne. Doch wie soll es mit der Bäckerei weitergehen? In drei Jahren können sie in Pension gehen – und sie haben nicht vor, länger zu arbeiten. Irgendwann wollen sie auch mehr als nur zehn Tage im Jahr Urlaub machen.

Dieses Ziel hatten sie schon einmal, vor drei Jahren. Bekanntlich soll man die Nachfolge ja frühzeitig regeln. Und tatsächlich hatten sie damals bald ein Ehepaar gefunden, das die Bäckerei pachten wollte. Die neuen Pächter legten sich mächtig ins Zeug und arbeiteten viel. Doch schon nach drei Monaten hörten sie von langjährigen Kunden, dass die Qualität nachgelassen habe. Misstrauisch geworden, kamen

133 Alle Namen geändert.

sie häufiger in den Laden und mussten feststellen, dass Stammkunden immer seltener oder gar nicht mehr kauften. Auf dieses Problem angesprochen, erklärten die neuen Pächter, dass ein gewisser Wandel in der Kundenstruktur ganz normal sei. Es kämen auch neue Kunden in den Laden, und das sei für die Zukunft ebenso wichtig.

Einen Monat später kündigte eine langjährige, treue Mitarbeiterin. Das war der Anfang vom Ende. Irmgard Becker fand in einem Gespräch heraus, dass die neuen Pächter versuchten, durch billigere Zutaten die Warenkosten zu senken. Zudem wurde das Sortiment gestrafft, um die Ausschusskosten zu reduzieren. Jeder Franken wurde zweimal umgedreht. Den Mitarbeitern wurden die Kosten für die Kaffeepausen ohne Vorankündigung vom Lohn abgezogen. Das führte zu grossem Unmut gegenüber den neuen Arbeitgebern. Irmgard Becker gewann den Eindruck, dass die Pächter einfach geizig waren und unfähig, die Bäckerei zu führen.

Nach Rücksprache mit ihrem Mann entschlossen sie sich, den Pächtern ihr Geschäft nicht zu übergeben. Zu gross war die Gefahr, dass die Bäckerei, ihr Lebenswerk, am Ende heruntergewirtschaftet wäre. Mit Unterstützung eines Rechtsanwalts lösten sie den Pachtvertrag kurzfristig auf. Nur standen sie am Ende wieder selbst in der Bäckerei und mussten auch noch den angerichteten Schaden beheben.

Nach diesem bösen Alptraum wollten sie keinen zweiten Versuch mit neuen Pächtern riskieren. So blieb als Lösung eigentlich nur der Verkauf. Und genau darüber will Walter Becker am heutigen Sonntagmorgen mit seiner Frau sprechen. Wie üblich war Irmgard ihm schon voraus. «Ich habe Markus und Paul gebeten, am nächsten Sonntag bei uns zu essen. Dann können wir mit ihnen über unsere Entscheidung reden.»

Am nächsten Sonntag wird viel über die Bäckerei diskutiert. Walter Becker erläutert den Entschluss zum Verkauf. Erleichtert stellt er fest, dass beide Söhne viel Verständnis zeigen. Als Irmgard das Dessert holen will, lehnt sich Markus in seinem Stuhl zurück, blickt seiner Mutter nachdenklich in die Augen und fragt: «Und, was haltet ihr davon, wenn ich die Bäckerei übernehme?» Ungläubig schauen sich die Eltern an. Markus skizziert in wenigen Sätzen seinen Plan. «Wie ihr wisst, bin ich seit zwei Jahren für den Konzern in Polen tätig. Doch ich fühle mich in Grossbetrieben überhaupt nicht wohl. In der Bäckerei habe ich öfters in den Ferien mitgeholfen, das hat mir immer gut gefallen. Ich habe zwar keine Ahnung vom Bäckerhandwerk, aber als Ingenieur kann ich gut in Prozessen denken. Ich bin überzeugt, dass ich mich in ein bis zwei Jahren soweit einarbeiten kann, dass ich die ganze Bäckerei führen kann. Dazu muss ich ja nicht der beste Bäcker sein.»

Gespannt lauschen alle drei den Ausführungen von Markus. Mit jedem Satz wird klarer, dass dies eine praktikable Lösung wäre. Keiner hatte an diese Möglichkeit gedacht. Der klassische Fehler: Betriebsblind gegenüber der eigenen Familie!

Irmgard bringt es auf den Punkt: «Ich hab's doch gewusst, du bist immer für eine Überraschung gut!» Paul gratuliert seinem Bruder zu dieser mutigen Entscheidung. Er selbst hat keine Ambitionen in diese Richtung. Für die Ausarbeitung der Übernahme sollen sie auf ihn verzichten. Hauptsache es gibt eine gute Lösung.

In den nächsten Wochen wird viel Energie in die Ausgestaltung eines Einsteig-Fahrplans gesteckt. In den nächsten 24 Monaten soll Markus im eigenen Betrieb, aber auch bei befreundeten Bäckereien eine Art Praktikum absolvieren, um alle relevanten Bereiche und Prozesse kennenzulernen. Doch es gibt noch eine Überraschung: Kaum ein Monat ist vergangen, da erhalten sie den Zuschlag für die Eröffnung einer Filiale im neuen Einkaufszentrum, das in 18 Monaten die Tore öffnen wird. Das ist die Chance für Markus: Jetzt kann er beweisen, dass er als Branchen-Neuling in der Lage ist, eine Filiale erfolgreich aufzubauen und zu führen.

Nach Übergabe der Gesamtführung fahren Irmgard und Walter Becker beruhigt für fünf Wochen in die Ferien. Es wird eine wunderschöne, erholsame Reise. Sie haben die Gewissheit, dass alles wie bisher, vermutlich sogar noch besser läuft.

Eine überraschende Wendung. Das Beispiel zeigt, dass bei Übernahmen häufig in festgefahrenen Strukturen gedacht wird: «Ein Akademiker übernimmt doch keine Bäckerei.» «Der kann doch kein Geschäft führen.». Derartige Vorurteile führen dazu, dass nicht alle Lösungsmöglichkeiten in Betracht gezogen werden. Dabei haben auch unkonventionelle Alternativen ihre Berechtigung.

Das Beispiel zeigt aber auch, wie wichtig es ist, im richtigen Zeitpunkt mit den richtigen Personen zu kommunizieren. Hätten die Eltern nicht mit ihren Söhnen über die Nachfolge gesprochen, wäre es nie zu dieser Lösung gekommen. Der Sohn hätte eine andere Karriere eingeschlagen, die Bäckerei wäre verkauft worden.

4.2 Definition des Übertragungs-Objektes

Im vorliegenden Buch ist das Unternehmen das Übertragungs-Objekt. Vordergründig meint man sofort zu wissen, was ein Unternehmen ist und damit auch, was Gegenstand der Unternehmensnachfolge ist. Bereits mit einem juristischen Blick auf die Frage stellt man aber sofort fest, dass dies nicht immer klar ist. Handelt es sich um eine Einzelfirma oder eine Gesellschaft (e.g. Personen- oder Kapitalgesellschaft)? Stellt das Unternehmen selbst überhaupt eine für sich selbst funktionierende Einheit dar (z. B. als selbsttragendes

Geschäftsmodell)? Handelt es sich in der Folge um einen sogenannten Share-Deal, wo es um die Übertragung der Aktien oder Stammanteile geht, die das Recht am Unternehmen verkörpern – oder um einen Asset-Deal, wo alle zu definierenden Einzelteile, die in der Summe das (vermeintliche) Unternehmen ausmachen, an den Käufer verkauft wird?[134]

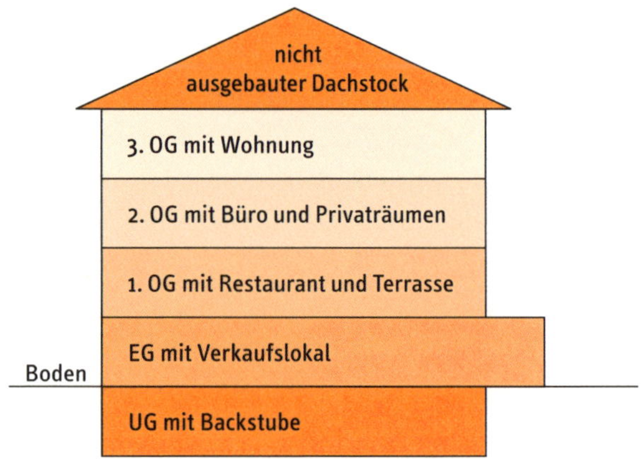

Abbildung 10: Das Übertragungs-Objekt «Bäckerei»

Aber auch aus nicht-juristischer Sicht stellt sich die gleiche Frage. Stellen Sie sich vor (vgl. dazu Abbildung 10): Sie haben eine Bäckerei mit Backstube im Untergeschoss, einen schönen Verkaufsladen im Parterre, einen Restaurationsbetrieb inkl. Terrasse im ersten Obergeschoss für die Kunden, das zweite Obergeschoss wird mehrheitlich fürs Büro genutzt und die privaten Wohnräume liegen im dritten Stock.

- Was ist nun das Übertragungs-Objekt?
- Handelt es sich um das Geschäftsmodell «Bäckerei» inkl. Rezepturen, Kundenstamm, Mitarbeitenden und dergleichen?
- Gehört die Immobilie dazu oder nicht?
- Soll das Unternehmen verkauft oder die Bäckerei als Betriebsstätte verpachtet werden?
- Soll die Bäckerei in Folge einer Marktsättigung und rückläufigem Brotverzehr geschlossen werden und nur das Café weiter betrieben, verpachtet oder vermietet werden?

134 In der Schweiz sind ca. 90 % aller Unternehmen Einzelfirmen, bei denen es keinen Share-Deal geben kann, vgl. Fust, Fueglistaller, Brunner, Graf 2019.

- Soll die Bäckerei liquidiert und die Lokalitäten privat oder geschäftlich umgenutzt werden?
- Soll das Geschäft geschlossen und nur die Immobilie verkauft werden?
- Oder soll das Verkaufslokal als Filiale einer Bäckereikette vermietet und lediglich die eigene Produktion eingestellt werden?

Diese Auswahl von Möglichkeiten zeigt, dass alleine die Diskussion rund um das Übertragungs-Objekt zu neuen Gestaltungsoptionen führen kann – noch völlig losgelöst von der Frage, ob es sich um eine Einzelfirma oder eine Gesellschaft in der Form von einer Personen- oder Kapitalgesellschaft handelt und ob z. B. in ersterem Fall die Immobilie zum Geschäfts- oder Familienvermögen gehört.

Die Frage nach dem Übertragungs-Objekt sollte gerade beim FBO auch mit dem «Selbstverständnis Familienunternehmen» in Verbindung gebracht werden. Ist es für die Familie wichtig, dass die Bäckerei eine Bäckerei bleibt oder wäre es auch denkbar, dass man aus der Branche aussteigt und das Vermögen in andere unternehmerische Engagements reinvestiert? Ein spezielles Feld stellt dabei der Aspekt der Umnutzung dar. In diversen Branchen können immer wieder grosse Umwälzungen vorkommen. So können beispielsweise Familienunternehmen beobachtet werden, die sich über Jahrzehnte in der Textilindustrie, Maschinenbauindustrie und Ähnlichem engagiert haben und über diese Zeit auch stark gewachsen sind. Andere Unternehmen mussten jedoch die schmerzliche Erfahrung machen, dass das Kerngeschäft abgebaut und gar still gelegt werden musste, weil das Ende des Branchen-Lebenszyklus erreicht war. Sollen und können im Anschluss die Firmengelände über Zwischen- und Umnutzung neuen Felder zugänglich gemacht werden? Die Praxis zeigt uns einige spannende Beispiele, wie trotz Branchenwandel das unternehmerische Engagement und das vermeintliche Übertragungs-Objekt zu ganz neuen Lösungen geführt haben.[135]

Der Aspekt «Übertragungs-Objekt» muss zwischen Verkäufer und Käufer ausdiskutiert und definiert werden. Diese Diskussion ist fundamentaler Bestandteil der gegenseitigen Erwartungsklärung. Damit in Verbindung zu stellen ist auch die Wahl der Bewertungsmethode für die Preisfindung. Der Blick auf ein funktionierendes Geschäftsmodell zielt eher auf eine Ertragswertlogik, der Fokus auf vorhandene Maschinen, Gebäude, Fahrzeuge und Einrichtungen zielt eher auf eine Substanzwertlogik (vgl. dazu Kapitel 5.5).

135 vgl. Valda; Westermann 2004; Züst, Joanelly, Westermann 2008.

4.3 Drei Übertragungs-Ebenen in Sachen Nachfolge

Wir unterscheiden zwischen Eigentumsnachfolge, Führungsnachfolge und Vermögensnachfolge. Landläufig werden oft nur die beiden Ersteren unterschieden (vgl. dazu nachstehend Abbildung 11). Insbesondere im Rahmen von FBO ist auch die (Familien)Vermögensnachfolge zu regeln. Hinsichtlich Timing können diese Übertragungs-Ebenen gleichzeitig (z. B. in vielen MBI-Prozessen feststellbar) oder zeitversetzt (z. B. bei FBO und MBO) neu geregelt werden. Die Übertragungs-Ebenen werden zum Beispiel dann zeitversetzt geregelt, wenn die Führungsverantwortung bereits vom Käufer übernommen wird – das Eigentum aber noch eine gewisse Zeit in den Händen des Verkäufers liegt.

Eine Differenzierung kann auch hinsichtlich Zielperson erfolgen. Beim «reinen» FBO wird Eigentum und Führung an die Nachkommen übertragen. Denkbar ist auch, dass das Eigentum in den Händen der Familie bleibt und die Führung – eventuell vorübergehend – einem Fremdmanagement anvertraut wird. Es kann unterschiedliche Gründe für eine derartige Lösung geben: a) Grosser Altersunterschied zwischen Eigentümer und Nachkommen oder b) Wachstums- oder Umbruchphase des Unternehmens, wo spezifisches Führungs-Know-how benötigt wird. Gerade in Zeiten, die von einem historischen Tiefzinsniveau geprägt sind, kann diese Lösung auch c) für die Eigentümer eine finanziell attraktivere Lösung sein, wenn das gelöste Kapital nicht mit Rendite angelegt werden kann.

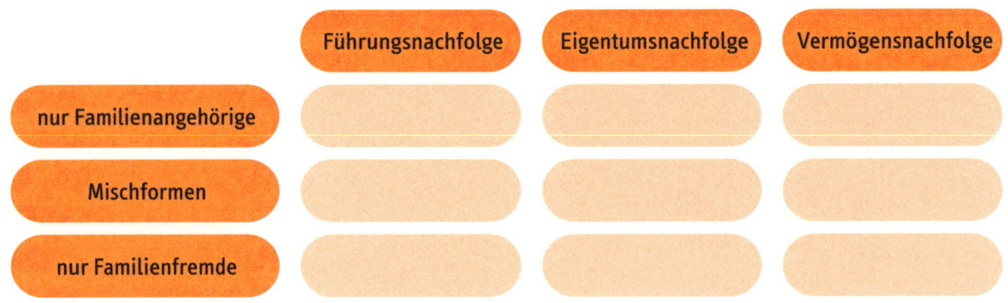

Abbildung 11: Eigentums-, Führungs- und Vermögensnachfolge[136]

Beim FBO gilt es zusätzlich noch an die *Vermögensnachfolge* zu denken. Im KMU-Kontext stellt das Unternehmen sehr oft einen Grossteil des Familienvermögens dar. Beim FBO besteht die grosse Gefahr, dass es zu Spannungen kommt, wenn die verschiedenen Interessen der Familienmitglieder ungenügend oder zu spät in der Planung mitberück-

136 Eigene Darstellung.

sichtigt werden.[137] Im Zuge des Generationenwechsels wird in der Praxis oft beobachtet, dass es zum Ausbruch oder zur Neubelebung von Personen-, Familien- oder Geschwisterkonflikten kommt, wie z. B. folgender Art:

- Streitigkeiten über die Machtverteilung im Unternehmen,
- Angst des Übergebers vor Machtverlust,
- mangelnde Eignung der Nachfolger,
- Uneinigkeit über die strategische Neuausrichtung des Betriebes,
- Verteilung der Eigentumsverhältnisse am Unternehmen.

Das sind alles Aspekte, welche innerhalb dieser Übertragungs-Ebenen in Sachen Nachfolge verortet werden müssen und die Nachfolge zum Scheitern bringen können. Jede einzelne Dimension der familieninternen Unternehmensnachfolge wirft also unterschiedliche Fragestellungen auf. Aus Sicht der involvierten Familienmitglieder können sich diese Fragen und offenen Punkte zu regelrechten Konflikten rund um das Thema Gerechtigkeit auswachsen.

Dies kann bereits bei der Suche nach dem Nachfolger und damit verbunden der Dimension der Führungsnachfolge beginnen. So steckt der abtretende Unternehmer u. U. in der Zwickmühle, sich zwischen mehreren Kandidaten entscheiden zu müssen. Ist der Sohn überhaupt fähig den Betrieb zu führen? Was ist mit der Tochter, die momentan zwar noch zu jung ist, aber enormes Entwicklungspotenzial hat? Sind die Kinder überhaupt interessiert daran, operativ ins Unternehmen einzusteigen?

Besonders schwierig wird es dann, wenn die Führungsnachfolge abgekoppelt von der Eigentumsnachfolge geregelt wird. Wird also die Führungsfrage beantwortet, ohne Verbindlichkeiten hinsichtlich des Eigentums festzulegen, kann dies zu Frustrationen und Konflikten führen. Denn je nachdem wie die Eigentumsverhältnisse am Unternehmen organisiert werden, kann dies auch einen Einfluss auf die Geschäftstätigkeit haben. Man stelle sich einen nicht operativ im Unternehmen tätigen Bruder als Gesellschafter vor, der jährlich an einer attraktiven Dividende interessiert ist. Dieser beurteilt sein finanzielles Engagement im Familienunternehmen aus der Sicht eines Investors. Seine wiederum für die Geschäftsführung verantwortliche Schwester wehrt sich jedoch gegen eine überzogene Dividendenforderung.[138]

Sollen Konflikte innerhalb der Familie und des Unternehmens möglichst vermieden werden, dann müssen diese drei Nachfolgeregelungen (Eigentum, Führung, Vermögen) aufeinander abgestimmt werden. Welche dieser Ebenen nun in einem ersten Schritt angepackt werden soll, oder ob alle gleichzeitig angegangen werden, kann nicht pauschal

137 Mandl 2005, S. 128.
138 Zellweger, Mühlebach 2008, S. 13.

beantwortet werden. Dies kommt stark auf den Kontext an. Die Praxis zeigt, dass Eigentum und Führung in etwa der Hälfte der Fälle gleichzeitig übergeben werden.[139] In knapp 37 Prozent der Fälle wurde erst die Führung und in nur 7 Prozent der Fälle erst das Eigentum übergeben. Vielfach wird die Führungsnachfolge vorgezogen, um die abtretende Generation zeitlich und energetisch zu entlasten. Ein allgemein gültiges Rezept zur Lösung dieser Fragestellungen gibt es leider nicht – entscheidend ist, dass die Lösung im Grundsatz von allen mitgetragen werden kann und als fair und gerecht empfunden wird.

4.4 Gerechtigkeit und Fairness

Die Frage nach *Gerechtigkeit und Fairness* wurde bereits auf der normativen Ebene des St. Galler Nachfolge-Modells angesprochen und verortet – in Verbindung mit den Begriffen Zweckmässigkeit und Rechtmässigkeit (vgl. dazu Kapitel 3.1). Die Frage nach der Gerechtigkeit ist ihrem Wesen nach eine philosophische Frage und im Teilbereich der Ethik in anderen Arbeiten behandelt und diskutiert worden – eine Diskussion, die jedoch für den vorliegenden Zweck zu weit führen würde.[140] Angewandt auf Familienunternehmen wird die Frage der Gerechtigkeit stark von der Familien-Ethik geprägt. Eine moralische Legalität, also ein blosses Befolgen der Gesetze garantiert per se keine gefühlte Gerechtigkeit. Fairness verstehen wir dabei näher an der Empfindung der Betroffenen in Bezug auf das Erleben des Prozesses als solchem (dazu weiter unten mehr).

Auf Familienunternehmen angewandt, stellen sich u. a. folglich die Fragen:

- Wer ist für eine gerechte Nachfolge verantwortlich?
- Wie lässt sich eine gerechte Nachfolge erreichen?
- Aus welcher Perspektive wird Gerechtigkeit beurteilt?
- Was sind die Voraussetzungen, um eine getroffene Lösung als fair zu empfinden?

Die Praxiserfahrung zeigt, dass hauptsächlich zwei Gerechtigkeitstheorien von zentraler Bedeutung sind.[141] Dabei unterscheiden wir nachstehend zwischen Verteilungsgerechtigkeit und Prozessgerechtigkeit (vgl. dazu auch Abbildung 12).

Die *Verteilungsgerechtigkeit* (auch distributive Gerechtigkeit genannt) charakterisiert sich dadurch, dass das Ergebnis – das Resultat – einer Verteilung von Gütern,

139 Christen et al. 2013, S. 32.
140 vgl. dazu z. B. Rawls 2001; Höffe 2001.
141 Auf weitere Ansätze wie bspw. die Choice-basierte Gerechtigkeit wird nicht weiter eingegangen.

inklusive allfälliger Vor- und Nachteile aus dieser Verteilung, betrachtet und bewertet wird.[142] In der Philosophie gibt es für diesen Bereich der Gerechtigkeit drei mögliche Prinzipien, welche jeweils in gewissen Situationen stärker gewichtet werden: das Bedürfnis-, das Gleichheits-, und das Leistungsprinzip. Diese drei Prinzipien können jedoch nicht strikte konkreten Situationen zugeordnet werden, da sie stark vom Kontext abhängen und untereinander in Verbindung stehen.[143] Das Ziel sollte jedoch sein, dass zumindest die Gewichtung hinsichtlich Bedeutungszuschreibung der drei Prinzipien bei allen Betroffenen ähnlich vorgenommen wird und damit innerhalb der Familie die getroffene Verteilung auch mitgetragen und akzeptiert wird. Dies erfordert auf jeden Fall Dialog und Erklärung der dahinter liegenden Annahmen und Abwägungen.

Die Praxis zeigt, dass in unseren Breitengraden die Führungsnachfolge meistens mit dem *Leistungsprinzip* in Verbindung gebracht wird. Aus einer Unternehmenslogik heraus wird der Fokus auf das Geleistete und Erarbeitete gelegt. Angenommen die Tochter hat vor 10 Jahren die Führungsverantwortung übernommen und in der Zwischenzeit neue Märkte erschlossen, neue Produkte entwickelt und den Umsatz verdoppelt: Was empfinden sie, wenn beispielsweise die Tochter im Rahmen der heutigen Eigentumsnachfolge auf der Grundlage der aktuellen Zahlenbasis den «fairen Marktwert» für das Unternehmen bezahlen soll. Oder wenn sie das Unternehmen zwar dank einem Family-Discount günstiger bekommen würde – aber ihre beiden Brüder, die sich für das Unternehmen noch nie interessiert und engagiert haben, finanziell ausgleichen muss?

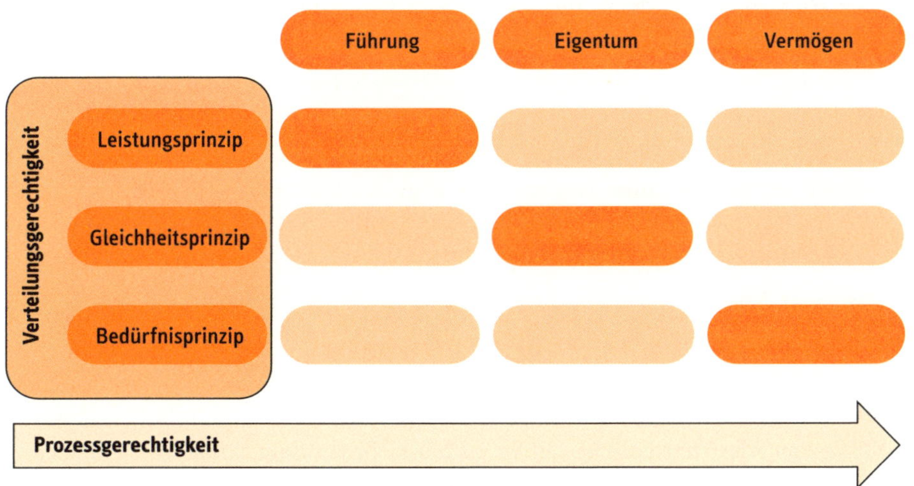

Abbildung 12: Gerechtigkeit in der Unternehmensnachfolge

142 Wolf 2014; Colquitt et al. 2001.
143 Höffe 2001.

Aus der Familienlogik heraus dominiert in der Regel das *Gleichheitsprinzip*. Es entspricht der sozialen und persönlichen Erwartung, dass man alle drei Kinder gleich stark liebt und finanziell entsprechend auch exakt gleich bedient. Häufig wird deshalb eine Schattenbuchhaltung akribisch genau geführt, wo Ausgaben für Schule, Studium, Sprachaufenthalte und anders aufgeführt werden, um später für den entsprechenden Ausgleich zu sorgen. Dieses Gleichheitsprinzip wird entsprechend gerne mit der Eigentumsnachfolge in Verbindung gebracht – jedes Kind sollte doch gleich viel bekommen, was augenscheinlich mit dem Blick auf die oben skizzierte Führungsnachfolge zu einem Widerspruch oder einer gefühlten Ungerechtigkeit führen kann.

Das *Bedürfnisprinzip* basiert ebenfalls auf der Familienlogik. Wenn ein Kind körperlich oder geistig behindert ist, so wird die Familie versuchen, ihm ein lebenskonformes Auskommen zu ermöglichen. Die Bedürfnisse von gesunden und behinderten Kindern sind unterschiedlich, was in den meisten Familien akzeptiert wird. Ein Bedürfnis gibt es aber auch beim Übergeber, denn die Finanzierung des eigenen Lebensabends ist sehr wohl ein nicht zu unterschätzender Treiber für die Definition von Gerechtigkeit und Fairness. Es ist sehr wohl legitim, dass Eltern Ihr Unternehmen vor diesem Hintergrund Ihren Kindern auch gegen Entgelt verkaufen.

Für die Gestaltung einer gerechten Lösung, unter Berücksichtigung der drei Verteilungsprinzipien (Leistung, Gleichheit, Bedürfnis), gibt es keine Formel. Es sollte unseres Erachtens aber angestrebt werden, dass die Betroffenen ein gemeinsames Verständnis dafür entwickeln und pflegen, und gemeinsam eine von allen akzeptierte und damit auch für die zu treffende Nachfolgelösung zweckmässige Lösung definieren können.

Bei der Herleitung der fairen Lösung kommt in Ergänzung zu den bisherigen Überlegungen zur Verteilungsgerechtigkeit vor allem die *prozedurale Gerechtigkeit,* die Verfahrensgerechtigkeit, zum Tragen: Hier liegt der Fokus nicht beim Ergebnis einer Verteilung selbst, sondern weist der Gerechtigkeit die Eigenschaft eines Verfahrens zu, also einem Prozess, durch den die beteiligten Familienmitglieder Ansprüche auf verschiedenartige Vorteile erwerben. Der Prozess oder Mechanismus der Herleitung steht im Zentrum. Forschungsergebnisse zeigen, dass Menschen auf faire Bedingungen mit einer grösseren Identifikation, mehr Vertrauen, einer höheren Kooperationsbereitschaft und auch grösseren Akzeptanz reagieren, im Gegenzug jedoch auf unfaire Bedingungen mit Misstrauen, destruktivem Verhalten bis hin zu Boykott und Ablehnung reagieren.[144]

In der Literatur gibt es drei verschiedene Arten der Verfahrensgerechtigkeit: die reine, die unvollkommene und die vollkommene Form:[145]

144 Wolf 2014, S. 45-47; Streicher et.al. 2008.
145 Höffe 2001; Tschentscher 1999.

- Die unvollkommene Form kann Gerechtigkeit nicht in Ihrer Absolutheit zwingend wahren, da über die Zeit die Wahrnehmung von Gerechtigkeit und damit die empfundene Fairness variiert.
- Nur die reine Verfahrensgerechtigkeit ist imstande, Gerechtigkeit zu wahren.[146] Da dies in der Praxis nicht oder kaum möglich ist, gehen wir auf diese nachstehend nicht weiter ein.
- Der vollkommenen Gerechtigkeitsform ist charakteristisch, dass durch die Festlegung des Verfahrens per se eine Gerechtigkeit erzeugt wird, da sich die Parteien gemeinsam auf das gewählte Verfahren geeinigt haben.

Eine reine Verfahrensgerechtigkeit als gerechtigkeitsbegründende Theorie findet sich beispielsweise bei Losen oder Würfeln und sollte – sofern die Regeln in der Kultur eines Unternehmens «eingeimpft» sind – auch bei familieninternen Unternehmensnachfolgen erreicht werden können. Ohne vertieft auf die philosophischen Grundlagen einzugehen, wird vermutet, dass gerechtigkeitserzeugende und gerechtigkeitsbegründende Theorien in der Praxis komplementär zueinanderstehen und in einem adäquaten Nachfolgeprozess beidem gleichzeitig Rechnung getragen wird.

Die Prozessgerechtigkeit kann mit verschiedene Kriterien beurteilt werden: Ansehen, Neutralität und Vertrauenswürdigkeit (z. B. des beigezogenen Beraters) erhöhen die Akzeptanz der am Schluss getroffenen Lösung. Das heisst, der Prozess muss konsistent, vorurteilsfrei, ethisch korrekt, genau und valide, korrigierbar und repräsentativ sein. Die Kriterien an sich spielen dabei eine untergeordnete Rolle.[147]

Die Annäherung an eine mitgetragene, faire Nachfolgelösung ist nur über Kommunikation zu leisten. Nur über gelingende Kommunikation kann das Thema Fairness enttabuisiert werden. Unterstützend sind dabei alle Gestaltungsmöglichkeiten rund um die Governance-Struktur und insbesondere die Governance-Prozesse (vgl. dazu nachstehend Kapitel 4.5). Weiter sind die Art und Weise einer allfälligen externen Unterstützung (Nachfolge-Beratungs-Architektur, vgl. Kapitel 7.1) und die Beratungs-Art (vgl. Kapitel 7.2) wichtig.

146 Höffe 2015, S. 46-47.
147 Wolf 2014.

Fallbeispiel 6: Meine Tante Sylvia

Ausgangslage ist die familieninterne Unternehmensnachfolge in einer mittelständischen Familien-Holding. Eigentümer sind drei Geschwister, wobei der Vater des Erzählers Mehrheitsaktionär ist und die beiden Schwestern nur Aktienminderheiten halten. Der in der Erzählung erwähnte Berater hat das Geschehen hautnah miterlebt.

Eigentlich wäre alles absolut reibungslos verlaufen. Die Übergabe der operativen Gesellschaften von meinem Vater an mich war konzeptionell sauber aufgegleist, steuerlich vorgeprüft und die Vertragsentwürfe lagen bereit. Alles im Griff, dachten wir, bis zur ominösen Sitzung vom letzten Dienstag. Denn bei der tauchte meine Tante Sylvia in Begleitung eines unbekannten Herrn im dunklen Zweireiher auf. Schon als ich die beiden sah, schwante mir Böses. Sie stellte uns den Herrn als ihren Rechtsanwalt Dr. Stünzi vor, Wirtschaftsjurist von der Kanzlei Stünzi & Kunz.[148]

Zur Familiengesellschaft gehören mehrere Immobilien sowie drei operativ tätige Tochtergesellschaften: eine regional tätige Lüftungsfirma, eine kleine Montagefirma und eine sehr rentable, international tätige Gesellschaft im Apparatebau. Gemeinsam mit unserem Berater haben wir das Übergabekonzept entwickelt. Da ich selbst nur wenig Geld habe, entschieden wir uns für ein stufenweises Vorgehen. Auf Empfehlung des Beraters sollte ich eine Käufer-Holding gründen. Diese Holding sollte zuerst die rentabelste Gesellschaft, also den Apparatebau, erwerben. Der Kaufpreis ist – vorsichtig ausgedrückt – relativ günstig und wird als langfristiges Darlehen an die Holing gewährt. Dank der Gewinnausschüttungen der Apparatebau-Gesellschaft hätte ich nach zwei bis drei Jahren genügend Geld in der Holding, um die anderen Gesellschaft zu erwerben.

Der Kaufpreis und die damit verbundenen Verträge waren vom Steueramt geprüft und akzeptiert worden, was ohne die hervorragende Arbeit unseres Steuerberaters unmöglich gewesen wäre. Wir glaubten, damit das grösste Hindernis erfolgreich umschifft zu haben. So kann man sich täuschen.

Zur Klärung der Situation muss ich die Vorgeschichte kurz erläutern. Als mein Grossvater starb, musste mein damals noch sehr junger Vater von einem Tag auf den anderen die Firma übernehmen. Als einziger Sohn erhielt er gemäss Testament 70 Prozent der Aktien, seine beiden Schwestern, Tante Hildi und Tante Sylvia, je 15 Prozent. Beide Schwestern sind kinderlos geblieben und geniessen heute ein geruh-

148 Alle Namen geändert.

sames Leben. (Bei Tante Sylvia bin ich mir jedoch nicht sicher, ob ihr Ehemann im Mittelpunkt ihrer Aufmerksamkeit steht oder Cuno, ein eigenwilliger und etwas in die Jahre gekommener Cocker-Spaniel. Mit allen dreien verstehe ich mich übrigens ausgezeichnet.)

Mein Vater hat jedenfalls jahrelang den damals kleinen Betrieb geführt und sich um die finanziellen Angelegenheiten der ganzen Familie gekümmert. Er hat als ältester Sohn quasi die Vaterrolle übernommen. Aus dem Kleinbetrieb wurde über die Jahrzehnte ein erfolgreicher mittelständischer Betrieb. Die Gewinne wurden vorwiegend reinvestiert. Einmal jährlich wurde eine Generalversammlung einberufen, bei der mein Vater die Situation der Familiengesellschaft und der Treuhänder den Jahresabschluss und die Höhe der Dividende erläuterten. Anschliessend ging man stets gemeinsam zu einem ausgiebigen Mittagessen.

Die Dividenden waren nie besonders hoch. Mein Vater und meine Tanten waren bescheidene Leute und stellten das Wohl der Firma über ihre eigenen Ansprüche; zu Beginn aus Notwendigkeit, später aus Gewohnheit. Nie haben meine Tanten irgendwelche Ansprüche angemeldet oder entsprechende Bemerkungen fallen gelassen. Das geschwisterliche Zusammenleben verlief ruhig und friedlich, soweit ich dies aus meiner Warte beurteilen kann.

Deshalb waren wir alle perplex, als meine Tante Sylvia mit ihrem Rechtsanwalt zur Sitzung erschien.

Gemäss Traktandenliste ging es um die Erläuterung des Nachfolgekonzepts und um die Verträge. Doch schon kurz nach den einleitenden Worten meines Vaters meldete sich der Rechtsanwalt zu Wort. Er habe die Verträge aufmerksam durchgelesen, begann er seine Ausführungen. Im Namen seiner Mandantin müsse er jedoch mitteilen, dass er mit den vorgeschlagenen Verkaufspreisen und den entsprechenden Bewertungen in keiner Weise einverstanden sei.

Wörtlich sagte er: «Die vorliegenden Bewertungen sind reine Gefälligkeitsgutachten und nicht das Papier wert, auf das sie geschrieben wurden. Mit diesem Verkauf würden wesentliche Vermögenswerte verschenkt und dem Vermögen meiner Mandantin ohne Gegenleistung entzogen. Das grenzt an ungetreue Geschäftsführung, weshalb es mich masslos überrascht, dass ihr Herr Steuerberater zu so einer Lösung Hand bietet. Ich als Wirtschaftsjurist kann dem niemals zustimmen. Meine Mandantin wurde jahrelang mit Kleingeld abgespeist; sie erwartet jetzt einen Vorschlag, der ihren legitimen Ansprüchen Rechnung trägt.»

Den Rest der Sitzung konnten wir uns schenken – niemand hatte noch Lust, Vorschläge einzubringen. Wir gingen ergebnislos auseinander.

Ich war wie vor den Kopf gestossen. Mein Entscheid, die finanzielle und führungsmässige Verantwortung für alle operativen Gesellschaften zu übernehmen, war schon schwierig genug gewesen. Ich sollte ja nicht nur eine, sondern alle drei Gesellschaften führen – eine Aufgabe, vor der ich einen Heidenrespekt hatte. Natürlich lagen die Bewertungen am unteren Ende der Skala, aber wer wollte denn die Gesellschaften tatsächlich führen? Meine Tante etwa? Oder der Rechtsanwalt? Ich musste meiner Tante klar machen, dass ich nicht bereit wäre, ein übermässiges Risiko zu übernehmen. Schliesslich gäbe es auch für mich Alternativen.

Noch Ende der Woche traf ich mich mit Tante Sylvia zum Mittagessen; nur wir beide, und Cuno natürlich. Doch bevor ich ihr noch meine Argumente darlegen konnte, blickte sie mich leicht amüsiert an und sagte: «Lass mich raten. Du willst mit mir über die letzte Sitzung reden, richtig? Aber das ist ein Thema zwischen deinem Vater und mir. Erzähl mir lieber, wie es im Geschäft so läuft.» Wir plauderten also über das Geschäft, über meine neue Freundin, doch kein Wort über die Punkte, die mich wirklich beschäftigen. Stets wich sie dem Thema geschickt aus.

«Lass mich nur machen», sagte sie zum Abschied und mit einem leichten Augenzwinkern «Chunt scho guet!»[149]

Ich war noch verwirrter als vorher. Nach meinem Bauchgefühl zu urteilen, ging es meiner Tante gar nicht ums Geld.

In den folgenden Wochen trafen sich meine Tante Sylvia und mein Vater mehrmals, anfänglich mit Rechtsanwalt, dann ohne. Diese Entwicklung stimmte mich zuversichtlich. Endlich, nach drei Wochen, wurde ich ebenfalls zu einer Sitzung eingeladen. Mein Vater eröffnete mir, dass sie nach intensiven Verhandlungen eine Lösung gefunden hätten, mit der beide Schwestern einverstanden seien.

«Diese Lösung wird dir Tante Sylvia gerne selber erläutern», schloss er.

«Mit deinem Vater», wandte sich Sylvia an mich, «hatte ich in den letzten Wochen wirklich gute und tiefgründige Gespräche. Ich habe dabei die Einsicht gewonnen, dass es richtig ist, die Führung der Familiengesellschaft in eine Hand zu legen. Du bist offenbar bereit, diese verantwortungsvolle und schwierige Aufgabe zu übernehmen. Dafür danke ich dir. Ich bin überzeugt, dass du diese Herausforderung erfolgreich meistern wirst. Aus diesem Grunde werde ich dir meine ganzen Aktien an meinem 70. Geburtstag schenken. Dies ist mein Beitrag für die erfolgreiche Unternehmensnachfolge. Und von meiner Schwester weiss ich, dass sie das Gleiche vorhat.»

Ich war sprachlos. Das hatte ich am allerwenigsten erwartet. Vor lauter Überraschung kamen mir nur ein paar unbeholfene Worte über die Lippen, als ich mich für ihre Grosszügigkeit bedanken wollte.

Im Nachhinein bestätigte sich, dass es meiner Tante nie um Geld gegangen war. Wir hatten sie bei der ganzen Unternehmensnachfolge schlichtweg übergangen –

149 Schweizerdeutsch, sinngemäss: «Wird schon gut gehen.»

und so ihre Familienehre verletzt. Ihre heftige Reaktion war verständlich, vermutlich hätte ich an ihrer Stelle genauso reagiert. Auch ein Minderheitsaktionär hat das Recht, am Nachfolgeprozess beteiligt, zumindest angehört zu werden. Seine Mitwirkung kostet nicht viel – aber sein Widerstand kann jede Lösung umstürzen.

Übrigens habe ich mir Tante Sylvias Geburtstag rot in meine Agenda eingetragen. Mit dem Vermerk «csg». Jedes Mal, wenn ich die Notiz sehe, denke ich an das Mittagessen mit ihr zurück – und an ihre Abschiedsworte: «chunt scho guet».

Im Nachfolgeprozess tauchen unverhofft Aspekte auf, die man nicht oder zu wenig berücksichtigt hat. Im vorliegenden Fall kommt ein unverdauter Teil Familiengeschichte an die Oberfläche. In der konkreten Situation mag das störend sein, für den ganzen Prozess ist dies eher nützlich. Das Sprichwort «Man schlägt den Sack und meint den Esel» ist in diesem Fallbeispiel nur euphemistisch gemeint.

Nachfolgeprozesse haben eine Eigen-Zeit. Was rational logisch und stringent ist und in die Umsetzung überführt werden könnte, muss in den Köpfen der Betroffenen reifen um die Akzepten für die Lösung zu schaffen zu erreichen. Da braucht es auch Geduld vom Berater.

4.5 Governance-Strukturen, -Instrumente und -Prozesse

Mit dem Begriff Governance ist die Lenkungsform des Unternehmens und der Familie mittels Steuerungs- und Regelungssystemen im Sinne von Strukturen, Instrumente und Prozessen gemeint. Im Rahmen einer Unternehmensnachfolge stellen die Governance-Struktur, die eingesetzten Governance-Instrumente und der gelebte Governance-Prozess die kräftigsten Gestaltungs-Dimensionen dar. Damit können Bedürfnisse und Erwartungen gezielt erkannt, entwickelt und beeinflusst werden. Je nach Ausgangspunkt und Entwicklungszielen eines Unternehmens und der Familie sind unterschiedliche Instrumente nötig.

Am Ausgangspunkt stand bei der Gründung eines Unternehmens früher klassisch ein Individuum mit einer Idee. Dieses begann zu arbeiten und liess eine Idee Realität werden. Das Unternehmen selbst ist so betrachtet nur eine Resultante. Gerade der Gründer besetzt in dieser Zeit in Personalunion die Rollen Eigentum (= Generalversammlung), Strategische Verantwortung (= Verwaltungsrat, Aufsichtsrat oder Beirat) sowie operative Führung (= Management). Die Informationsasymmetrien sind hier Null und die Rollen werden sehr oft auch nicht bewusst getrennt interpretiert und gelebt, da alle in Personalunion gelebt. Entsprechend führt dies auch zu keinen sogenannte Principal-Agent-Beziehung und daraus folgend entstehen keine Agency-Costs (z. B. in Folge von unverantwortlichem Verhalten [= Moral Hazard]) oder durch Informationsasymmetrien verursachte Fehlentscheidungen [= Adverse Selection]).[150] Diese sogenannte «Rasierspiegel-Governance-Struktur» kann in der ersten Phase hoch effektiv und effizient sein.[151]

Die Informationsasymmetrie spielt nicht nur beim MBI und M&A-Prozess eine zentrale Rolle (vgl. dazu Kapitel 4.1), sondern kann sehr wohl auch innerhalb von Familienunternehmen beobachtet werden. Die Asymmetrie nimmt zu, je grösser das Unternehmen wird und je mehr Familienmitglieder in die Geschichte involviert sind (und je grösser das Ego vom Alten). So gestalten sich die Governance-Anforderungen einer Einzelfirma anders als bei einem Geschwisterunternehmen, bei einem Cousin-Konsortium oder gar einer Familiendynastie (vgl. dazu Kapitel 2.3.4 und Abb. 4). Bei genauerer Betrachtung kann man hier erkennen, dass die effiziente Führung von Familienunternehmen durch innerfamiliäre Interessenskonflikte gefährdet ist. So wird klar, dass manches Familienunternehmen auch unter dem Problem der Adverse Selection leiden kann, da bspw. der Übergeber einen unfähigen Nachfolger erkoren hat. Abgeleitet aus dem Rollenmodell für Familienunternehmen (vgl. Kapitel 2.3.5) können zudem Beispiele für Moral Hazard abgeleitet werden. So haben z. B. Familienmitglieder, die als Aktionäre am Familienunternehmen beteiligt sind, ohne operative Funktionen inne zu haben, unter Umständen ganz andere Interessen. Dies im Unterschied zu familieninternen und finanziell beteiligen Geschäftsführern. Diese familieninternen, finanziell beteiligten Geschäftsführer möchten vielleicht eine Investition tätigen, was die diesjährige Dividendenausschüttung an den Rest der Familie aber erheblich schmälert – und schon besteht ein zu klärender Interessenkonflikt.

4.5.1 Governance-Strukturen

Bei der Governance-Struktur geht es um die Frage, wie und über welche Wege die Familie auf das Unternehmen, und später das Vermögen, Einfluss nehmen kann (vgl. dazu Abbildung 13). Die oben umschriebene Personalunion hinsichtlich Eigentum, strategischer Verantwortung und operativer Führung stellt im KMU-Kontext eine Art von «Rasier-Spiegel-Governance-Struktur» dar. Dies bedeutet, dass alle Entscheidungen vom Allein-Eigentümer mit sich selbst am frühen Morgen im Badezimmer

150 für die Principal-Agent-Theorie vgl. bspw. Jensen, Meckling 1976; Chrisman, Chua, Litz 2004.

151 Ein Einzel-Unternehmer kann Generalversammlung, Verwaltungsratssitzung und Geschäftsleitungssitzung mit sich selbst beim Rasieren um 06.00 Uhr im Badezimmer abhalten.

debattiert, vereinbart und auch verantwortet werden können. Dies ist unglaublich effizient und ein Grund dafür, warum KMU schnell auf Veränderungen reagieren und daraus einen Wettbewerbsvorteil ableiten können. Verloren geht dabei die kritische Reflexion, weshalb schnelle Entscheidungen nicht immer gute Entscheidungen sind.

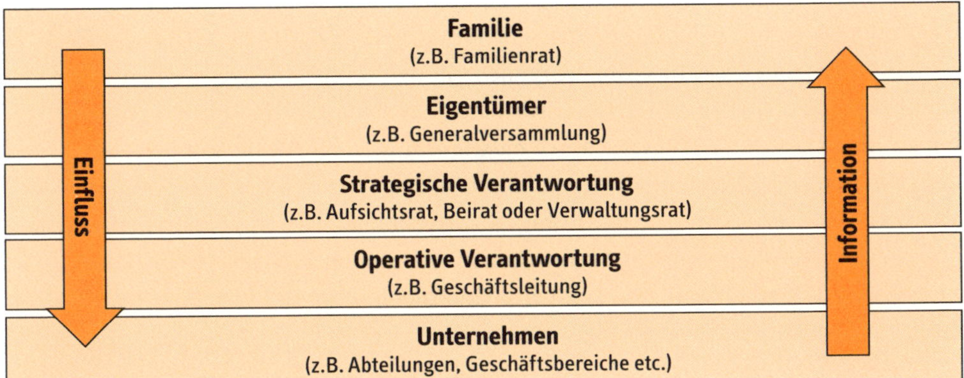

Abbildung 13: Governance-Struktur im KMU-Kontext[152]

Wenn das Selbstverständnis und damit die Haltung des Unternehmers darin besteht, dass das Unternehmen nach Möglichkeit auch ohne ihn funktionieren soll («Ich habe ein Unternehmen» und nicht «Ich bin das Unternehmen»), dann ist es die Pflicht des Eigentümers, seine Kadermitarbeitenden zu mitunternehmerisch denkenden und handelnden Personen zu entwickeln.[153] Für den Verkäufer selbst bedeutet dies, dass er der Kraft der Angestellten vertrauen und dass er sich die eingespielten und routinisierten Abläufe der bisherigen «Rasier-Spiegel-Governance-Struktur» abgewöhnen muss. Er muss sich neue Prozesse, andere tägliche Abläufe und damit neue, für ihn zu Beginn fremde, Verhaltensweisen aneignen. Dies lässt sich erfahrungsgemäss nicht von heute auf morgen bewerkstelligen, handelt es sich doch um eine Neuerfindung seiner Selbst, die Entwicklung seiner Mitarbeitenden und damit vor allem auch der Struktur und insbesondere Kultur des Unternehmens.

In grösseren, komplexen Strukturen stellt sich erst recht die Frage, wie die Governance-Struktur im richtigen Zeitpunkt adäquat angepasst wird mit dem Ziel, dass das Unternehmen oder die Unternehmensgruppe handlungsfähig bleibt. Denn einerseits wird die Ordnung solcher Organisationen zum Beispiel über Zukäufe, internes Wachstum, Eingehen von Joint-Ventures und durch externes Wachstum über Beteiligungen

152 Eigene Darstellung.
153 Mitunternehmertum wird oft mit Psychologischem Eigentum erklärt, vgl. dazu bspw. Englisch, Sieger, Zellweger 2010.

dauernd verändert. Andererseits kommt es mehr oder minder gleichzeitig, und meistens überraschend, zu Erbvorgängen innerhalb der Familie. Dadurch entsteht ein diversifiziertes Familienunternehmensbild mit unzähligen Stämmen.

Die Kernfrage lautet in der Regel: Wie kann über Stimmrechtsbündelung die Einflussmöglichkeit auf das operative oder zumindest das strategische Geschehen sichergestellt werden. In der Praxis entstehen dadurch oft sehr komplexe, wenn nicht schon fast undurchsichtige, Strukturen.[154]

Unter der Annahme, dass diese Gremien mit der Zeit neu besetzt werden sollen, die Zusammensetzung ausgeweitet und sich das Unternehmen vom Alleineigentümer z. B. hin zu einem Geschwisterunternehmen entwickeln wird, gilt es die konkrete Besetzung der Governance-Strukturen bewusst und mit Bedacht zu gestalten. Zudem sind die Governance-Positionen in der Struktur mit entsprechenden, wirkungsvollen Instrumenten auszustaffieren. Die Instrumente haben dann den Sinn und Zweck, die Leistungs- und Entwicklungsfähigkeit des Unternehmens (Unternehmenslogik) sicherzustellen und den Familienfrieden (Familienlogik) zu wahren.

4.5.2 Governance-Instrumente

Bei der Festlegung der Governance-Instrumente sind die verschiedenen Eigentümerstrukturen zu berücksichtigen (vgl. Abbildung 14). Beim *Alleineigentümer* liegt der Fokus auf dem *Business-Governance-System*. Die Unternehmens-Vision und Mission geben dem Unternehmen den normativen Rahmen. Die Unternehmens-Strategie soll die gewollte Richtung weisen. Diese Instrumente sollen die Stossrichtung und die Sinngebung des Eigentümers zeigen und damit vor allem für jene Mitarbeitenden die Marschrichtung bekanntgeben, welche für die Ausrichtung und Entwicklung des Unternehmens mitverantwortlich sind. Im Rahmen der dahinterliegenden Struktur gilt es in der Folge, die Verantwortlichkeiten und die Kompetenzen sowie die Prozesse zu definieren. Instrumente wie Qualitätssicherungs-Systeme, Customer-Relation-Management (CRM)-Systeme sind typische Instrumente.

Mit Bezug auf den Eigentümer gilt es in unserem Kontext vor allem eine Frage zu beantworten: Was passiert, wenn der Allein-Unternehmer verstirbt oder in Folge Krankheit oder Unfall handlungsunfähig wird. Aus der Business-Governance-Optik gilt es deshalb zwingend, einen sogenannten Notfallplan griffbereit und zugänglich zu haben. Dieser stellt sicher, dass das Unternehmen auch ohne Unternehmer handlungsfähig bleibt. Dafür stellen sich bspw. folgende Fragen:

154 vgl. dazu Zellweger, Kammerlander 2014.

- Bleibt das Unternehmen aus gesellschaftsrechtlicher Sicht bestehen, wenn der Einzelunternehmer verstirbt?
- Ist die Unterschriftenregelung so gelöst, dass die Lohnzahlungen etc. weiterhin ausgelöst werden können?
- Wo sind Passwörter etc. hinterlegt?
- Wer muss im Todesfall des Eigentümers informiert werden?
- Ist der Ehegatte oder die Ehefrau finanziell abgesichert (z. B. Lebensversicherung)?

Diese und andere Fragen müssen unseres Erachtens systematisch durchgespielt werden. Die Business-Governance-Instrumente müssen so ausgestaltet sein, dass der Notfall aus der Perspektive des Unternehmens und seinen wichtigsten Anspruchsgruppen bewältigt werden kann.

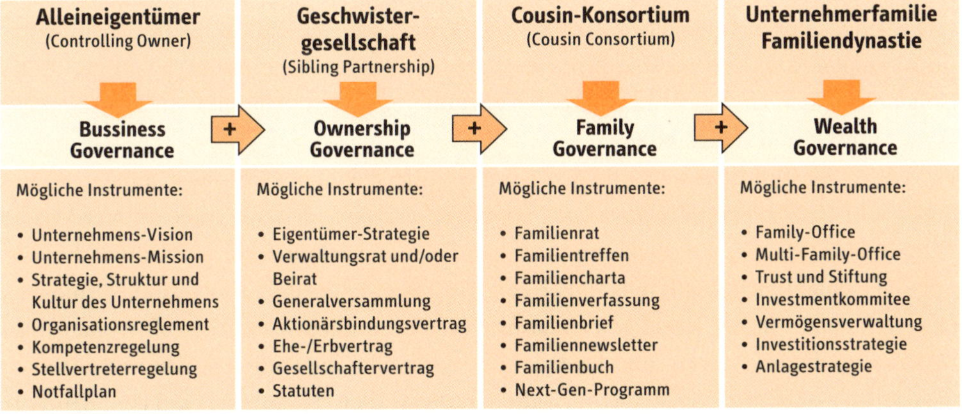

Abbildung 14: Ausgewählte Governance-Instrumente für Familienunternehmen[155]

Bei einem *Geschwisterunternehmen* stellen sich bzgl. der Organisation des Unternehmens die gleichen Fragen, die Instrumente müssen jedoch um den Aspekt Eigentum erweitert werden. In Ergänzung dazu müssen jedoch die wichtigsten Aspekte rund um das Eigentum geregelt werden. Im Rahmen des *Eigentümer-Governance-Systems* gilt es vor allem die Frage zu klären, was beim Todesfall oder Ausstieg eines Eigentümers passiert und in welcher Form die Eigentümer die Interessen aus der Eigentümerrolle heraus aufeinander abstimmen. Die wichtigsten Instrumente sind die Statuten oder Satzungen der Gesellschaft

155 Eigene Darstellung.

sowie alle Verträge zwischen den Eigentümern. In der Schweiz sind dies zum Beispiel der Gesellschaftervertrag, Aktionärsbindungsvertrag, Ehe- und Erbverträge. Aus juristischer Sicht geht es um Aspekte wie Vorhandrecht, Vorkaufsrecht, Mitverkaufsrecht, Mitverkaufspflicht, Bewertungsgrundlagen, Stammesregelung, Umgang mit Ehe- und Erbfolgen, Vertretungsrecht, Wahlrecht und anderes. Die installierten Eigentums-Regelungen sind nach deren Entwicklung oder Anpassung mit den Business-Governance-Instrumenten abzustimmen, um sicherzustellen, dass es keine Widersprüche gibt.

Wächst der Eigentümerkreis weiter in die Richtung *Cousin-Konsortium* sind in Ergänzung zu den bisherigen Governance-Systemen auch Massnahmen im Kontext der Familie vorzuspuren und umzusetzen (= *Family Governance System*). Je grösser der Familienkreis wird, desto wichtiger und herausfordernder wird es, die Mitglieder auf einen gemeinsamen Nenner hinsichtlich der wichtigsten Kernfragen (insb. rund um das Selbstverständnis Familienunternehmen, vgl. Kapitel 5.1) auszurichten. Kommunikationsmittel und Kommunikationsgefässe innerhalb der Familie gewinnen an Bedeutung, um den Dialog und die Beziehung gezielt und regelmässig zu pflegen. Die Instrumente reichen vom Familientreffen und Familienrat, hin zur Familiencharta, einer Familienverfassung, über Schulungsprogramme für die nächste Generation bis hin zu Informationskanälen (z. B. Newsletter, Intranet, Familien-Buch). Auch philanthropische Engagements können eine identitätsstiftende Wirkung entfalten. Alle diese Instrumente gilt es zu «führen und zu gestalten».

Je grösser und diversifizierter ein Familienunternehmen wird – wir sprechen dann lieber von *Unternehmerfamilien oder Familiendynastien*, desto komplexer werden die Verhältnisse. Mit der Entwicklung vom Familienunternehmen hin zur Unternehmerfamilie verschiebt sich der Fokus dabei von der Unternehmensführung zum Vermögensmanagement.[156] In der Regel gewinnen hier Nicht-Familien-Mitglieder als Manager an Bedeutung, die im Auftrag und im Dienste der Familie die Unternehmen und oft auch weitere Elemente des Vermögens verwalten und gestalten. Sie versuchen dabei, den Fortbestand des Vermögens auf sinnvolle Art zu sichern oder zu vermehren. Instrumente aus dem Bereich der *Wealth-Governance-Systeme* werden hier immer wichtiger. Stiftungen, Trusts, Single- oder Multi-Family-Offices sind Strukturansätze – Anlagestrategie, Vermögensverwaltungsreglemente, Investitionskommitees sind relevante Werkzeuge dazu. Im vorliegenden Buch gehen wir nicht weiter darauf ein – da dieses Feld für KMU in der Regel weniger relevant ist und verweisen deshalb auf einige weiterführende Quellen.[157]

156 Baus 2003, S. 89.
157 EY 2015.

4.5.3 Governance-Prozesse

Die oben umschriebenen Strukturen und Instrumente sind nicht von heute auf morgen installiert. Wer mit Weitsicht die künftigen Familien- und Eigentümer-Strukturen auf dem Radar hat (ohne dass es für deren Eintreffen Garantien gibt), versucht rechtzeitig, die nächste Generation in die Geschichte des Familienunternehmens einzubinden. Die Governance-Strukturen und -Instrumente können gezielt dafür eingesetzt werden. So kann es unter Umständen Sinn machen, dass Kinder in einem ersten Schritt im Rahmen von Familienaktivitäten sanft ans Unternehmen herangeführt werden. In einem zweiten Schritt können Nachkommen ab einem passenden Alter in den Familienrat aufgenommen werden. Am besten ist, wenn dieser Familienrat zwar geplant wird – von den Betroffenen aber auf eine natürliche Art erlebt wird und zu existieren beginnt. Wenn es sich abzeichnet, dass die potenziellen Nachfolger am Geschick des Unternehmens Interesse haben, könnte in einem weiteren Schritt die Einbindung in den Verwaltungsrat oder Beirat angestrebt werden (z. B. im ersten Schritt ohne Stimmrecht – später mit Stimmrecht). Das gleiche Herantasten kann gleichzeitig auch auf operativer Ebene im Rahmen einer rollenden Planung diskutiert und dokumentiert werden. Zentrale Fragen in diesem Zusammenhing sind:

- Welche Verantwortlichkeitsbereiche gibt es?
- Was sind die Anforderungen an die Verantwortlichkeitsbereiche?
- Wer übernimmt ab wann welche Verantwortlichkeitsbereiche?
- Was müssen sich diese Personen im Vorfeld noch an Fähigkeiten aneignen?
- Wer übernimmt die Stellvertretung?

Die Erfahrung in der Praxis zeigt, dass gerade die Wichtigkeit dieser Fragen unterschätzt wird. Das gemeinsame Ausdiskutieren braucht Zeit und zeigt die verschiedenen Befindlichkeiten auf. Auch aus diesem Grund stellt die Nachfolge in der Regel einen Entwicklungsprozess über mehrere Jahre dar, soll sie denn gelingen.

Wie weiter vorne aufgezeigt, leistet der gelebte und erfahrene Prozess einen wesentlichen Beitrag dazu, ob eine Lösung als fair und gerecht akzeptiert wird oder nicht (vgl. dazu Kapitel 4.4). Je mehr Personen oder Parteien involviert sind, desto wichtiger ist es, jeder wesentlichen Entscheidung einen Entscheidungsprozess vorangehen zu lassen. Dieser Entscheidungsprozess muss aktiv gestaltet werden. Die Strukturen und Instrumente funktionieren nur, wenn diese auch eingeübt, gepflegt und dadurch auch akzeptiert und in eine neue Routine überführt werden.

In diesem Zusammenhang sprechen wir gerne von «Fair-Processing» (vgl. dazu Abbildung 15), welcher den Prozessablauf für die zu treffenden Entscheidungen aufzeigt (z. B. die Definition einer Inhaberstrategie zwischen den heutigen und späteren Eigentümer). Im unteren Teil der Abbildung sind fünf Fairnesselemente aufgeführt.[158] Das Alleinstellungsmerkmal dieses Frameworks ist die Verknüpfung der Fairnesselemente mit der Beschreibung des Prozessablaufs. Im Folgenden werden die konstituierenden Schritte des Prozesses und die fünf Fairnesselemente vorgestellt.

Der erste Schritt eines gut formulierten Prozesses beginnt damit, den Sachverhalt einzugrenzen (= Framing). Es geht darum zu klären, welche Aspekte wichtig sind und welche Kriterien gebraucht werden sollen, um die optimale Lösung des Prozessausgangs zu bestimmen. Dabei ist die Einschätzung der dafür verantwortlichen Personen und Wissensträger besonders wichtig. In diesem Schritt werden Unsicherheiten, die das Ergebnis des Prozesses beeinflussen können, sowie die verschiedenen Dimensionen, um das Ergebnis zu messen, identifiziert. Eine frühe Einigung, welche Kriterien beim Selektieren der Entscheidungen beim Schritt *Deciding* zur Anwendung kommen, kann allfällige, zu einem späteren Zeitpunkt auftretende, Probleme entschärfen. Neben dem Setzen des Rahmens beinhaltet dieser erste Schritt auch die Beteiligung (= *Engagement)* aller relevanten Personen. Es ist wichtig, dass dieser Schritt am Anfang stattfindet, damit sich die Involvierten der Umsetzung des Prozesses verpflichtet fühlen. Die erfolgreiche Umsetzung hängt stark von der Beteiligung der relevanten Personen ab.

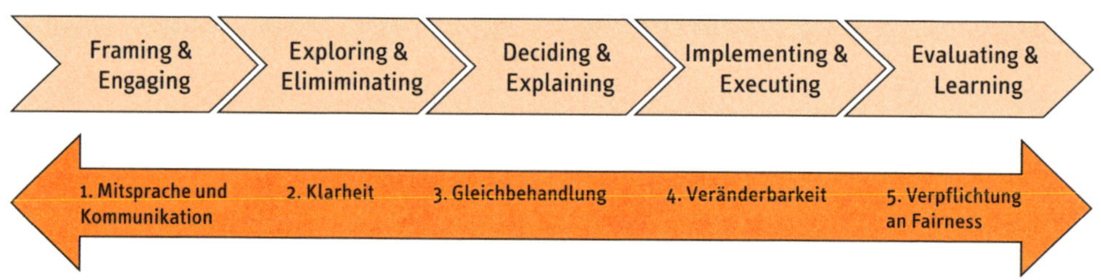

Abbildung 15: Fair-Processing-Framework[159]

Der zweite Schritt besteht darin, *eine Liste mit verfügbaren Optionen und deren Implikationen* zusammenzustellen. Es gilt zu eruieren, was möglich ist (*Exploring*). *Relevante Fakten und Unsicherheiten,* die einen Effekt auf das Ergebnis haben könnten, sind zu adressieren. Die Familie lotet die Implikationen der verschiedenen Möglichkeiten aus und *scheidet gewisse davon aus* (*Eliminating*).

158 Nachstehender Abschnitt nach Wartmann 2016, i.A. Kim & Mauborgne 1997, S. 6-7; Leventhal 1980, S. 25; Van der Heyden et al. 2005, S. 10-12; Russo, Schoemaker 2002.

159 nach Wartmann 2016.

Im dritten Schritt werden die Pro- und Contra-Punkte der verschiedenen Möglichkeiten erklärt und geprüft (*Explaining*). Danach muss die Familie sich für die Implementierung einer Option entscheiden (*Deciding*). Beim dritten Schritt treten die Erwartungen der Anspruchsgruppen bezüglich der effektiven Umsetzung des Resultats ans Licht.

Im vierten Schritt gilt es, der Art und Weise eine hohe Aufmerksamkeit zu schenken, wie die Implementierung (= Implementing) und Ausführung (= Executing) der Entscheide gestaltet wird, denn dies trägt wesentlich zum erfolgreichen Resultat für alle Beteiligten bei. Bei der Ausführung ist es wichtig, dass «Personen machen, was sie sagen und sagen, was sie machen», dies speziell im Kontext der Fairness. Die Evaluation der Resultate ist integraler Bestandteil eines Entscheidungsprozesses. Wird dieser Schritt nicht durchgeführt, gibt es keine Chance auf eine positive Lernkurve über die Zeit um beispielweise die neuen Strukturen einzuüben (= organisationales Lernen). Fehler werden wiederholt und Verbesserungen bleiben limitiert.

Die angemessene Würdigung und Beachtung der fünf Fairnesselemente führt dazu, dass der Prozess von den Teilnehmenden als fair wahrgenommen wird, z. B. bezüglich:

- Mitsprache und Kommunikation der Teilnehmenden,
- Klarheit der Informationen, des Prozesses und der Erwartungen,
- Gleichbehandlung aller Beteiligten sowie Konsistenz des Prozesses über die Zeit und Personen,
- Veränderbarkeit der Entscheidungen, des Prozesses, der Ziele und Prinzipien,
- Verpflichtung an die Fairness.

4.6 Projekt- und Zeitmanagement

In der Praxis fehlt es oft an einer *Planung* der Unternehmensnachfolge.[160] Dabei sollten sowohl der Nachfolgeprozess im Allgemeinen als auch Einzelaspekte wie beispielsweise die Steuerbelastung geplant werden. Zudem wird der *Zeitbedarf* für eine gelungene Unternehmensnachfolge oft unterschätzt. Vorteile der frühzeitigen Planung können darin gesehen werden, dass genügend Zeit und Raum für eine transparente Diskussionsbasis geschaffen wird. Unsi-

160 Christensen 1953; Handler 1989; Lansberg 1988; Ward 1987; Handler 1994, S. 133; Dunemann, Barret 2004 halten fest, dass 70 % eine Planung als wichtig erachten, jedoch lediglich 12 % über eine solche verfügen; Kailer, Weiß 2005, S. 34 f.; Kropfberger, Mödritscher 2002, S. 111; Morris, Williams, Nel 1996, S. 71.

cherheiten beim Übergeber müssen beispielsweise reduziert werden, oder die Übersicht beim Nachfolger erhöht und zukünftige Schritte frühzeitig erkannt werden.[161]

Der relativ hohe Zeitbedarf über den gesamten Nachfolgeprozess birgt die Gefahr, dass sich anfangs getroffene Annahmen im Verlauf des Prozesses verändern. Deshalb muss der Nachfolgeprozess als iterativer Prozess verstanden werden und Rückschritte gehören schon fast zur Tagesordnung. Ein als Nachfolger definiertes Familienmitglied oder ein Mitarbeiter ist eventuell unverhofft nicht mehr gewillt oder fähig, die Nachfolge anzutreten. Auch die Rahmenbedingungen können sich dermassen verändert haben, dass eine Übertragung zum gewünschten Zeitpunkt nicht mehr möglich ist. Eine Planung unter Berücksichtigung verschiedener Szenarien erhöht deshalb die Sicherheit und den Nachfolgeerfolg.[162] Deshalb empfehlen wir, die Unternehmensnachfolge zwingend als Projekt zu verstehen und als solches auch zu gestalten. Die Unternehmensnachfolge erfüllt alle Merkmale für ein Projekt: zeitlich befristet, komplex, zuständigkeitsübergreifend, begrenzte Ressourcen, innovativ und risikobehaftet.

Projektmanagement-Literatur gibt es viel, deshalb gehen wir nicht all zu tief auf dieses Thema ein. Die meistgenannten Gründe, warum ein Projekt scheitert, sind immer wieder dieselben: Unklare Anforderungen und Ziele, Fehlende Ressourcen beim Projektstart, Politik, Egoismen und Kompetenzschreit, schlechte Kommunikation und unzureichende Projektplanung.

Der Prozess muss initiiert werden. Ob dies von den Eltern, den Mitarbeitenden (MBO-Kandidaten), den Kindern, dem Verwaltungsrat oder gar einer Bank ausgeht – Hauptsache ist, dass der Prozess frühzeitig lanciert wird. Verschiedentlich werden wir gefragt, wann der richtige Zeitpunkt sei, den Nachfolgeprozess zu starten und/oder die Nachfolge zu vollziehen. Hier gibt es keine abschliessende Antwort. Generell wird eine frühzeitige Planung der Unternehmensnachfolge als wesentlicher Erfolgsfaktor gesehen.[163] Die Gestaltung der Eignerstrategie (z. B. Altersvorsorge, Trennung von Immobilie und Betrieb u.ä.) bedarf unter Umständen wesentlich mehr Zeit als die Unternehmensbewertung und die Aushandlung des Verkaufspreises. Die Übertragung muss auch nicht zwingend im 65. Lebensjahr erfolgen oder gar früher – sofern man es sich leisten kann.

161 Trefelik 2002, S. 117; St-Cyr, Richer 2005, S. 55 f. Zwischen dem langfristigen Erfolg des Unternehmens und der Planung konnte dagegen keine Korrelation festgestellt werden. Zwischen Erfolg und einer ausgiebigen Steuerplanung wurde sogar eine negative Korrelation nachgewiesen, vgl. dazu Mejaard, Uhlander, Flören u. A. 2005, S. 7; Christensen 1953; Dyer 1986; Handler 1989; Lansberg 1988; Ward 1987; Handler 1994, S. 133; St-Cyr, Richer 2005, S. 54. Sechser 2006, S. 50. Trefelik 2002, S. 123; Morris, Williams, Allen, Avila, 1997, S. 390 f; Chini 2004, S. 270.

162 Albach 2002, S. 166.

163 Ibrahim, Soufani, Lam 2003; Pohlmann 1997, S. 134.

Von einem Nachfolgeprozess kann gesprochen werden, solange der Prozess noch in Bewegung ist. Es sollte als Grundsatz gelten, dass keine Besprechung zu Ende geht, ohne einen Folgetermin definiert zu haben. Protokolle und To-Do-Listen müssen zu einer Selbstverständlichkeit werden. Ideen-Listen können den Prozess weiter unterstützen. Das wichtigste in Projekten sind Meilensteine. Es kann beispielsweise definiert werden, bis wann der Sohn oder die Tochter entscheiden muss, ob er oder sie ins Unternehmen einsteigen will oder nicht – sofern es diesen zugetraut wird. Davon zurück gerechnet gilt es rechtzeitig zu klären, wie im Anschluss die Szenarien (mindestens ja/nein, unter folgenden Bedingungen) aussehen würden und welche Anforderungen zu erfüllen sind – man spricht davon, dass die Entscheidungsgrundlagen offen gelegt sein müssen. Gleiches gilt dann auch für alle technischen Aspekte (z. B. Verträge, Gutachten und anderes, vgl. dazu auch Abbildung 9 bzgl. Nachfolge-Szenarien).

Wichtig erscheint uns zu guter Letzt, dass die Rollen geklärt sind. Wo oder durch wen findet das Projekt-Controlling statt und wird der Prozess (an)getrieben. Ist es der Eigentümer selbst, der Familienrat oder eine von ihm beauftragte Person? Entscheidend ist, dass keine Governance-Interessenskonflikte beim Projektleiter bestehen. Idealerweise sollte dieser von beiden Parteien akzeptiert und respektiert sein – so insbesondere beim Entwicklungsprozess im Rahmen eines FBO oder MBO.

Dem Projektleiter kommt unseres Erachtens eine zentrale Funktion zu, vor allem um die gefühlte Prozessgerechtigkeit sicher zu stellen. Sein Auftrag muss jedoch klar umschrieben sein. Entweder steht er im Dienste des Verkäufers (z. B. MBI und M&A-Prozess) oder allparteilich im Dienste einer bestmöglichen Lösung für das Unternehmen – insbesondere im Rahmen von FBO und MBO-Prozessen (vgl. dazu Kapitel 7). Eine wichtige Aufgabe ist die Koordination und Kommunikation im Projekt, verbunden mit der Tätigkeitsplanung und dem Einsatz und der Einbindung der verschiedenen Projektmitglieder und Ressourcen. Die Sicherstellung und Förderung einer guten Kommunikation ist das A und O. Dabei geht es nicht nur um die Übermittlung von Inhalten, sondern auch um Beziehungsaspekte sowie die Sicherstellung, dass die Inhalte auch gut verstanden werden.[164]

Unsere Beobachtung ist, dass in vielen Nachfolgeprozessen die implizite Kommunikation vor der expliziten Kommunikation kommt. Dies bedeutet, dass gerade Aspekte, die emotional behaftet oder mit Konflikten in Verbindung gebracht werden, nicht oder eben nur indirekt und verklausuliert ausgesprochen werden. Die Angst jemanden zu verletzen, sich selber anders darzustellen als gewünscht und (vermeintlich) alte Wunden nicht wieder aufzubrechen sind beispielhafte Motive der impliziten Kommunikation. «Das Kind beim Namen zu nennen» wird oft mit viel Energie und Kreativität umschifft.

164 vgl. bspw. Watzlawick 1990; Luhmann 1984.

Es ist Aufgabe eines guten Projektleiters, dafür ein Ohr zu haben und wohlwollend, empathisch und wertschätzend im Dienste der Sache gerade solche Elemente an die Oberfläche zu bringen und damit diese explizierende Funktion zu übernehmen. Mögliche Fragen sind:

- Wer hat die Prozessverantwortung?
- Wird nach jeder Besprechung ein neuer Termin definiert?
- Werden Besprechungen dokumentiert?
- Wird die Zusammensetzung des Projektteams im Verlauf des Prozesses verändert / angepasst?
- Gibt es eine To-Do- und eine Ideen-Liste, die fortgeschrieben wird?

5 Das 5-Themen-Rad

In Ergänzung zu den prozessorientierten Literaturbeiträgen gibt es einige Versuche, die im Rahmen einer Unternehmensnachfolge anstehenden Themen zu strukturieren und zusammenzufassen.[165] Ausgehend von den drei vorgestellten Ebenen (normative, strategische, operative Ebene), auf denen sich eine Nachfolge abspielt, differenzieren wir im 5-Themen-Rad des St. Galler Nachfolge-Modells fünf Felder (vgl. dazu Abbildung 16). Diese Themenfelder sind bewusst in einem Kreis aufgebaut – nicht weil sie entlang einer zwingenden Reihenfolge zu bearbeiten sind, sondern vielmehr deshalb, weil dadurch die Zirkularität und die gegenseitige Abhängigkeit zum Ausdruck gebracht werden soll. Die Gewichtung der Themenfelder sowie die Intensität der Bearbeitung hängt stark davon ab, in welcher Phase sich der Nachfolgeprozess gerade befindet, aber auch davon, ob sie von der Übergeberseite oder der Übernehmerseite bearbeitet werden (Für konkrete Fragestellungen verweisen wir auf den Anhang in Kapitel 9.1).

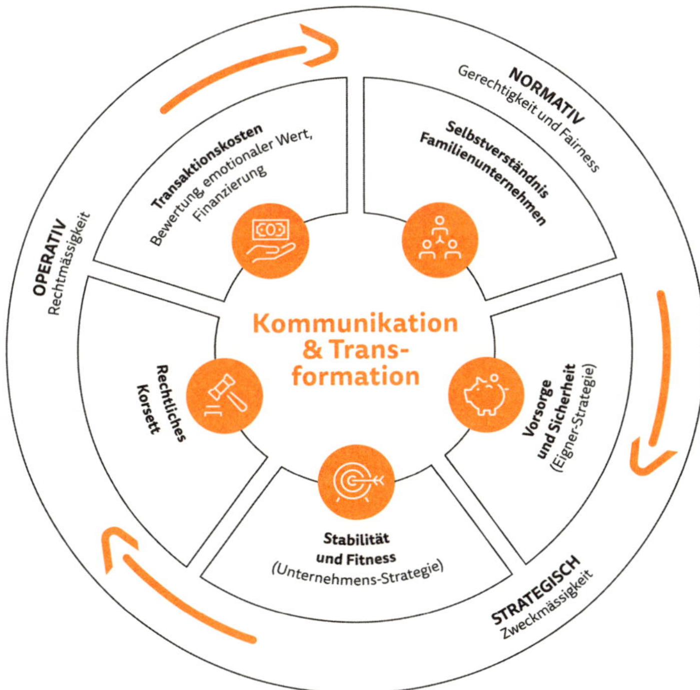

Abbildung 16: Das 5-Themen-Rad des St. Galler Nachfolge-Modells

165 vgl. Müller Ganz 2000; Hegi, Staub (Hrsg.) 2001.

Für den *Verkäufer* gilt es, in einer ersten Vorbereitungsphase die Auseinandersetzung mit dem «Selbstverständnis Familienunternehmen» zu suchen. Diese primär normativ orientierte Sichtweise legt alle notwendigen Grundlagen, um die Nachfolgestrategie und die anschliessende operative Umsetzung auf eine gesunde Basis zu stellen. Parallel dazu wird eine Reflexion des Themenfeldes «Vorsorge und Sicherheit» notwendig, um der Zeit nach der unternehmerischen Aktivität, in der kein laufendes Einkommen mehr erzielt wird, beruhigt entgegenblicken zu können. Wer ein Unternehmen in die nächste Generation überführt, ist verpflichtet, ein fittes und zukunftsfähiges Unternehmen respektive ein zukunftsträchtiges Geschäftsmodell zu übertragen. Denn heutzutage zählen primär zukünftige Cash-Flows und nicht Substanzwerte in Form von Immobilien und Mobilien. Insbesondere vor dem Hintergrund, dass immer mehr Unternehmen einer familienfremden Nachfolge zugeführt werden, kommt der Finanzierung eine grosse Bedeutung zu. Der Käufer sollte in der Lage sein, den Kaufpreis innerhalb einer vernünftigen Frist zu refinanzieren. Idealerweise geht man von einer Refinanzierungszeit von vier bis sechs Jahren aus – die Praxis sieht leider oft anders aus. Das «Rechtliche Korsett» gilt es ebenfalls zu berücksichtigen, wobei der Handlungsspielraum je nach Ausgangslage grösser oder kleiner ist. Auch hier bieten sich verschiedene Gestaltungsmöglichkeiten – ohne jedoch einer zwar formal «richtigen», dafür aber nicht-unternehmerischen Lösung zu verfallen. Steuern, Gebühren, Zinsen und ähnliche Ausgaben betrachten wir als «Transaktionskosten», welche optimiert werden können. Auch wenn in diesen Angelegenheiten eine gewisse Weitsicht notwendig ist – die Nachfolgelösung sollte unseres Erachtens nicht primär durch diese Themen getrieben werden. In jedem Fall gibt es bessere und schlechtere Lösungen, doch sind diese in den Dienst einer normativ vordefinierten und strategisch gut entwickelten Nachfolgelösung zu stellen.

Dem *Käufer* stellen sich ähnliche Fragen – wenngleich mit anderer Dringlichkeit und Gewichtung. Ihn interessiert vor allem die «Fitness des Unternehmens» und dessen Zukunftsfähigkeit. Nur wer an ein Geschäftsmodell glaubt, echtes Zukunftspotenzial erkennt und den festen Willen hat, das Unternehmen mit aller zur Verfügung stehenden Kraft weiterzuentwickeln, hat eine echte Chance. Der Übernehmer muss die Potenziale kennen und daran glauben. Er sollte sich sehr rasch Gedanken über das «Selbstverständnis Familienunternehmen» machen – denn eine unternehmerische Initiative sollte auch von der eigenen Kern-Familie des Käufers (z. B. Partner oder Partnerin) mitgetragen werden. Gleichzeitig gilt es zu überlegen, wie die Charakterisierung des Familienunternehmens vor der Übernahme umschrieben werden kann (Ist-Zustand), wie ein Soll-Zustand aussieht und welche Umsetzungsmöglichkeiten existieren. Die Praxis zeigt uns immer wieder deutlich, dass vor allem auf der individuumsbezogenen Ebene zu wenig differenziert in den normativen Spiegel geschaut wird. Solche und ähnliche Fragen sind zu klären, bevor die Vertragsunterzeichnung erfolgt; einige sind hier aufgeführt:

- Wer bin ich?
- Was will ich?
- Was ist mein Antrieb?
- Was erwarte ich vom Leben – und das Leben von mir?
- Woher hole ich meine Energie?
- Entspricht das Lebenskonzept Unternehmertum meinem Wesen?

Das Themenfeld «Vorsorge und Sicherheit» stellt unter Umständen noch nicht das wichtigste Ziel des Käufers dar, doch Überlegungen zur Sicherheit respektive einer angemessenen Risikopolitik im Unternehmen und im Privaten sind auf jeden Fall empfehlenswert. Wie viele eigene Mittel können oder müssen investiert werden? Gerade für MBI-Kandidaten die bereits gegen 50-Jährig gehen, haben in der Regel Vorsorgekapital angespart. Ob es zielführend ist dieses auf eine Risikoposition (= Unternehmenskauf) zu setzen, ist nicht in jedem Fall zu bejahen.

5.1 Selbstverständnis Familienunternehmen

Beim *Selbstverständnis Familienunternehmen* geht es darum, die aktuellen und zukünftigen Ziele und Präferenzen zu erkennen und darzulegen. Dabei kann sowohl eine individuelle wie auch eine organisationale Sicht eingenommen werden. Bei der ersten handelt es sich um die persönlichen Werte, Ansichten, Präferenzen, Ziele, Bedürfnisse und Erwartungen. Bei der organisationalen Sicht können sehr wohl individuelle Meinungen vorherrschen – die Frage ist jedoch, wo der gemeinsame Nenner und folglich das gemeinsam angestrebte Ziel liegt. Wie bereits ausgeführt, stehen dabei Fragen rund um die normativen Grundwerte im Vordergrund.

Stellt man Unternehmern sehr früh im Prozess die Frage, welche persönlichen Ziele sie bei einer Unternehmensnachfolge verfolgen, werden in der Regel Aspekte wie der Fortbestand und die Unabhängigkeit des Unternehmens sowie der Erhalt von Arbeitsplätzen als wichtigste Punkte genannt.[166] Dies ist ein deutliches Signal, dass Unternehmer – in unserem Kulturkreis – nach zukunftsorientierten Lösungen Ausschau halten

166 Halter, Baldegger, Schrettle 2009; Frey, Halter, Zellweger 2005.

und das schnelle Geld weniger im Vordergrund steht. Werden Nachfolgeoptionen priorisiert, wird der FBO einem MBO oder MBI aus emotionaler Sicht oft der Vortritt gegeben. Der Verkauf an strategische Investoren oder Finanzinvestoren (M&A) liegt bei der Mehrzahl der Unternehmer eher auf dem letzten Platz, da sie die eingangs formulierten Ziele als gefährdet beurteilen. Die zentrale Frage ist: Wenn am Schluss der Transaktionspreis ausgehandelt wird – wo liegt das gefühlte Optimum zwischen finanzieller und emotionaler Vergütung (vgl. dazu später in Kapitel 5.5).

Bei Unternehmern, die vor einem FBO stehen, spielen neben dem Verbleib des Unternehmens innerhalb der Familie vor allem die gerechte Verteilung des Erbes, die Vermeidung von familieninternen Streitigkeiten sowie die finanzielle Absicherung der Familie eine zentrale Rolle im Zielsystem, was zu paradoxen Situationen führen kann.[167] Hier könnten sich zum Beispiel folgende Fragen stellen:

- Wie kann das Unternehmen an ein Kind übertragen werden, ohne dass das zweite Kind das Nachsehen hat?
- Sind genügend finanzielle Mittel im Privatbereich aufgebaut worden, um die Nicht-Nachfolger finanziell zu kompensieren?
- Wie kann im Dienst des Familienunternehmens ein Erbverzicht oder Teilverzicht erwirkt werden, damit die Verletzung der Pflichtteilsansprüche im Erbfall vertraglich abgesichert sind?

Aus juristischer Sicht sind solche Fragen grundsätzlich einfach zu regeln – die familieninterne Verankerung gestaltet sich jedoch ungleich schwieriger und stellt hohe Anforderungen an das Familienbewusstsein, die geteilte Familienkultur und die gelebten Werte. Die Praxis lehrt uns immer wieder, dass die Vorgeschichte im Familiensystem hier sehr nachhaltig Spuren hinterlassen kann und eine Vergangenheitsbewältigung oft nötig wird.

Neben den persönlichen Zielen hat auch die Auseinandersetzung mit den eigenen Werthaltungen als Individuum, der Familie und des Unternehmens eine hohe Bedeutung. Dabei können u. a. folgende Fragen relevant werden:

167 Für Paradoxien in Familienunternehmen vgl. Tabelle 2.

- Steht die Familie primär im Dienst des Unternehmens, so dass die Unternehmensstrategie möglichst optimal umgesetzt werden kann, oder steht das Unternehmen mehr im Dienst der Familie, als Arbeitgeber und zur Sicherstellung des Lebensstandards?
- Hat dies Auswirkungen auf das Anforderungsprofil des Nachfolgers, bezüglich Methoden-, Fach-, Führungs-, Sozial- und Branchenkompetenz?
- Versteht sich die Familie als «Unternehmerische Familie» und macht damit beispielsweise Engagements ausserhalb der Ursprungsindustrie möglich?
- Wie wurden die bisherigen Nachfolgeregelungen in der Familiengeschichte gelöst?
- Welche dieser Erfahrungen prägen die heutige Entscheidung mit?

Verschiedene Praxisbeispiele zeigen, dass Familienunternehmen aus der Vergangenheit oft Grundsätze ableiten, die im Organisationssystem tief verankert sind. Diese oft über Jahrzehnte tradierten Grundsätze dienen als Entscheidungsgrundlage bei ähnlich gelagerten Fragestellungen und werden per se nicht in Frage gestellt. So kann beispielsweise die letzte oder vorletzte Generation schlechte Erfahrungen mit Kooperationen gemacht haben, weshalb der Grundsatz folglich über zwei Jahrzehnte lautet: «Als Familienunternehmen gehen wir keine Kooperation ein.» Unter Umständen gilt es, solche Grundsätze kritisch zu hinterfragen. In traditionsreichen Familienunternehmen stellt sich die entscheidende Frage, ob die Balance zwischen Bewahrung der Tradition und Veränderung für eine erfolgreiche Zukunft gefunden werden kann.

Aus organisationaler Sicht können *Familienfeste*, *Familientagungen* oder die Etablierung eines *Familienrats* geeignete Plattformen abgeben, um Fragestellungen auf normativer Ebene, also rund um das «Selbstverständnis Familienunternehmen», zu diskutieren, zu entwickeln und zu pflegen. Aus instrumenteller Sicht können diese Erkenntnisse in ein Familienleitbild, eine Familienverfassung, einen Aktionärsbindungsvertrag oder einen Gesellschaftervertrag einfliessen. Je grösser der Eigentümerkreis ist und in Zukunft sein wird, desto anspruchsvoller ist die Aufgabe der Pflege und Sicherstellung eines gemeinsamen Selbstverständnisses Familienunternehmen.

Ein weiteres Instrument, um die eigene (Familien)Kultur zu erschliessen, ist die Erstellung einer *Kulturkarte*.[168] Dabei werden im Team mögliche Artefakte und Symbole im und rund ums Familienunternehmen identifiziert, um diese in einem zweiten Schritt hinsichtlich Bedeutungsinhalt, Wirkung, Normen und Ansichten zu umschreiben. Dabei werden gemeinsame und unterschiedliche Wahrnehmungen herausgearbeitet. Im

168 Felden, Pfannenschwarz 2008.

Anschluss wird ein Soll-Zustand im Sinne von Werten und Werthaltungen definiert. In sehr überschaubaren Situationen ist es oft ausreichend, am Anfang eines Nachfolgeprozesses ein gemeinsames *Nachfolgeleitbild* zu formulieren. Die zentralen Fragen im Kontext der Unternehmensnachfolge können dabei sein:

- Was soll davon weiterleben?
- Wissen die Nachfolger, wohin sie mit dem Unternehmen möchten?
- Wie können die neuen Ziele mit dem neuen Führungsstil in Einklang gebracht werden?
- Entspricht der definierte Soll-Zustand in seiner Tiefe den Grundanforderungen aus Zeitgeist, der Persönlichkeit des neuen Führungsteams und den tradierten Wertvorstellungen?
- Was bedeutet für uns Macht und Erfolg?
- Welche Sozialbeziehungen sind uns als Familie wichtig?

Neue Werte etablieren und eine Unternehmenskultur ändern – dies lässt sich weder stringent planen noch einfach umsetzen. Denn eine Kultur ändert sich von selbst nur langsam. Kulturarbeit muss als dynamischer, andauernder und komplexer Prozess verstanden werden.[169] Laufende Irritation mittels Kommunikation in Symbolen und der Einsatz neuer Rituale sind hier mögliche Ansätze. So kann beispielsweise die Einführung eines Besprechungsrhythmus oder von produktiven Sperrzeiten – also das Schaffen von Zeiträumen, in denen alle möglichst ungestört arbeiten können – auf die Organisation einen grossen Einfluss ausüben.[170]

169 Felden, Pfannenschwarz 2008, S. 46.
170 Vgl. hinsichtlich Prozessperspektive weiter hinten Kapitel 6.

5.2 Vorsorge und Sicherheit

Vorsorge und Sicherheit sind zwei Aspekte, die vor allem aus der Perspektive der Familie betrachtet werden müssen. Dazu gehören neben der Altersvorsorge die Auseinandersetzung mit der eigenen Gesundheit, die Gestaltung und Pflege sozialer Bindungen und der soziale Status. Gerade die Statusveränderung vom Unternehmer zum Pensionär stellt emotional eine hohe Hürde dar und ist ein zentrales Element des Nicht-Loslassen-Könnens.[171] Einladungen zu Wirtschafts- und Netzwerkveranstaltungen, die im aktiven Unternehmerleben häufig vorkommen und ein Element der Anerkennung sind, fallen jetzt auf einmal weg. So entsteht die Herausforderung, die sozialen Beziehungen ausserhalb der unternehmerischen Aktivität frühzeitig neu aufzusetzen – vorausgesetzt, dass dies auch ein persönliches Anliegen ist. Eine Aktivität in Politik, Verbandsstrukturen, Vereinen oder sozialen Einrichtungen kann auch nach der Geschäftsaufgabe sinn- und anerkennungsstiftend sein. Wir haben zudem beobachtet, dass einzelne Unternehmer, die ihre Firma zu einem guten Preis verkauft haben, der Region oft etwas zurückgeben wollen. Sie rufen beispielsweise eine Stiftung ins Leben, engagieren sich als Mäzen oder gehen anderen Betätigungen nach, die ihnen Anerkennung und Wertschätzung einbringen und ihre sinnstiftende Wirkung haben.

In Bezug auf die Sicherheit gilt es, die eigene *Gesundheit und Leistungsfähigkeit* in die Evaluation einzubeziehen. Der biologische Lebenszyklus eines Individuums ist endlich und eher unplanbar; Krankheit und Tod sind als latentes Risiko immer Begleiter unseres täglichen Tuns. Lediglich auf unsere Lebensqualität können wir bedingt Einfluss nehmen. Die Ausfallmöglichkeit ist unseres Erachtens ein Element von strategischer Relevanz.

- Was geschieht mit dem Unternehmen bei einem unvorhergesehenen Ausfall des Unternehmers?
- Wie wird das Unternehmen fortgeführt und auf wen geht das Eigentum oder die Nutzniessung über?

Daneben gilt es auch die Frage zu beantworten, wie innerhalb der Familie mit den Altersrisiken Tod, Invalidität, Krankheit sowie geistiger oder körperlicher Bedürftigkeit umzugehen ist, wobei wir uns nachstehend auf die Altersvorsorge fokussieren (vgl. dazu später Kapitel 5.4 hinsichtlich dem Rechtlichen Korsett zur Sicherstellung der Rechtmässigkeit).

171 Loslassen setzt sich zusammen aus Wollen x Können x Dürfen, vgl. Halter, Benz 2015.

Für ein Unternehmerpaar lautet die wichtigste Frage, ob der eigene *Lebensstil und die finanziellen Zielsetzungen* nach dem Ausscheiden aus dem Unternehmen aufrecht erhalten werden können, auch unter den Bedingungen von zum Beispiel Krankheit. Wir haben beobachtet, dass viele Unternehmer ein sehr überschaubares Zielsystem haben. Zeit für den eigenen Garten oder die Enkelkinder, die eine oder andere Kurzreise, die Erschliessung gewisser Themen über Bücher und Zeitschriften, zurückgestellte Aktivitäten wieder aufnehmen – es geht eher um solche Anliegen, als um die Realisierung kühner Träume wie Weltreise, Kauf einer Jacht oder Neubau eines altersgerechten Zuhause. Trotzdem gilt es, die Möglichkeiten der Altersvorsorge frühzeitig und vertieft zu analysieren.

In Bezug auf den biologischen Lebenszyklus eines Unternehmers und seiner Bedürfnisse kann in stark vereinfachter Form von der «auf dem Kopf stehenden Maslow-Pyramide» gesprochen werden: Von heute auf morgen fliessen mehr Mittel ab als zufliessen. Dieser Umstand kann selbst dort zu Existenzängsten führen, wo nachweislich genügend Vermögen vorhanden ist, selbst im Falle von Krankheit und Pflegebedürftigkeit. Eine 30-jährige Grundlogik wird unverhofft geändert – die Grundbedürfnisse und der Wunsch nach Sicherheit stehen jetzt wieder an oberster Stelle. Der *persönlichen Altersvorsorge* gilt es daher frühzeitig genügend Aufmerksamkeit zu schenken. Eine eigene Umfrage bei über 55-jährigen Unternehmern hat ergeben, dass im Durchschnitt rund 45 Prozent der Unternehmer noch keine Massnahmen bezüglich ihrer persönlichen Vorsorge getroffen haben.[172] Erschreckend ist, dass diese Quote bei den Vertretern von Kleinstunternehmen bei 60 Prozent liegt – und dies stellt gleichzeitig die grosse Mehrheit der Unternehmerlandschaft dar. Unseres Erachtens geht es folglich um Existenzfragen und weniger darum, ob sich ein Unternehmer nach dem Verkauf seines Lebenswerks einfach alles leisten kann. Die oft beobachtete Strategie, dass das Unternehmen selbst ein fixer Bestandteil der persönlichen Altersvorsorge darstellt, ist gefährlich, denn eine Garantie, dass das Unternehmen verkauft werden kann, gibt es nicht. Entsprechend muss eine gesunde Balance zwischen betrieblicher und privater Vorsorge gefunden werden. Dabei sind die steuerlichen Implikationen, die Ertrags- und Vermögensrisiken gebührend zu berücksichtigen.

Häufig unterschätzt werden die langfristigen Auswirkungen von Zins und Zinseszins. Bei tiefem Zinsniveau steigt der Kapitalstock zur Deckung der Rentenleistung. Dies lässt sich einfach berechnen, doch die Ergebnisse überraschen immer wieder. Uns fehlt das Bauchgefühl für lange Zeiträume. Die Entwicklung des Vorsorgekapitals hängt nicht nur von persönlichen Faktoren ab (z. B. Höhe von Sparbeitrag und Zeitdauer), sondern auch von exogenen Faktoren (Zinsniveau und Inflation).

172 Halter, Baldegger, Schrettle 2009, S. 24.

An dieser Stelle betonen wir deshalb, dass die kurzfristige Steuereinsparung weniger zu gewichten ist, als das langfristige Ziel. Auch Steuersysteme sind im Wandel. Die Planbarkeit auf 20 Jahre hinaus ist nur bedingt möglich. Dass auch ein Unternehmer Steuern bezahlen muss ist nicht zu umgehen (und richtig). Die Frage ist nur wann, wie viel und in wie weit dies auch planbar ist und bleibt, denn Steuersysteme sind auch ein Resultat des Zeitgeistes.

Neben der Suche nach entsprechenden Produkten und Lösungsmöglichkeiten – die am besten in Zusammenarbeit mit entsprechenden Fach-Experten erschlossen werden – gilt es unseres Erachtens, gewisse gesellschaftliche Veränderungen mit zu berücksichtigen. Bei der Altersvorsorge lassen sich sechs Megatrends feststellen, welche durch das aktuelle Tiefzinsniveau noch weiter verschärft werden:[173]

- Trend 1: Individualistische Auffassungen prägen das persönliche, familiäre, berufliche und gesellschaftliche Leben.
- Trend 2: Das Bild der Familie wird zunehmend von wechselnden Paarbeziehungen, kinderlosen Doppelverdienern und Familien am Existenzminimum geprägt.
- Trend 3: Der Arbeitsmarkt wird immer dynamischer – verursacht durch einen weltweiten Standortwettbewerb und technologische Innovationen.
- Trend 4: Die Kosten für ein gepflegtes und immer längeres Rentnerleben steigen in einer alternden Wohlfahrtsgesellschaft unweigerlich.
- Trend 5: Moderne Finanz- und Versicherungsprodukte gewinnen zunehmend an Bedeutung. Damit steigen die Anforderungen an Kunden, Dienstleister, Gesetzgeber und Aufsicht.
- Trend 6: Die Nachfrage nach einfachen und verlässlichen Informationen steigt. Komplizierte Sachverhalte beeinträchtigen oft die Entscheidungsfähigkeit und das Vertrauen.

Fallbeispiel 7: Habe ich im Alter genug zum Leben?

Oskar Längrich ist Alleineigentümer der OLAG Apparatebau AG.[174] *Er möchte das Unternehmen seinem Sohn übergeben. Die private Vorsorge ist jedoch ungenügend, was ihm grosse Sorgen bereitet. Deshalb ist er unsicher, ob er sich das überhaupt leisten kann.*

173 i.A. Vorsorgebericht 2040 von Ackermann, Lang 2008.
174 Alle Namen geändert.

Viel Herzblut hat Oskar Längrich in seine OLAG Apparatebau AG investiert. Ein solider und treuer Kundenstamm, 20 zuverlässige Mitarbeiter und ein guter Verdienst, was will man mehr? Jetzt steht Längrich kurz vor der Pensionierung. Sein jüngerer Sohn Claudio hat eine handwerkliche Ausbildung absolviert und sich technisch wie kaufmännisch weitergebildet. Er möchte den Betrieb übernehmen und hat auch das Zeug dazu. Er ist initiativ und packt zu, wo nötig. Dank seinem offenen und sympathischen Auftreten kommt er bei Mitarbeitern und Kunden gut an. Längrich könnte rundum zufrieden sein.

An einem regnerischen Sonntag brütet er über seinen Unterlagen und macht eine Art Vor-Pensions-Kassensturz. In sein schwarzes Notizheft schreibt er die wichtigen Finanzdaten, die er sich aus diversen Unterlagen herausgesucht hat:

AHV Ehepaar-Rente:	CHF 41.000
Rente BVG gemäss Auszug	CHF 30.000
Zinsen Guthaben OLAG, 3 %	CHF 15.000
Total	CHF 86.000

«Das sind pro Monat etwas mehr als 7.000 CHF; das ist zu wenig», denkt sich Längrich. «100.000 im Jahr werde ich schon brauchen.» Sein Vermögen steckt weitgehend in der OLAG: ein Guthaben von 500.000 CHF und die Aktien selber. «Was sind die Aktien wohl wert?», fragt er sich. «Und zu welchem Preis soll ich die Aktien an Claudio übergeben?» Auf keinen Fall will er seinen zweiten Sohn, Francesco, benachteiligen. Die Lösung muss fair sein. Doch was heisst fair? «Soll ich Claudio die Hälfte der Aktien als Erbvorbezug geben? Soll ich alle Aktien verkaufen und die Hälfte des Geldes Fancesco geben? Wovon soll ich dann leben?» Keine dieser Lösungen befriedigt ihn wirklich. «Am besten wäre es, wenn ich noch einen Lohn von 2.000 CHF im Monat von der OLAG beziehen könnte.» Dieser Gedanke setzt sich bei Längrich fest. Am Montag will er mit Claudio darüber sprechen.

Claudio weiss schon im Voraus, worum es geht. Seit einigen Wochen, meistens montags, kommt sein Vater und will wieder etwas bezüglich der Nachfolge besprechen. Doch immer geht es um unwesentliche Dinge. Das Hauptthema, wann und zu welchem Preis sein Vater den Betrieb übergeben will, wurde bisher nicht angesprochen. Deshalb ergreift Claudio nun die Initiative. Er vertröstet seinen Vater auf den nächsten Tag und meldet sich für den Nachmittag ab, um sich in Ruhe vorzubereiten. Er nimmt die Unterlagen des Treuhänders mit, um den Unternehmenswert zu berechnen. Dann trägt er folgende Daten zusammen:

- Wenn alles normal läuft und Claudio für sich einen vernünftigen Lohn einrechnet, sollte ein nachhaltiger Gewinn von 300.000 CHF erreichbar sein.

Kapitalisiert er diesen mit 10 bis 15 %, ergibt das einen Ertragswert zwischen 2 und 3 Millionen.[175]
- Es erstaunt Claudio nicht, dass der Substanzwert auch in dieser Grössenordnung liegt. Das ausgewiesene Eigenkapital beläuft sich nur auf 1 Million CHF, aber in den angefangenen Arbeiten und im Warenlager haben sich stille Reserven von 2 Millionen angehäuft.
- Der Ertragswert und der Substanzwert sind fast gleich gross, sodass ein Kaufpreis von 2,5 Millionen CHF angemessen sein sollte. Den Kaufpreis könnte er in rund 8 Jahren über die Gewinne refinanzieren.

Anschliessend legt sich Claudio eine Strategie für die Sitzung zurecht. Er weiss, dass insbesondere seine Mutter Angst hat, im Alter zu wenig Geld zum Leben zu haben. Deshalb ist es psychologisch wichtig, dass er seinen Eltern ein zusätzliches Einkommen zusichern kann. 10 Jahre lang 5.000 CHF im Monat müsste für den Betrieb problemlos finanzierbar sein. Das sind insgesamt 600.000 CHF. Nach Abzug dieser Lohnfortzahlungen müsste der Kaufpreis auf 2 Millionen CHF reduziert werden. Damit es einen klaren Schnitt gibt, will Claudio alle Aktien auf einmal übernehmen. Den Kaufpreis möchte er als Verkäuferdarlehen stehen lassen. Eine jährliche Amortisation von 50.000 bis 100.000 CHF sollte bei einem normalen Geschäftsgang möglich sein.

Claudio ist überzeugt, dass sein Vorschlag attraktiv und fair ist und seine Eltern zustimmen werden. Ob das Darlehen wirklich in dieser Zeit zurückbezahlt werden muss, ist vermutlich gar nicht so wichtig. Dank der hohen stillen Reserven ist das Risiko für seinen Vater überschaubar. Wenn er will, kann er noch im Verwaltungsrat bleiben und Einsicht in den Geschäftsgang nehmen.

Auch für Claudio selbst ist die Lösung vorteilhaft. Die Lohnfortzahlung läuft über den Geschäftsaufwand. Gleichzeitig reduziert sich der Druck bezüglich Verzinsung und Amortisation des Darlehens. Wenn das Darlehen «am Schluss» nicht voll zurückbezahlt ist, dann spielt dies auch keine Rolle. Im Erbfall wird das Darlehen bei der Erbteilung angerechnet.

Am folgenden Nachmittag trifft sich Claudio mit seinem Vater und unterbreitet ihm seinen Vorschlag. Der geht nach einem halbstündigen Gespräch darauf ein – sichtlich erleichtert. Mit Claudios Lohnangebot hat er mehr Einkommen als nötig, was auch seine Ehefrau beruhigen wird. Den Unternehmenswert hätte er, Längrich, niemals so hoch eingeschätzt. Doch die Berechnungen seines Sohnes sind plausibel; es zeigt sich, dass er ein werthaltiges Unternehmen erschaffen hat, das er nun problemlos übergeben kann. Sein Sohn hat einmal mehr bewiesen, dass er fähig ist, die

175 Ist heute oft tiefer.

Zügel im richtigen Moment in die Hand zu nehmen und eine gute Lösung vorzuschlagen. Das macht Längrich stolz. Angst um seine Zukunft hat er nun nicht mehr.

Viele Unternehmer können sehr gut mit Zahlen und Finanzen umgehen. Doch wenn es um die eigene Vorsorge und um den Wert des eigenen Unternehmens geht, sind sie oft überfordert. Die Materie ist sicherlich komplex, aber das ist nur der sachlich-logische Aspekt. Rein instinktiv wehren sich die meisten dagegen, sich mit der eigenen Endlichkeit, mit dem Tod auseinanderzusetzen. Dies ist verständlich, weshalb es nötig ist, dass andere sich damit beschäftigen. Diese Befreiung ist sehr wichtig und sollte Bestandteil jeder Nachfolgelösung sein. Denn sie schafft die Voraussetzung für eine emotional unbelastete Übergabe.

Die finanziellen Aspekte einer Nachfolge dürfen nicht nur in der Sach-Ebene betrachtet, sondern müssen auch in ihrer emotionalen Dimension berücksichtigt werden. Es besteht immer eine mehr oder minder starke Verknüpfung zwischen der operativen und der normativen, resp. strategischen Ebene. Das oberste Ziel sollte die Freiheit im Alter sein – dies sowohl aus quantitativer (= finanzieller) wie auch qualitativer (= Sinn) Sicht. Eine gesunde Portion Demut und Bescheidenheit erleichtert das Leben und kann bei vielen Unternehmern beobachtet werden.

die Zukunft?

5.3 Stabilität und Fitness des Unternehmens

Eingangs wurde erläutert, dass die Bedeutung der familienexternen Nachfolge steigt (vgl. dazu Kapitel 2.2). Wie nachstehend aufzuzeigen ist, steigen damit die Anforderungen an die Stabilität und Fitness des Übertragungs-Objekts; denn ein externer Käufer will vor allem wissen, welches Potenzial das Unternehmen hat. Bei der Lancierung des Nachfolgeprozesses stellt sich mit Blick auf das Unternehmen die Frage, ob die Nachfolge-Würdigkeit und Nachfolge-Fähigkeit des Unternehmens gegeben ist.[176] Für deren Beurteilung lehnen wir uns gerne an die SWOT-Analyse (vgl. Abbildung 17) womit die beiden Begriffe hergeleitet werden können.

Wenn sowohl die Nachfolge-Würdigkeit wie auch die Nachfolge-Fähigkeit des Unternehmens gegeben sind, so handelt es sich meist um ein Top-Unternehmen, wofür in aller Regel auch ein Käufer gefunden werden sollte und ein Transaktionsprozess lanciert werden kann. In vielen Fällen müssen jedoch noch einige Verbesserungen und damit Hausaufgaben gemacht werden, um die Attraktivität des Unternehmens für die Käufer zu erhöhen. Je grösser der Nachholbedarf ist, desto wichtiger wird der zu leistende Entwicklungsprozess.

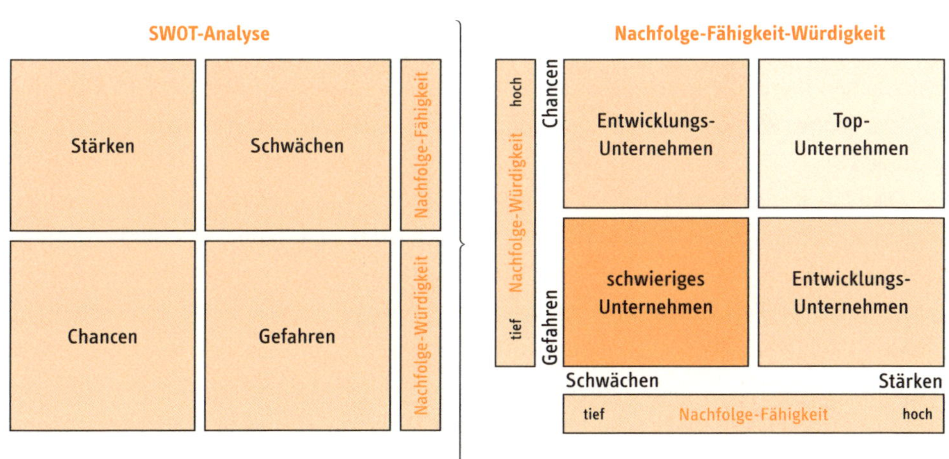

Abbildung 17: Nachfolge-Fähigkeit und -Würdigkeit (i.A. SWOT-Analyse)

176 Die gleiche Frage stellt sich auch auf der Ebene des Individuums, wenngleich wir hier vorliegend uns auf das Unternehmen fokussieren.

Nachfolge-Würdigkeit

In einem ersten Schritt gilt es die *Nachfolge-Würdigkeit* einzuschätzen. Die wichtige Frage lautet: Gibt es für das Unternehmen auf dem Markt auch in den kommenden 10 Jahren eine Daseinsberechtigung? Mit Blick auf den Markt (= Blick nach Aussen) gilt es den Fokus auf die Chancen und Risiken des Unternehmens zu werfen. Wenn die Frage mit einem deutlichen «Nein» beantwortet werden muss, wird eine gelungene Unternehmensübertragung an neue Eigentümer schwierig und die Option der «Ordentlichen Geschäftsaufgabe» sollte oder muss rechtzeitig vertieft angeschaut werden. Wenn die Frage mit einem «Ja» beantwortet werden kann – so ist die wichtigste Voraussetzung für eine Nachfolgeregelung bereits erfüllt.

Für die Beurteilung der Leistungs- und Entwicklungsfähigkeit des Unternehmens geht es um das Funktionieren des Geschäftsmodells und um eine funktionierende Unternehmensstrategie. Beides hat definitiv einen Einfluss auf die Preisbestimmung und Re-Finanzierung (vgl. dazu weiter unten), denn die Entwicklung des Unternehmens wird als Ganzes betrachtet (z. B. Wachstumsverlauf, die Gewichtung der Geschäftsfelder oder die Kundenstruktur). Dazu kommt die Zuverlässigkeit respektive Planbarkeit: Ist ein Unternehmen beispielsweise eher konjunkturresistent, wird eine Fremdfinanzierung einfacher ausfallen.

Beim Geschäftsmodell geht es um die Art und Weise, wie ein Unternehmen, ein Unternehmenssystem oder eine Branche am Markt Werte schafft. Basierend auf unterschiedlichen Beiträgen können Elemente eines Geschäftsmodells als Synthese formuliert werden, wobei wir gerne mit verschiedenen Konzepten gleichwertig arbeiten (vgl. Abbildung 18).

Das *Leistungskonzept* legt fest, für welchen Kunden welcher Nutzen geschaffen werden soll. Das *Kommunikationskonzept* beschäftigt sich damit, wie die Leistung im relevanten Markt kommunikativ verankert wird, beispielsweise mittels Werbung und Public Relation. Das *Ertragskonzept* zeichnet die Wege auf, wie mit dem Geschäftsmodell Einnahmen erzielt werden, und das *Wachstumskonzept* zeigt, wie das Geschäftsmodell im Laufe der Zeit ausgebaut werden kann und soll. Die *Kompetenzkonfiguration* geht der Frage nach, welche Kernkompetenzen notwendig sind um das Unternehmen weiterhin erfolgreich zu führen. Die *Organisationsform* beschreibt, welche Reichweite das Unternehmen hat und anstreben soll. *Kooperationskonzept* und *Koordinationskonzept* zeigen auf, mit welchen Kooperationspartnern zusammengearbeitet werden und welches Koordinationsmodell zur Anwendung kommen soll.

Bieger, Rüegg-Stürm, von Rohr	Canvas	Gassmann u. a.
Leistungskonzept	Nutzen-/Wertversprechen	WAS: Nutzenversprechen
Kommunikationskonzept	Einkommensstruktur	WER: Zielgruppe
Organisationsform	Kostenstrukturen	WERT: Ertragsmechanik
Koordinationskonzept	Schlüssel-Aktivitäten	WIE: Wertschöpfungskette
Ertragskonzept	Schlüsselpartnerschaften	
Wachstumskonzept	Kundensegmente	
Kompetenzkonfiguration	Kundenbeziehung	
Kooperationskonzept	Kanäle	
	Schlüsselressourcen	

Abbildung 18: Die Elemente eines Geschäftsmodells[177]

Auch *die Umwelt* bzw. die wirtschaftlichen Rahmenbedingungen haben Auswirkungen auf eine Unternehmensnachfolge. Probleme entstehen beispielsweise durch rechtliche oder konjunkturelle Bedingungen. Wenn sich *gesetzliche Regelungen* ändern, kann dies für eine laufende Unternehmensnachfolge hinderlich oder förderlich sein.[178] In der Schweiz hat beispielsweise ein Bundesgerichtsentscheid aus dem Jahr 2004 dazu geführt, dass u. a. familieninterne Unternehmensnachfolgen eine steuerliche Benachteiligung erfuhren. Dies traf insbesondere dann zu, wenn der Übergeber den Erlös aus dem Verkauf der Anteile an die junge Generation als Verkäufer-Darlehen überliess.[179] Im Hinblick auf die *Konjunktur* lässt sich feststellen, dass sich in einer Wachstumsphase einfacher Investoren finden lassen, die ein Unternehmen oder Anteile daran erwerben wollen.[180] Auf weitere umweltbezogene, makroökonomische Probleme wird nachfolgend nicht weiter eingegangen. Je nach Branche gilt es, andere Aspekte zu betrachten und unterschiedlich stark zu gewichten.

Nachfolge-Fähigkeit

In einem zweiten Schritt gilt es die *Nachfolge-Fähigkeit* einzuschätzen. Mit dem Blick auf die Stärken und Schwächen des Unternehmens (= Blick nach Innen) wird vor allem die Frage zu beantworten sein, ob das Unternehmen auch erfolgreich weiter geführt werden kann, wenn der Verkäufer nicht mehr die Fäden in der Hand hat. Ist der Verkäufer ersetzbar? Die Praxis lehrt uns, dass Verkäufer mit der Grundhaltung «Ich habe

177 Bieger, Rüegg-Stürm, von Rohr 2002, S. 50 f.; Osterwalder, Pigneur 2011 (www.businessmodelgeneration.com); Gassmann, Frankenberger, Dsik 2013 (St. Galler Business Modelling).

178 Pichler 2002, S. 132; Bjuggren, Sund 2005; Kunz 2004a und b.

179 Weiterführende Literatur: Holenstein 2004; Uebelhart, Arnold 2005; Gurtner, Giger 2004; Eidgenössische Steuerverwaltung ESTV 2004. Familienunternehmen unterlagen der indirekten Teilliquidation. Der Wertzuwachs der Anteile musste vollumfänglich versteuert werden, auch wenn kein Geld vom Nachfolger an den Übergeber geflossen war. Die Benachteiligung wurde im Rahmen der Unternehmenssteuerreform II überwunden.

180 Branchenspezifische Umstände können dabei eine Rolle spielen, Getz, Petersen 2004, S. 261.

ein Unternehmen» – im Unterschied zu «Ich bin das Unternehmen» – in der Regel Strukturen und Prozesse geschaffen haben, die das Unternehmen von der Person unabhängig(er) machen (vgl. dazu die Diskussion und um den Haltungsbegriff in Kapitel 2.4.5).

Bezüglich der Unternehmensstruktur gilt es vor allem um die Art und Weise wie ein Unternehmen geführt wird und folglich u. a. um die Entscheidungsabhängigkeit der Eigentümer. Wo sich die Eigentümer auf ein bis zwei Personen beschränken, können Entscheidungen z. B. für oder gegen einen Verkauf relativ schnell getroffen werden. Fällt der Eigentümerkreis grösser aus, müssen Mehrheiten geschaffen werden.[181] Existieren 20 und mehr Eigentümer – was bei grösseren und älteren Familienunternehmen häufig der Fall ist – stellt sich sogar die Frage, ob überhaupt Konsens erzielt oder eine Mehrheit etabliert werden kann. Nach unseren Beobachtungen ist es in diesen Fällen oft schon schwierig, eine gemeinsame Sprache zu finden. Erschwerend kommt hinzu, dass Minderheitsaktionäre ihre Anteile oft teurer verkaufen wollen; Mehrheitsaktionäre oder emotional bzw. vertraglich verbundene Aktionäre hingegen wünschen meist eine für die Unternehmung (oder für die Familie im engeren Sinn) günstiger erscheinende Lösung.

Neben der Entscheidungsfindung gibt auch die Lohnstruktur immer wieder Anlass zu Diskussionen; an ihr wird festgemacht, ob das Unternehmen zukunftsfähig ist. Werden marktgerechte Löhne an die Mitarbeitenden ausbezahlt? Bezieht der Unternehmer selbst einen adäquaten Unternehmerlohn? Ein marktgerechter Managementlohn sollte vom Unternehmen selbst erwirtschaftet werden können.

Schliesslich gilt es, die Strukturen und Prozesse im Unternehmen derart zu gestalten, dass sowohl Kadermitarbeitende als auch der Unternehmer selbst ersetzbar sind. Die zentrale Herausforderung sehen wir darin, dass das «Wissen im Kopf des Unternehmers» auf die Organisation übertragen wird. Intangibles Wissen, z. B. Erfahrungen, Beziehungsnetzwerk oder Intuition muss in tangibles Wissen überführt werden.[182] Für die abtretende Generation bedeutet dies, frühzeitig Aufgaben und Verantwortung an die Mitarbeiter zu delegieren. Das Loslassen einzuüben, ist auf jeden Fall angebracht. Wir erachten es als Notwendigkeit, dass die Führungsstrukturen derart angepasst werden, dass das Unternehmen grundsätzlich auch ohne den Unternehmer funktioniert. Das wäre der Fall, wenn der Unternehmer mit gutem Gewissen vier bis acht Wochen eine Auszeit nehmen kann. Ansonsten muss eine Auseinandersetzung mit dem Organigramm, der Wertschöpfungskette und den darin anfallenden Aufgaben und Funktionen,

181 Unter Umständen müssen Aktionärsbindungsverträge und darin festgehaltene Vorkaufsrechte berücksichtigt werden, oder Gesellschafterverträge oder Organisationsreglements, welche die Stimmrechte und Quoten regeln.

182 Zimmermann 2006.

Stellenbeschreibungen und Stellvertretungsregelung erfolgen, um mittelfristig die Kompetenzen neu zu verteilen.

Damit der Betrieb bei einem längeren, ungeplanten Ausfall des Unternehmers oder eines oberen Führungsmitglieds weitergeführt werden kann, sollte das Management oder die Familie einen Notfallordner mit einem Notfallszenario einführen. Hierin könnten beispielsweise Stellvertretungs- und Unterschriftenregelungen, Zugangsberechtigungen, der Umgang mit den Eigentumsanteilen im Todesfall (z. B. Ehe- und Erbverträge, Testamente) oder auch der Einsatz eines Care-Teams oder von Coaches festgelegt werden (vgl. dazu auch Kapitel 4.5).

Die entscheidende Frage bei einer Unternehmensnachfolge ist nun, wie gut das zu übertragende Unternehmen im Branchenvergleich dasteht und ob es ausreichend attraktiv ist. Der Verkäufer muss die Chancen/Stärken hervorheben – aber im vollen Bewusstsein der Risiken/Schwächen, denn diese werden von einem potenziellen Käufer rasch erkannt und spätestens bei der Verhandlung über den Transaktionspreis schonungslos ins Feld geführt.

Fallbeispiel 8: Der Kunde ist König

Stefan Gurtner[183] ist Eigentümer der Gurtner AG, die in der Beschichtungstechnik eine führende Position hat. Er ist 64 Jahre alt, seine Kinder haben weder das Interesse noch die Fähigkeiten, die Gesellschaft zu führen. Beat Canusch, Mehrheitsaktionär und CEO der Canusa AG, ist sein Freund und Hauptkunde. Die Canusa AG ist mit 75 % Umsatzanteil wichtigster Kunde der Gurtner AG. Für den Bericht wurde auf Interviews und Gesprächsprotokolle aus verschiedenen Beratungssitzungen zurückgegriffen.

«Für uns ist es wichtig, dass deine Firma langfristig in Schweizer Händen bleibt», betont Beat Canusch und ergänzt, «Selbstverständlich werden wir weiterhin dein Hauptkunde bleiben. Doch übernehmen wollen wir deine Gesellschaft nicht. Unsere strategischen Ziele sind marktorientiert – du weisst ja, wir konzentrieren uns auf unsere neue Produktlinie.» Mit diesen wenigen Sätze zerplatzt Stefan Gurtners Wunschlösung für seine Nachfolge wie eine Seifenblase.

Er hatte sich ausgemalt, dass sein Geschäftsfreund grosses Interesse haben müsste, seine Firma zu übernehmen. Mehrmals wurde ihm bestätigt, dass er der

183 Alle Namen geändert.

strategisch wichtigste Lieferant der Canusa AG sei. Innerhalb der letzten zehn Jahre hat er ein fast einmaliges Verfahrens-Know-how aufgebaut. In dieser Zeit wuchs die Gurtner AG rasant – natürlich auch dank des nachhaltigen Markterfolgs der Canusa AG.

Das Desinteresse an der Übernahme kommt für Gurtner daher völlig überraschend. Und doch kann er sich den Argumenten seines Geschäftsfreundes nicht entziehen. Die Lancierung der neuen Produktlinie steht an erster Stelle. Trotzdem ist Stefan Gurtner enttäuscht. Alles wäre so einfach gewesen.

Viel prekärer als die Absage, darüber ist sich Stefan Gurtner sofort klar, ist der Wunsch von Beat Canusch, dass die Gurtner AG in Schweizer Händen bleiben soll. Denn damit sind die Alternativen für einen geeigneten Käufer massiv eingeschränkt. «Der Kunde ist König» seufzt Stefan Gurtner, denn diesen Wunsch muss er ernst nehmen. Doch ganz ohne Trümpfe steht er nicht da. Die Zusammenarbeit läuft sehr erfolgreich. Deshalb ist Stefan Gurtner zuversichtlich, dass Beat Canusch einer vernünftigen Lösung zustimmen wird.

Am nächsten Tag grübelt Stefan Gurtner über einer wichtigen strategischen Entscheidung. Eine Kapazitätserweiterung in der Produktion wäre dringend nötig. Dazu müsste eine zusätzliche Verarbeitungsmaschine gekauft werden und die hat keinen Platz in den bestehenden Räumlichkeiten; also muss ein Neubau errichtet werden. Ein Millionenprojekt, das mindestens drei Jahre in Anspruch nimmt. Und das möchte Stefan Gurtner so kurz vor dem Ruhestand nicht mehr selber realisieren.

Mit seiner Betriebsleiterin Monika Wunderli hat er schon mehrfach über die Zukunft der Gurtner AG gesprochen. Sie wäre nicht nur in der Lage, die Gesellschaft erfolgreich zu führen, sie hat auch Interesse an einer Übernahme angedeutet. Einerseits will er sie nicht enttäuschen, andererseits will er sie nicht als wichtige Führungskraft verlieren. Deshalb bespricht er mit ihr in aller Offenheit seine Überlegungen und Handlungsoptionen. Sie sind sich bald einig, dass der Verkauf der Gurtner AG an eine kapitalkräftige Schweizer Unternehmung wohl die beste Lösung wäre. Monika Wunderli äussert den Wunsch trotz Verkauf rund 10 % der Aktien zu erwerben. Stefan Gurtner verspricht, diesen Punkt bei den Verhandlungen einfliessen zu lassen.

Jetzt muss «nur noch» ein Käufer gefunden werden. In den nächsten Tagen macht sich Stefan Gurtner auf die Suche. Welche grösseren Unternehmen sind in einem ähnlichen Gebiet tätig oder könnten an der Beschichtungstechnik interessiert sein? Nach einer Woche hat er eine Liste möglicher Kandidaten zusammengestellt. Leider eine sehr kurze Liste: in der Rubrik «Top-Kandidaten» steht nur ein einziger Name.

Stefan Gurtner denkt zurück an das enttäuschende Gespräch mit Beat Canusch. Soll er wieder alles auf eine Karte setzen? Was tun, wenn er eine Absage erhält? Aber hat er denn eine Alternative? «Mit Grübeln löst man keine Probleme», denkt er und greift zum Telefonhörer. Es gelingt ihm schon für die kommende Woche ein Mittagessen mit dem CEO seines Top-Kandidaten zu vereinbaren.

Bereits beim ersten Gespräch kann er ihn vom Potenzial der Gurtner AG überzeugen. Dass Beat Canusch die weitere Zusammenarbeit zugesichert hat, und dass die Betriebsleiterin sich an der Gurtner AG beteiligen will, überzeugt den CEO von der Stabilität der Geschäftsstrukturen.

Der Funke zündet. Die nächsten Wochen sind geprägt von intensiven Verhandlungen. Der gesamte Verhandlungsprozess ist von Offenheit, Transparenz und grossem gegenseitigen Vertrauen geprägt. Das Erweiterungsprojekt kommt dem CEO sehr gelegen. Es stellt sich heraus, dass er bei entsprechender Projektanpassung einen Teil seiner zugekauften Beschichtungsarbeit zur Gurtner AG verlagern kann. Das erhöht die Auslastung und reduziert gleichzeitig das Investitionsrisiko.

Der strategisch motivierte Verkauf der Gurtner AG wird von allen Beteiligten nicht als Notlösung, sondern als zukunftsgerichtete Entscheidung mit grossem Erfolgspotenzial gesehen. Und so unterschreiben alle den Übernahmevertrag mit einem guten Gefühl.

In diesem Beispiel zeigt sich, dass es für ein erfolgreiches Unternehmen immer mehr als eine Lösungsvariante gibt. Selbst, wenn die Anzahl der Wunschlösungen so begrenzt erscheint wie hier.

Die Abhängigkeit der Gurtner AG, einerseits vom Hauptkunden, andererseits von der Betriebsleiterin, könnte auf den ersten Blick als Negativum gesehen werden. Im vorliegenden Fall wirkte sie sich jedoch, entgegen den Erwartungen, sehr positiv aus. Ohne die offen kommunizierten Abhängigkeiten wäre der spätere Käufer gar nicht in die Verhandlungen eingestiegen. Der Käufer befürwortete die Kapitalbeteiligung von Monika Wunderli, ein Novum bei seiner Gesellschaft. Die Festlegung des Kaufpreises war fair, denn beide Seiten beurteilten die Chancen und die Risiken ähnlich.

5.4 Rechtliches Korsett

Wenn die Nachfolgestrategie und die darin enthaltenen Zielsetzungen geklärt sind, heisst das noch lange nicht, dass die Übergabe sofort umgesetzt werden kann. Häufig müssen noch rechtliche Hürden überwunden werden. Diese Hürden sind zahlreich, denn die gesetzlichen Rahmenbedingungen müssen eingehalten werden. Bei einer Nachfolgeregelung kommen u.a. Gesellschaftsrecht, Ehe- und Erbrecht, Sozialversicherungsrecht sowie Steuerrecht zum Tragen. Dabei sollte unseres Erachtens das Ziel verfolgt werden, den Willen der Parteien umzusetzen und nicht einfach die gesetzlichen Empfehlungen anzuwenden. Nachstehend gehen wir nur oberflächlich auf einige Grundgedanken ein – im Einzelfall muss zwingend auf internationales, nationales und zum Teil regionales Fachwissen zurückgegriffen werden.

Die grössten nationalen Unterschiede gibt es bekanntlich im Steuerrecht. Hier müssen je nach Situation nicht nur international unterschiedliche Rechtssysteme beachtet werden, sondern wie zum Beispiel in der Schweiz auch regionale Unterschiede innerhalb eines Landes (z. B. die kantonale Gesetzgebung in der Schweiz wie bspw. hinsichtlich Erb- und Schenkungssteuern, Liegenschaftssteuern, Steuertarife). Nicht selten führen die rechtlichen Rahmenbedingungen zu Zielkonflikten:

- Die Übergabe der Familiengesellschaft an eines der eigenen Kinder kann mit den Pflichtteilsansprüchen der übrigen Kinder und/oder des Ehepartners kollidieren.
- Die Entflechtung von betrieblichem und nicht-betrieblichem Vermögen kann zu unliebsamen Steuerfolgen führen.
- Die Übertragung einer Gesellschaft an eines der Kinder via Schenkung oder mit einem grossen Schenkungsanteil (tiefer Preis) kann unter Umständen im Erbfall angefochten werden.
- Eherechtliche Regelungen (Meistbegünstigung des Ehepartners) können Nachfolge-regelungen (Meistbegünstigung der Kinder) im Wege stehen.
- Die Steuerbefreiung bei Umwandlungen oder Umstrukturierungen ist teilweise von Halte- resp. Sperrfristen abhängig.

Konkret bedeutet dies, dass wesentliche Veränderungen wie Umwandlungen, Umstrukturierungen oder Entflechtungen, die der Vorbereitung der Nachfolge dienen, rechtzeitig an die Hand genommen werden müssen. Da teilweise mehrjährige Fristen gelten, sind die grundsätzlichen Abklärungen einige Jahre im Voraus zu treffen.

Erschwerend kommt hinzu, dass die gesetzlichen Rahmenbedingungen einem dauernden Wandel unterworfen sind. So sind sich viele Unternehmer-Ehepaare nicht im Klaren darüber, welchem ehelichen Güterstand sie unterstehen:

- Haben Sie vielleicht noch einen altrechtlichen Vertrag mit Güterverbindung, einem Güterstand, den es im neuen Eherecht gar nicht mehr gibt?
- Oder haben Sie gar nichts geregelt?
- Ist das Unternehmen Errungenschaft oder Eigengut?
- Wem gehört der Mehrwert?

Das nationale Erbrecht ist schon komplex genug, in der Schweiz mit z. T. kantonal oder gar kommunal unterschiedlichen Regelungen für die Erbschaftssteuer. Dabei muss auch beachtet werden, dass das Wohnsitz-Prinzip generell Gültigkeit hat. Dies besagt, dass dasjenige Recht zur Anwendung kommt, wo der Erblasser seinen letzten Wohnsitz hatte. Dies sollte man wissen, bevor man seinen Alterswohnsitz in einen anderen Kanton oder gar ein anderes Land verlegt. Im letzten Fall kommt ein Rechtsystem zur Anwendung, das man in der Regel nicht oder zu wenig kennt. Und: Beim internationalen Erbrecht gibt es beliebig viele Fussangeln und Fallgruben.

An dieser Stelle sei lediglich auf das US-amerikanische Rechtssystem verwiesen, wonach zum Beispiel bereits der Besitz von Immobilien in den USA oder das Halten von grösseren US-Vermögenswerten wie Aktien dazu führt, dass man dort erbschaftssteuerpflichtig wird. Bei Immobilien gilt dieses Prinzip auch in vielen europäischen Ländern. Und wie hinlänglich bekannt, hört beim Steuerrecht der Spass auf. So sind zum Beispiel die Erbschaftssteuern in den USA einer extremen Progression unterworfen.

Die enge Verknüpfung von Ehe- und Erbrecht einerseits und Steuerrecht andererseits zwingen zu einer sorgfältigen und langfristigen Planung. Dazu gehört auch die periodische Überprüfung und Anpassung an die aktuelle Situation. Bei dieser Überprüfung müssen nicht nur die persönlichen Regelungen wie beispielsweise Verträge, sondern auch die Veränderungen der Rahmenbedingungen, also die rechtliche Basis beachtet werden.

Die obigen Aussagen gelten nicht nur für das Ehe- und Erbrecht. Auch das Gesellschaftsrecht ist einer Weiterentwicklung unterworfen, wobei sich viele Änderungen der letzten Jahre insbesondere auf Familienunternehmen sehr positiv ausgewirkt haben. Umstrukturierungen wie Umwandlungen, Abspaltungen und Fusionen sind einfacher umsetzbar.

Auch Änderungen im Sozialversicherungsrecht müssen beachtet werden. So besteht beispielsweise in der Schweiz ein grosses Gestaltungspotenzial im Bereich der 2. und 3. Säule. Dieses Potenzial wird vielfach nicht oder zu wenig ausgeschöpft. Meistens nimmt sich der Unternehmer viel zu spät dieses Themas an und gerät dann in Konflikt mit geltenden Fristen für Einzahlung und Bezug von Vorsorgeleistungen. Hier kann nur empfohlen werden, dass sich der Unternehmer frühzeitig mit der Vorsorge auseinandersetzen sollte. Es gilt nämlich das Gesetz der langen Zeitreihen. Der grösste Vermögenszuwachs entsteht aufgrund der jahrzehntelangen (steuerfreien) Verzinsung des persönlichen Vorsorgevermögens. Diesen Vorteil kann man kurzfristig gar nicht mehr kompensieren respektive aufholen.

Die Entwicklungen im Steuerrecht sind dermassen rasant, so dass hier nur grundsätzliche Aussagen möglich sind. Das Kernproblem für die Nachfolge-Planung liegt genau in dieser schnellen Veränderung. Zum Zeitpunkt der Planung weiss niemand, wie die Steuer-Landschaft später aussehen wird. Für die Schweiz sei auf die «Episode» mit der Problematik der indirekten Teilliquidation nach dem ominösen Bundesgerichtsurteil aus dem Jahr 2004 und dem entsprechenden Kreisschreiben der Steuerverwaltung im Jahr 2005 verwiesen. Auf einen Schlag mussten zahlreiche Nachfolgeregelungen auf Eis gelegt werden.

Da steuerrechtliche Rahmenbedingungen auf einen politischen Entscheidungsprozess zurückgehen, gibt es keine zuverlässigen, langfristigen Parameter. Einerseits werden politisch opportune Themen gefördert – dazu gehört die steuerliche Entlastung von Nachfolgelösungen – andererseits haben die meisten Staaten die Tendenz, die Steuerquote zu erhöhen. Häufig wurde dabei der Mittelstand zur Kasse gebeten. Für die Nachfolge bedeutet dies, dass die ganze Planung auf *Annahmen* beruht. Es gibt keine Garantie, dass diese Annahmen eintreffen.

Als Grundsatz gilt, dass Lösungen zu Lebzeiten besser sind. Geplante Unternehmensnachfolgen sind in der Regel im Dienste des Unternehmens und Nachfolgern sicherer und vorhersehbarer bezüglich ihrer Auswirkungen, als Regelungen per Todestag durch faktische Anwendung von Ehe- und Erbrecht. Unseres Erachtens sind testamentarische Regelungen (wie Zuweisungen, Meistbegünstigung usw.) nur als Zwischenlösungen sinnvoll, also dann, wenn zum Beispiel die Kinder noch minderjährig sind. Die wirtschaftlichen Vorteile des Eigentums wie Ertrag und Stimmrecht können auch vertraglich abgesichert werden, man denke an Nutzniessung/Niessbrauch oder Stimmrechtsverträge oder Ähnliches. Auf jeden Fall muss die Rechtssicherheit und die Planbarkeit der (insb. steuerlichen) Auswirkungen sehr hoch gewichtet werden. Erbstreitigkeiten sind geeignet für eine Soap Opera, sollten aber im realen Leben vermieden werden.

Bei mehreren Erben (Ehepartner, Kinder) stellt sich die Frage, ob neben dem Wert des Unternehmens noch genügend andere (private) Vermögenswerte vorhanden sind, um alle Erben finanziell fair zu behandeln. Die Grenzen der Fairness sind eine moralische Dimension, die eigentlich nur der Erblasser festlegen kann; immerhin hat das Gesetz über den Pflichtteilsschutz gewisse Grenzen gesetzt.

Juristisch stellt die Vererbung eines Unternehmens kein Problem dar. Theoretisch können alle Erben zu gleichen Teilen am Unternehmen beteiligt werden. Ob dies auch wirtschaftlich und vor allem im Hinblick auf dessen Führung die richtige Lösung ist, muss im Einzelfall entschieden werden. Auch hier sei nochmals darauf hingewiesen, dass der Todestag wohl einer der wenigen Termine ist, der i. d. R. nicht geplant werden kann. Die latente Unsicherheit in der Führungsetage, die unbeantwortete Frage «Was geschieht mit uns?» kann in einem grösseren, wie auch in einem kleineren Unternehmen lähmend wirken.

5.5 Transaktionskosten

Bei der Unternehmensnachfolge stehen aus operativer Sicht vielfach finanzielle Themen im Vordergrund. Den Fokus legen wir vor allem auf die Aspekte Unternehmensbewertung, Preisfindung und Finanzierung. Die entsprechenden Fragestellungen sind eng miteinander verknüpft und müssen in der Praxis integrativ bearbeitet werden. Eine Ideal-Lösung gibt es nicht, denn die Lösungsvarianten sind in der Regel «Wenn-dann-Strukturen». Zum besseren Verständnis wird dies anhand einiger Beispiele illustriert:

- Der Übergeber möchte sein Unternehmen mitsamt den nicht-betrieblichen Vermögenswerten verkaufen. Wenn die Käufer das akzeptieren, dann übernehmen sie eine latente Steuerlast und müssen einen höheren Kaufpreis finanzieren.
- Der Übergeber möchte einen steuerfreien Kapitalgewinn realisieren und deshalb seine bestehende Aktiengesellschaft verkaufen.[184]
- Der Übernehmer möchte das Unternehmen in Tranchen übernehmen, da er den Kaufpreis nicht vollständig aus alleiniger Kraft stemmen kann.
- Die Übernehmer wünschen eine Earn-out-Lösung, sprich der Kaufpreis ist variabel und abhängig vom künftigen Geschäftsverlauf.
- Der Unternehmer schenkt die Gesellschaft seiner Tochter gegen Zusicherung einer lebenslangen Rente. Wenn die Tochter die Schenkung akzeptiert, dann übernimmt die Gesellschaft die finanzielle Verpflichtung und die Tochter das vollständige unternehmerische Risiko und die moralische Verpflichtung für die Auszahlung der Rente.

Nachstehend differenzieren wir zwischen einer konzeptionellen Herangehensweise (vgl. Abbildung 19) und einer systematische Herangehensweise (vgl. Abbildung 20).

184 Dieses Steuermodell gilt aktuell für Kapitalgesellschaften in der Schweiz.

Die konzeptionelle Herangehensweise

Für eine *konzeptionelle Herangehensweise* empfehlen wir, das Modell in der nachstehenden Abbildung 19 zu berücksichtigen. Viele Nachfolgeprozesse beginnen mit einer Unternehmensbewertung. Der Unternehmer möchte gern wissen, was er für sein Unternehmen bekommt. Die Bewertung liefert aber in der Regel keinen Marktwert – denn dieser hängt am Schluss primär von Angebot und Nachfrage und damit der Verhandlung zwischen Verkäufer und Käufer ab. Der Marktpreis eines Unternehmens weicht oft stark vom theoretischen Wert ab, da der Markt für (nicht börsenkotierte) Familienunternehmen klein ist. Überspitzt gesagt, gibt es gar keinen funktionsfähigen Markt im wirtschaftlichen Sinne.

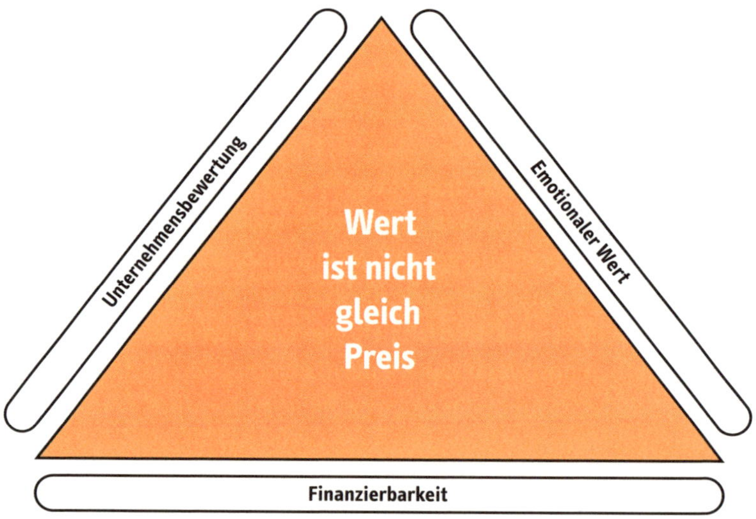

Abbildung 19: Wert ist nicht gleich Preis[185]

Bei der Unternehmensbewertung selbst können verschiedene Methoden eingesetzt werden (vgl. weiter unten). Die Erfahrung zeigt uns immer wieder, dass die Eigentümer bei einer spontanen Wertschätzung das Unternehmen eher überbewerten.[186] Dies bedeutet, dass dem emotionalen Wert eine beträchtliche Bedeutung zugemessen wird. Beim Vollzug einer Transaktion gilt es gleichzeitig, am Schluss diese auch zu finanzieren. Entscheidend in diesem Zusammenhang ist vor allem das Finanzierungspotenzial respektive die Verschuldungskapazität des Unternehmens – gerade wenn Fremdkapital eingesetzt werden soll. Die Verschuldungskapazität wird wiederum vor allem von der

185 Eigene Darstellung.
186 vgl. dazu weiter hinten Abbildung 21.

künftigen Leistungs- und Entwicklungsfähigkeit des Unternehmens geprägt. Diese drei Dimensionen hängen definitiv voneinander ab. Unter der Annahme, dass ein Unternehmen mit aggressiven Methoden hoch bewertet und der Verkäufer seinen Abgang aus emotionaler Sicht noch vergoldet haben möchte, wird die Finanzierungsmöglichkeit über die verbreiteten, üblichen Finanzierungsbedingungen hinaus relativ schwierig. Anders rum – wenn ein Unternehmer das Unternehmen sehr moderat bewertet und einen persönlichen, emotionalen Benefit in der gefundenen Lösung sieht, und diesen quasi als Preisabschlag handhabt, dann wird es mit der Finanzierung des Transaktionspreises wesentlich einfacher, denn der Referenzpunkt «Preis» ist ein anderer im Verhältnis zum Finanzierungspotential. Spätestens bei der Frage rund um den Transaktionspreis kommen entsprechend die persönlichen Wertvorstellungen zum Tragen. Diese persönlichen Wertvorstellungen waren im Vorfeld im Rahmen vom «Selbstverständnisses Familienunternehmen» zu identifizieren und definieren. Sprich: Diese nicht-monetäre Faktoren sollten dort sichtbar geworden sein.

Die systematische Herangehensweise

Für eine *systematische Herangehensweise* empfehlen wir das Vorgehen in Abbildung 20. Dabei geht es um die Art und Weise wie das Zahlenmaterial aufbereitet wird, wie das Unternehmen bewertet wird, wie mit dem emotionalen Wert für die Preisbestimmung umgegangen wird und schliesslich wie die Transaktion finanziert wird. Die dazu notwendigen Schritte werden nachstehend kurz ausgeführt.

Abbildung 20: Von der Bewertung bis zur Finanzierung[187]

187 Eigene Darstellung.

Schritt 1: Aufbereitung der Zahlen (FiBu / BeBu)

In einem ersten Schritt gilt es das Übertragungs-Objekt zu definieren (vgl. dazu Kapitel 4.2) und die dazu gehörenden Zahlen transparent aufzubereiten. Gerade im KMU-Kontext ist die Finanz- und Betriebsbuchhaltung in der Regel nicht sehr differenziert ausgebaut. Trotzdem gilt es, das Zahlenmaterial möglichst nahe an die betriebswirtschaftliche Realität heran zu führen. Dabei gibt es einige Besonderheiten, um nicht zu sagen Knackpunkte, die bei der Bewertung berücksichtigt und gelöst werden müssen. Dies ist dann umso anspruchsvoller, wenn das Unternehmen bzgl. deren Rechnungslegung keinen «True and Fair-Prinzipien» unterliegt. Dabei kommen sehr häufig die folgenden Punkte zum Tragen, wobei sowohl Übergeber als auch Übernehmer seine jeweilige Wahrheit dazu haben:

- nicht marktkonforme Unternehmerlöhne,
- der unentgeltliche Arbeitseinsatz von Familienmitgliedern,
- zu tiefe Mieten für selber genutzte Liegenschaften,
- hohe private Darlehen anstelle von Eigenkapital,
- hohe verdeckte Sicherheiten wie Bürgschaften für Bankkredite,
- zu tiefe oder zu hohe (= Regelfall und damit gebildeter stille Reserven) betriebsnotwendiger Abschreibungen,
- zu tiefe Ertragskraft im Verhältnis zur Substanz.

Im Rahmen eines FBO und MBO werden die Zahlen erfahrungsgemäss eher zurückhaltend bereinigt im Unterschied zu einem MBI oder M&A. Dies geschieht mit dem Ziel, den Unternehmenswert am Schluss des Prozesses nicht zu sehr anzuheben. Wir vertreten die Meinung, dass dieser Schritt möglichst objektiv, realistisch und vor allem auch nachvollziehbar und transparent gestaltet werden soll. Auch bei einem FBO kann dies für die Akzeptanz der am Schluss getroffenen Lösung durch Nicht-Nachfolger in der eigenen Familie entscheidend sein (vgl. dazu prozedurale Gerechtigkeit in Kapitel 4.4). Gerade bei einem FBO oder MBO ist es deshalb oft angebracht, diesen Schritt gemeinsam vorzunehmen, so dass von Beginn weg die gleiche Wahrheit entsteht.[188]

Schritt 2: Bewertung

Ausgangspunkt für die Bewertung ist das bereinigte Zahlenmaterial der obigen Ausführungen. Im Rahmen einer Bewertung kommen in der Regel mehrere Methoden zum Einsatz. Theoretisch müsste der Unternehmenswert dem fairen Marktwert entsprechen – was in der Praxis aber nicht die Regel ist. Nach dem Einsatz von mehreren Methoden steht am Schluss nicht ein Wert, sondern eine Bandbreite von verschiedenen Unternehmenswerten

188 Ein Beispiel für ein systemisch-konstruktivistisches Prozessverständnis.

zur Verfügung. Für die Käufer stehen oft Ertragswert-Berechnungen im Vordergrund. Die Frage lautet: Was kann mit dem vorhandenen Geschäftsmodell in der Zukunft nachhaltig an Wert (= Cash!) generiert werden. Entsprechend stehen Ertragswert- und DCF-Methoden im Zentrum der Betrachtung durch die Käufer. Für den Verkäufer stellt der Substanzwert oft eine Untergrenze für den Verkaufspreis dar. Wenn Ertragswertberechnungen deutlich unter dem Substanzwert liegen, muss sich der Verkäufer die Frage stellen, ob nicht eine geordnete Liquidation finanziell die bessere Alternative darstellt. Aus diesem Grunde ist der klassische Substanzwert immer noch eine wichtige Orientierungshilfe.

Die Methoden legen den Fokus auf unterschiedliche Teilbereiche. Gerade die Interpretation der verschiedenen Ergebnisse führt zu erhellenden Erkenntnissen. Die zahlreichen Bewertungsmethoden sollen nicht im Einzelnen erläutert werden, dafür gibt es genügend spezialisierte Literatur. Wir wollen primär die Vor- und Nachteile für die Bewertung im Nachfolgefall aufzeigen.

Die *Substanzwertmethode* wird von der Wissenschaft stark kritisiert und als unzeitgemäss dargestellt. Die Substanzwertmethode ermittelt im Grundsatz den Zeitwert des Unternehmens. Vereinfacht gesagt geht es um das effektive Eigenkapital (= Gesamtvermögen ./. Fremdkapital). Detaillierter vorgenommen, wird der aktuelle Zustand der Betriebsmittel beurteilt und bewertet. Stille Reserven werden aufaddiert und latente Steuern subtrahiert.

Der Substanzwert per se nimmt lediglich den vorhandenen Status Quo auf und impliziert keine Überlegungen bzgl. des Investitionsbedarfs. Die Höhe des Investitionsbedarfs in den nächsten Jahren ist wichtig für die Entscheidungsfindung und das Finanzierungskonzept. Der Investitionsbedarf steht in Konkurrenz zur Gewinnausschüttung zwecks Kaufpreisamortisation.

Unsere Erfahrung zeigt, dass der Substanzwert bei KMU trotz Kritik eine sehr gute Grundlage für Nachfolgeregelungen darstellt. Insbesondere bei familieninternen Nachfolgeregelungen ist der vorsichtig berechnete Substanzwert in eher anlageintensiven Branchen eine häufig verwendete Bewertungsmethode. Damit wird weitgehend gewährleistet, dass der Nachfolger das Unternehmen zu einem fairen Wert übernimmt. Die übrigen Kinder werden dahingehend nicht benachteiligt, als dass der Verkaufspreis der erarbeiteten Substanz entspricht und – falls diese vom Nachfolger abgekauft wird – nicht in die zukünftige Erbmasse einfliesst. Für den Nachfolger selber ist dies auch fair, indem er bspw. nicht seinen eigenen Erfolg – über eine hohen Ertragswertberechnung – kaufen und bezahlen muss.

Bei der *Ertragswertmethode* wird versucht einen zukünftig nachhaltig erwarteten Gewinn für die kommenden Jahre zu berechnen und im Anschluss zu kapitalisieren. Dabei werden als Ausgangspunkt oft Vergangenheitszahlen herbei gezogen, um die zukünftigen Gewinne zu plausibilisieren.

Oft trifft man Unternehmen an, in die jahrelang nur noch wenig investiert wurde, und auf diese Art jedes Jahr einen hohen Gewinn ausweisen konnte. Es ist offensichtlich, dass so bei einer Zukunfts-Berechnung, die zu stark sich an den vergangenen Gewinnen orientiert, ein sehr hoher Wert zustande, der eindeutig im Widerspruch zum niedrigen Substanzwert steht. Für den Übernehmer stehen die Ersatz- und Erneuerungsinvestitionen im Vordergrund. Aus diesem Grund hat er gar nicht die Mittel, einen hohen Kaufpreis zu bezahlen. Zu einem wirtschaftlich korrekten Ergebnis bei der Ertragswert-Berechnung käme man nur, wenn man konsequent auf die zukünftigen Gewinne abstellt und dabei die notwendigen Investitionen berücksichtigt.

Neben der Schätzung eines zukünftigen und nachhaltigen Gewinns ist bei der Ertragswertmethode der Kapitalisierungszinssatz von grosser Bedeutung, denn bereits kleine Schwankungen haben rechnerisch eine grosse Wirkung auf den berechneten Wert. Der Kapitalisierungszinssatz sollte vor allem das Risiko der Investition zum Ausdruck bringen, wobei verschiedene Risiken einzupreisen sind.[189] Die Investition familiengeführte KMU ist auf jeden Fall mit höheren Risiken verbunden als beispielsweise den Erwerb von Bundesobligationen. Das grösste Risiko ist zum einen der Unternehmer selbst, zum anderen aber auch die nicht Handelbarkeit von Unternehmen an einem hoch liquiden Markt (wie beispielsweise Wertpapiere an der Börse). Anlässlich des tiefen Zinsniveaus zum Zeitpunkt der Niederschrift der vorliegenden Auflage beobachten wir regelmässig, dass von einigen Beratern im KMU-Kontext Kapitalisierungszinssätze zwischen 7.5 und 8 Prozent verwendet werden. Dies ist u.E. falsch und bildet auf keinen Fall die Realität ab. Berechnungen aus der Retroperspektive von vollzogenen Transaktionen deuten auf Kapitalisierungssätze zwischen 12 und 14 Prozent hin – was im Kontext der Kleinst- und Kleinunternehmern schon eher verantwortet werden kann.[190]

In der Schweiz wird in Familienunternehmen sehr oft die *Praktiker-Methode* eingesetzt. Sie berechnet den Unternehmenswert aus dem gewichteten Durchschnitt von Ertragswert und Substanzwert. Aus fachlicher Sicht werden dabei zwei verschiedene Prinzipien miteinander vermischt – die Methode kommt im KMU-Kontext trotzdem sehr oft zur Anwendung. Das Prinzip der Praktikermethode wird oft sogar von Steuerämtern eingesetzt. Diesem Prinzip ähnlich ist auch das *Berliner Verfahren* wo ein arithmetisches Mittel von Ertrags- und Substanzwert gebildet wird.[191]

189 Auf Details wird an dieser Stelle nicht weiter eingegangen, vgl. bspw. Gubler 2012, S. 228f.
190 Dahinden, Hueber 2015.
191 Felden, Pfannenschwarz 2008, S. 111.

Bei der *Discounted Cash-Flow Methode* (= DCF) wird der zukünftige Gewinn kapitalisiert. Die korrekte Grundlage für die Ertragswertberechnung bildet ein Businessplan. Im Businessplan werden in der Regel zwei bis drei Szenarien durchgerechnet; ein «worst» und ein «best case» sowie die erwartete Variante. Korrekterweise sollte die DCF-Methode der Bewertungsunsicherheit Rechnung tragen, indem die Methode mit allen drei Szenarien durchgerechnet wird. Nur so kann der Bewerter sicherstellen, dass Übernehmer und Übergeber die Risiken überhaupt erkennen. Die Beurteilung und Gewichtung der Risiken ist nicht allein Aufgabe des Bewerters, sondern insbesondere des Käufers. Wir vertreten die Ansicht, dass vor allem die Nachfolger zwingend einen Business Plan erstellen sollten. Dies zwingt die Betroffenen, sich mit dem Geschäftsmodell und seiner Zukunft auseinander zu setzen und das Geschäftsmodell auch in seiner Tiefe zu verstehen.

Bei den *Multiple-Verfahren* handelt es sich um ein vereinfachtes Verfahren, wobei empirisch ermittelte Faktoren (= Multiples) beispielsweise mit dem Umsatz, dem EBIT oder dem EBITDA eines Unternehmens multipliziert werden, um eine Bandbreite von Unternehmenswerten herzuleiten.[192] Die grosse Schwierigkeit liegt darin, ob das Sample, auf deren Grundlage die Multiples (Faktoren) abgeleitet wurden, wirklich mit dem Einzelfall vergleichbar sind, also ob das Sample dem Einzelfall genügend ähnlich ist. So gesehen eignet sich das Verfahren für eine rasche und effiziente Annährung an einen Wert, sowie der Plausibilisierung der Fitness des Unternehmens im Branchenvergleich, ist aber immer mit Vorsicht zu geniessen. Eine differenzierte Detailanalyse muss am Schluss sehr wohl noch vorgenommen werden.

Die Komplexität der Materie verführt dazu, bei der Unternehmensbewertung nur auf das Ergebnis zu schauen. Dies ist aus unserer Sicht falsch und gefährlich. Entscheidend ist nicht, wie hoch der Unternehmenswert ist. Dies ist nur das Resultat von Berechnungen, die der Bewerter unter bestimmten Annahmen erstellt hat. Entscheidend ist, welche Annahmen zugrunde gelegt werden und zu welchen unterschiedlichen Ergebnissen diese führen, denn hinter den Annahmen verstecken sich Chancen und Risiken. Nicht nur der Bewerter, alle Beteiligten und insbesondere der Käufer muss sich u. E. mit diesen Risiken und Chancen intensiv auseinandersetzen und diese verstehen. Letztendlich ist eine Übernahme für den Käufer nur dann erfolgreich, wenn dieser den Kaufpreis innerhalb einer bestimmten Frist wieder erwirtschaften kann. Dass der Käufer die Risiken eher hoch einschätzt und der Übergeber eher gering, liegt in der Natur der Sache. Hier den richtigen Mittelweg zu definieren, ist nicht Aufgabe des Bewerters, sondern muss im Rahmen der Übergabeverhandlungen besprochen und gelöst werden.

192 EBIT steht für earnings before interest and taxes; EBITDA steht für earnings before interest, taxes, depraciation and amortization.

Tabelle 6: Übersicht über die gängigen Bewertungsmethoden

Substanzwertverfahren	Ertragswertverfahren	Mischformen
Substanz zu Fortführungswerten Liquidationsbewertung	Gewinn-Kapitalisierung Discounted Cash-Flow	Praktiker-Methode Berliner Verfahren Multiple Verfahren

Bei der Bewertung darf ein kritischer Blick auf den Investitionsbedarf nicht fehlen. Es kann beobachtet werden, dass das *Investitionsvolumen* nach der Übernahme oft höher ist als in den Jahren zuvor oder im Branchendurchschnitt.[193] Untersuchungen haben ergeben, dass das Investitionsverhalten sowohl des Übergebers als auch des Übernehmers einen positiven Einfluss auf den Erfolg des Unternehmens nach der Übertragung hat. Investitionen in die wirtschaftliche Leistungs- und Entwicklungsfähigkeit sind notwendig, um im (internationalen) Wettbewerb zu bestehen. Vor dem Hintergrund, dass die Bedeutung des familien- und unternehmensexternen Verkaufs des Unternehmens steigt, ist eine viel versprechende Zukunft des Unternehmens von zentraler Bedeutung, denn Käufer und Investoren investieren lieber in ein Unternehmen mit Potenzial.[194]

Schliesslich möchten wir noch einen Hinweis machen hinsichtlich der Kommunikation von Werten. Es besteht die Gefahr, dass eine einmal kommunizierte Zahl (= Wert) sich im Kopf eines Unternehmers (Käufer oder Verkäufer) einbrennen kann. Dies bedeutet, dass Werte aus vorgenommenen Bewertungen mit sehr grosser Vorsicht auch kommuniziert werden müssen – insbesondere mit dem zwingenden Hinweis, dass Wert nicht gleich Preis ist. Wenn die eine oder andere Partei die Zahl mit dem erwarteten Preis in Verbindung bringt und daran fest hält, dann wird der Verhandlungsprozess sehr schwierig.

Schritt 3: Emotionale Werte

Nach einer möglichst rationalen Annäherung an einen plausiblen Unternehmenswert kommt der *Emotionale Wert* ins Spiel. Dieser kann für den Verkäufer des Unternehmens förderlich oder hinderlich sein. Untersuchungen haben gezeigt, dass die subjektive Erwartung des Unternehmenswertes – aus Sicht des Übergebers – bis zu 30 Prozent höher (!) ausfällt als das Resultat der Unternehmensbewertung.[195]

193 Pichler 2002, S. 128 f.; Kropfberger, Mödritscher 2002, S. 111; Mandl 2005, S. 124; Albach 2002, S. 167.

194 Damit kann auch die mangelnde Kapitalverfügbarkeit in Verbindung gebracht werden. Pichler 2002, S. 132. Chini (2004, S. 270) empfiehlt eine Übergabe in einer Wachstums- oder Konsolidierungsphase.

195 Zellweger, Sieger 2009; Sharma, Manikutty 2005; Gimeno, Folta, Cooper u.a. 1997.

Das Total-Value-Konzept thematisiert das Gesamtgefüge zwischen finanziellem Wert und emotionalem Wert.[196] Der emotionale Wert soll die Differenz zwischen dem «Marktwert» – auf Basis einer objektiven Unternehmensbewertung – und dem vom Verkäufer empfundenen «Total Value» erklären.

Der emotionale Wert kann positiv oder negativ empfunden werden. Eine lebendige Familientradition, enge Beziehungen zu den Mitarbeitenden, eine starke Identifikation mit dem Unternehmen, der grosse Handlungsspielraum oder auch Macht stellen einen emotionalen Nutzen dar und damit einen *positiven emotionalen Wert*. Die hohe Arbeitsbelastung, die physische und mentale Belastung, die fehlenden Work-Life-Balance oder starke Konflikte innerhalb der Familie oder unter den Eigentümern können *negativen emotionalen Wert* darstellen. Derartige emotionale Einflussfaktoren lassen sich meist relativ leicht identifizieren aber eher schwerlich mit Geldwerten beziffern. Mit einer «buchhalterischen Brille» könnte versucht werden, den Saldo zu bestimmen. Verbindet der Verkäufer den Saldo primär mit positiven oder negativen Emotionen in Bezug auf das Unternehmen? Was offen bleibt ist, wie der «Emotionale Saldo-Wert» investiert wird. Die Praxis lehrt uns, dass dieser «emotionale Wert» dem «fairen Marktwert» sowohl aufgeschlagen wie auch abgeschlagen werden kann (vgl. dazu Abbildung 21).

Verbindet der Übergeber primär Frustration, Erschöpfung und andere negative, belastende Gefühle mit dem Unternehmen, so erwartet er bei der Übergabe entweder eine Kompensationszahlung, eine Art «Schmerzensgeld». Die Erwartungen an den Verkaufspreis fallen folglich höher aus als gemäss Unternehmensbewertung realistisch wäre. Alternativ dazu gibt es aber auch den Übergeber, der seinen Ballast so rasch wie möglich loswerden will und der Verkaufserlös eine untergeordnete Bedeutung bekommt. Wichtig ist nur noch, dass er schnell und vollständig aus der unternehmerischen Verantwortung aussteigen kann. In dieser Situation wird der Verkaufspreis eher unter dem «fairen Marktwert» zu liegen kommen.

Im umgekehrten Fall kann der «emotionale Saldo-Wert» positiv sein. Die Mehrzahl der zufriedenen Übergeber blicken auf ein befriedigendes Unternehmerleben zurück und möchten diese Erfahrung auch anderen gönnen. Wichtig ist für sie, dass der/die Nachfolger mit der gleichen Wertschätzung, Freude und Herzblut an die Aufgabe herangehen. Wenn die Chemie zwischen Übergeber und Übernehmer stimmt, dann wird die Preisfindung kein Stolperstein sein und ein Preisabschlag (= Discount) ist die Regel.

196 Zellweger, Fueglistaller 2006.

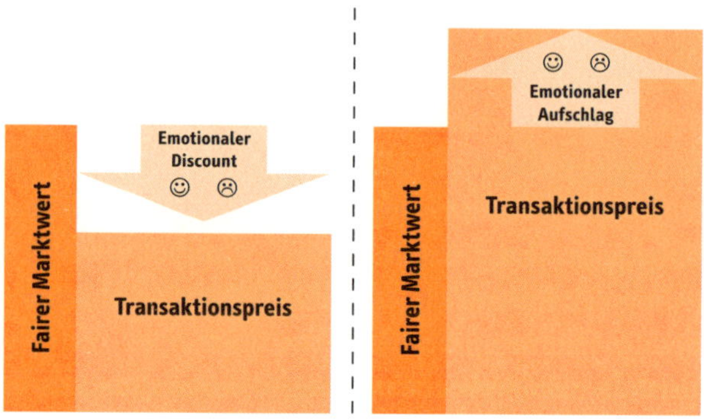

Abbildung 21: Emotionaler Wert und Transaktions-Preis[197]

Dann gibt es noch die besondere Situation eines hohen positiven «emotionalen Saldo-Wertes», wenn der Unternehmer sehr eng mit seinem Unternehmen und seiner Führungscrew verbunden ist. Diese Verbundenheit äussert sich häufig in einem Nichtloslassen-Können. Dieser emotionale Mehrwert kann aus Sicht des Unternehmers gar nicht mit Geld kompensiert werden. Das sind sehr schwierige Situationen, die seitens der Beteiligten grosses Fingerspitzengefühl verlangen.

Sowohl die Beratungspraxis wie auch Forschungsergebnisse zeigen uns, dass viele Unternehmer nicht nur bei familieninternen Nachfolgeregelungen, sondern auch beim Verkauf an Mitarbeiter (MBO) bereit sind, einen Preisnachlass zu gewähren. Die Freude und Hoffnung, dass das eigene Lebenswerk weitergeführt wird, steht auch in diesen Fällen im Vordergrund. Eigene Untersuchungen haben gezeigt, dass bei einer Übergabe an Familienmitglieder der Wunsch gross ist, einen möglichst grossen Wertanteil zu verschenken, sei es zu Lebzeiten oder im Erbfall.[198] Damit rückt ein anderes Problem in den Vordergrund, nämlich die Altersvorsorge. Die übergebende Generation sollte in diesem Fall die Altersvorsorge unabhängig von der Unternehmensübergabe regeln. Abhängigkeiten vom Verkaufspreis oder von anderen Einkünften aus der Unternehmenstätigkeit sollten zwingend vermieden werden. Für die Altersvorsorge sollte der Übergeber vom schlimmsten Fall ausgehen, dem Konkurs des Unternehmens. Unter dieser Prämisse ist das Alterseinkommen nach dem Vorsichtsprinzip zu planen. Das bedeutet, dass der Verkäufer sich den Preisnachlass auch finanziell leisten können muss, was umso schwieriger wird, je kleiner ein Unternehmen ist. Einen hohen Discount zu gewähren muss sich der Verkäufer auch «leisten können».

197 Eigene Darstellung.
198 Halter, Baldegger, Schrettle 2009.

Schritt 4: Finanzierung

Im Rahmen der allgemeinen Geschäftstätigkeit von KMU und Familienunternehmen wird der Selbstfinanzierung die höchste Bedeutung zugesprochen.[199] Sie dient vor allem dem Ziel der Unabhängigkeit. Entsprechend überrascht es nicht, dass die Eigenkapitalrentabilität bei Familienunternehmen niedriger ausfällt als bei Nicht-Familienunternehmen und Leverage-Effekte bei Familienunternehmen nicht im Vordergrund stehen.[200]

Bei der Finanzierung der Unternehmensnachfolge ist man häufig mit der Situation konfrontiert, dass der/die Übernehmer nur über wenig Kapital verfügen. Die Finanzierung der Übernahme ist deshalb immer ein wichtiger Verhandlungspunkt. Bei finanziell kleineren Übernahmen und bei familieninternen Lösungen wird häufig auf das Instrument des Verkäufer-Darlehens zurückgegriffen. So muss erstens kein Finanzpartner beigezogen werden, zweitens lassen sich die Modalitäten und Besicherung des Verkäufer-Darlehens im Rahmen der Verhandlungen regeln.

Es erscheint uns wichtig festzuhalten, dass es nicht nur den Kaufpreis als solches zu finanzieren gibt. Ebenso gilt es zwingend auch die Beratungskosten und z. B. allfällige Vermittlungsgebühren mit zu berücksichtigen. Finders-Fee und M&A-Fee sind gängige Einnahmequellen für Vermittler auf dem MBI- und M&A-Markt. Auch Ausgaben für einen guten Anwalt oder eine saubere Due Dilligence sind nicht ausser Acht zu lassen und können auch als Investition verstanden werden.

Bei grösseren Übernahmen wird die Finanzierung zu einer Herausforderung. Nachstehend gehen wir nur auf die Unternehmensfinanzierung im engeren Sinn ein (= Kaufpreis). Die Übernehmer sind auf Finanzpartner angewiesen, sei es auf der Eigenkapital-, sei es auf der Fremdkapitalseite. Es ist deshalb wichtig, die Finanzpartner rechtzeitig anzufragen und im Finanzierungskonzept zu berücksichtigen. Die aussichtsreichste Übernahme ist sinnlos, wenn sie an der fehlenden Finanzierung scheitert. Dabei liegt es in der Natur der Sache, dass in dieser Phase der Übernehmer primär die Chancen sieht und der Finanzpartner primär die Risiken gewichtet.[201] Der ablehnende Finanzierungsbescheid der Bank gilt es durch den Nachfolger sehr aufmerksam entgegen zu nehmen, auch wenn dies im ersten Moment als hart empfunden wird. In der Regel sind es gute Gründe, die der Nachfolger ernst nehmen, und in sein Übernahmekonzept einfliessen lassen sollte.

Es gibt keine allgemein gültigen Regeln, wie die Finanzierung ausgestaltet werden soll. Die meisten Banken sind bereit, Nachfolgelösungen im KMU-Bereich zu finanzie-

199 Waschbusch 2008, S. 175.
200 Zellweger 2006.
201 Gegenüber dem Verkäufer hat der Käufer im ersten Schritt den Fokus auf die Risiken gelegt; bei der Finanzierung legt der den Fokus auf die Chancen. Wenn der Verkäufer z. B. als Darlehensgeber fungiert, empfiehlt es sich einen entsprechend «fairen» Weg einzuschlagen.

ren. Die wachsende Kompetenz seitens der Finanzpartner erleichtert die Zusammenarbeit. Im Grundsatz sollte der Finanzierungskredit der Bank in der Regel innerhalb von fünf Jahren zurückbezahlt werden können – immer im Rahmen der Verschulungskapazität. Dies hat einen direkten Einfluss auf die Finanzplanung des Unternehmens und auf die Gewinnausschüttungspolitik. Letztendlich stehen ja nur die ausgeschütteten Gewinne für die Verzinsung und Amortisation des Kredites zur Verfügung.

Wir vertreten die Ansicht, dass jeder Nachfolger – im Rahmen seiner Möglichkeiten – eigenes Kapital mitbringen muss. Dies ist auch ein Zeichen seiner Risikobereitschaft und Überzeugung – auch im Rahmen eines FBO. Zudem finanziert eine Bank nie 100 Prozent eines Kaufpreises. Weitere Mittel sind deshalb immer notwendig. Gerade bei einem FBO kommen oft (Teil)Erbvorbezüge oder Schenkungen zum Tragen. Diese sind als Finanzierungsquellen zu verstehen und haben nichts mit der Preisfestlegung zu tun. Verkäuferdarlehen sind beim FBO und dem MBO sehr oft zu finden und können bei vorhandenem Vertrauen und gleichgerichteten Interessen sehr gut funktionieren. Mezzanine Finanzierung oder der Einbezug von Equity-Partnern sind weitere Finanzierungsquellen, um die Lücken zu überwinden. Die Kompetenz der Finanzpartner soll genutzt werden. Aus diesem Grunde sollten bei grösseren Übernahmen, die Finanzpartner rechtzeitig einbezogen werden. Erbvorbezüge und Schenkungen sind im Kontext von FBO ebenfalls als Finanzierungquellen zu verstehen und hat u.E. nichts mit der Preisfindung zu tun.

Das 5-Themen-Rad dreht um den Aspekt Kommunikation und Transformation. Die Transformation von Familie und Unternehmen, aber auch von Teams und Individuen im Rahmen eines Nachfolge-Prozesses bedingt viel Kommunikation, um Transparenz zu schaffen und die verschiedensten «Landkarten» in den Köpfen untereinander abzugleichen und neue Landkarten zu schaffen. Die Bedeutung der Kommunikation ist dabei sehr hoch, was in Kapitel 7.4 noch weiter vertieft wird.

Fallbeispiel 9: Ein freundschaftlicher Handschlag

Der Unternehmer Köbi Frieden[202] *kann mit einigem Stolz auf ein abwechslungsreiches und erfolgreiches Unternehmerleben zurückblicken. Er ist seit einigen Monaten pensioniert und hat mit einer einzigen Ausnahme all seine Gesellschaften verkauft. Diese letzte, kleine Gesellschaft liegt ihm sehr am Herzen.*

202 Name geändert.

Köbi Frieden hat in seinem Leben mehr richtig als falsch gemacht, und dazu das notwendige Quäntchen Glück gehabt. In den schwierigen Jahren hat sich bei seinen persönlichen und geschäftlichen Beziehungen die Spreu vom Weizen getrennt. Zu seinem Freundeskreis zählen zahlreiche Unternehmer, denen er blind vertrauen kann. Und das macht ihn sehr stolz. In den letzten Jahren hat er seine diversen operativen Gesellschaften verkauft – bis auf eine. Und hinter der steckt eine besondere Geschichte.

Am Anfang steht ein junger Ingenieur, der gemeinsam mit der ETH Zürich ein innovatives Holzbausystem entwickelt und patentiert. Die Lizenznehmer sind für die Vermarktung zuständig und beziehen die Komponenten bei Produktionsbetrieben, so auch bei Köbi Frieden. Aus welchen Gründen auch immer flaut die Dynamik nach einigen Jahren ab und der junge Ingenieur wendet sich neuen Aufgaben zu. Die Umsätze des Holzbausystems sinken und sinken. Für Köbi Frieden ist das unverständlich. Eine geniale Idee, in der Schweiz erfunden, und dann kümmert sich plötzlich niemand mehr darum. Köbi Frieden kann dem nicht zuschauen, also erwirbt er die Gesellschaft mitsamt Patent und Lizenzverträgen. Sein Unternehmerehrgeiz ist geweckt.

Ein wichtiger Kunde bekundet grosses Interesse an der Übernahme der gesamten Gesellschaft. Darauf hat Köbi Frieden gehofft. Für die ersten Verhandlungen erarbeitet er ein neues Marketingkonzept und einen neuen Businessplan. Die Verhandlungen starten sehr positiv. Doch ziehen sich die Gespräche in die Länge. Nach einigen Wochen beginnt man sich im Kreis zu drehen, es werden immer wieder die gleichen Punkte besprochen, ohne in der Sache weiterzukommen. Köbi Frieden ist unsicher, ob er wirklich an den richtigen Partner geraten ist. Es geht ihm ja gar nicht darum, einen hohen Verkaufspreis zu erzielen, sondern die Idee soll weiterleben. Dafür braucht es nicht Geld, sondern Herzblut. Und dieses Herzblut vermisst er. Deshalb bricht er die Verhandlungen enttäuscht ab.

Kurz darauf trifft er sich mit einem alten Geschäftsfreund zum Mittagessen. Er klagt ihm sein Leid. «War die Übernahme ein Blödsinn?», fragt er seinen Freund, «ich möchte, dass die Idee weiterlebt, aber ich habe genug von der operativen Verantwortung.»

«Lass mich mal überlegen», antwortet sein Freund. «Warum verkaufst du deine Gesellschaft nicht an mich? Ich kann dir zwar kurzfristig nichts dafür bezahlen, aber ich kann dir garantieren, dass ich mich für die Weiterentwicklung voll einsetzen werde. Das Produkt reizt mich. Und wir können uns den zukünftigen Erfolg teilen, wenn du willst.»

Im ersten Moment ist Köbi Frieden völlig verdattert. Damit hat er wahrlich nicht gerechnet. Einen kurzen Augenblick lang lässt er das bisherige Gespräch Revue passieren. Nicht die Worte selbst, sondern das Funkeln in den Augen seines Freundes überzeugt ihn. Er kennt ihn lange genug als verlässlichen Partner. Er ist der Typ Unternehmer, der so ein Projekt vorantreiben kann.

Und so willigt Köbi Frieden erleichtert ein.

Sofort diskutieren sie verschiedene Produkt-Markt-Strategien und gewichten sie bezüglich ihrer Chancen und Risiken. Nach dem dritten Espresso ist die Stossrichtung klar. Zum Schluss des Gesprächs kommt Köbi Frieden noch einmal auf den Kaufpreis zurück: «Es ist mir bewusst, dass du mir derzeit nichts bezahlen kannst. Ich will aber auch keine Beteiligung am zukünftigen Erfolg. Der Erfolg soll dir allein zustehen. Mir ist es wichtig, dass du dich voll hinter die Aufgabe stellst. Deshalb schlage ich vor, dass wir jetzt einen fixen Preis vereinbaren. Den Betrag kannst du irgendwann in den nächsten drei Jahren bezahlen.»

Nachdem Köbi Frieden einen sehr fairen Preis genannt hat, streckt ihm sein Geschäftsfreund freudestrahlend die Hand entgegen. Sie besiegeln das Geschäft mit einem kräftigen Handschlag.

An diesem Beispiel lässt sich illustrieren, dass nicht nur die Übernahme, sondern auch die Preisfestsetzung eine starke, emotionale Komponente beinhaltet. Die Unternehmensbewertung basiert auf Mathematik – sie ist wichtig, aber nicht entscheidend. Entscheidend ist der emotionale Wert des Unternehmens; und dieser basiert auf Vertrauen und Zuversicht. Dieser emotionale Wert manifestiert sich im Verkaufspreis.

Ein zufriedener Unternehmer ist gerne bereit, sein Unternehmen unter dem kaufmännischen Wert zu verkaufen, wenn er von der Lösung überzeugt ist. Ein unzufriedener Unternehmer hat immer das Gefühl, dass er für seine jahrelange Mühsal zu wenig entschädigt wird. Nach unserer Erfahrung ändert sich an der Grundeinstellung des Unternehmers im Nachfolgeprozess übrigens nur selten etwas.

6 Die Nachfolge als Prozess verstehen

6.1 Der Nachfolgeprozess braucht Zeit

Die Übergabe von Eigentum, Führung und/oder Vermögen im Rahmen einer Unternehmensnachfolge ist kein punktuelles Ereignis. Vielmehr handelt es sich um einen (teils iterativen) Prozess, der sich über viele Monate und Jahre hinziehen kann. Es verwundert also nicht, dass viele Praxisbeiträge empfehlen, für eine fundierte Vorbereitung der Unternehmensnachfolge drei bis sieben Jahre einzuplanen und die eigentliche Übertragung in einer möglichst kurzen Zeitspanne (ein bis eineinhalb Jahre) abzuwickeln.[203] Wissenschaftliche Befragungen haben ergeben, dass die einzelnen Elemente des Nachfolgeprozesses typischerweise mehrere Monate in Anspruch nehmen. Die Unterschiede zwischen FBO, MBO, MBI und M&A sind gewaltig, vgl. dazu Abbildung 22. Darin sind zwei empirische Fragen abgebildet:

1. «Wie viel Zeit verging von der ersten gezielten Auseinandersetzung mit dem Nachfolgeprozess bis hin zur Verantwortungsübertragung?» Diese Frage wurde an die Verkäufer gerichtet.
2. «Wie lange hatte der Vorgänger noch einen Arbeitsplatz ab dem Zeitpunkt der Verantwortungsübertragung?» Diese Frage wurde an die Nachfolger gerichtet.

203 Bergamin 1995, S. 104. Eine kurze Übertragungszeit i.e.S. erhöht für die Beteiligten und die Stakeholder zudem die Prozesssicherheit.

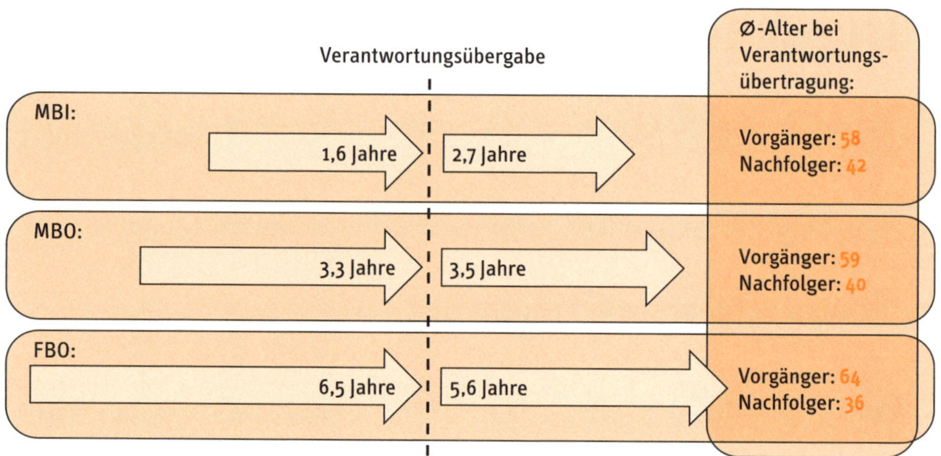

Abbildung 22: Nachfolge im Zeitraum[204]

Das Behalten des Büros ist häufig ein symbolischer Akt. Dennoch kann diese Zahl als Indiz dafür gewertet werden, wie lange der Vorgänger im Unternehmen noch seine Finger im Spiel hatte. Die Abbildung zeigt deutlich, dass ein FBO-Prozess wesentlich länger dauert als ein MBO- und vor allem ein MBI-Prozess. Gleichzeitig muss auch festgehalten werden, dass die Verbindlichkeitsgrade dieser Prozesse sehr verschieden sind. Schriftlichkeit dominiert vor allem beim Verkauf an Externe und ist bei der familieninternen Nachfolge deutlich weniger ausgeprägt.[205] Diese Ergebnisse weisen darauf hin, dass die Prozessabläufe bei den unterschiedlichen Übertragungsarten in der Regel sehr verschieden verlaufen. Die Übertragung der Verantwortung wird im Idealfall zwischen dem 25. und 40. Lebensjahr des Nachfolgers empfohlen. Die Auswertung zeigt, dass FBO-Kandidaten in der Regel wesentlich jünger sind als MBI-Kandidaten.[206]

Bei der *familieninternen Nachfolge (FBO)* braucht es häufig mehr Zeit, um die Bedürfnisse und Erwartungen der einzelnen Familienmitglieder zu klären, zu strukturieren und schliesslich aufeinander abzustimmen. Im Unterschied zu Gesprächen mit externen Interessenten fällt es innerhalb der Familie häufig schwerer, explizit anzusprechen, wenn einem etwas nicht passt. Das ist vor allem auf die Mehrfachrollen der Beteiligten zurückzuführen. Aufbauend auf den Argumenten einer Unternehmenslogik, aber gleichzeitig mit dem Hut als Vater oder Mutter den Kindern zu sagen, dass man nicht daran glaubt, dass diese das Unternehmen erfolgreich weiterführen können ist beispielsweise sehr schwierig. Schliesslich möchte man die eigenen Kinder – auf Grund

204 i.A. Halter, Kammerlander 2014.
205 vgl. Christen, Halter, Kammerlander u. a. 2013, S. 34f.
206 Handler 1994, S. 135; Clausen 1982, S. 55.

der Familienlogik – nicht verletzen und vor den Kopf stossen. Umgekehrt ist es für eine begabte Tochter oder einen begabten Sohn auch nicht einfach, den Eltern mitzuteilen, dass man trotz der eigenen Fähigkeiten das Unternehmen nicht übernehmen möchte. Es ist vor allem diese Vermischung von Familien- und Unternehmenslogik, welche dazu führt, dass familieninterne Übergaben oft mehr Zeit in Anspruch nehmen.

Die Altersdifferenz zwischen Übergeber und Übernehmer bei familieninternen Übergaben ist typischerweise recht gross. Probleme ergeben sich, wenn sich der Übergeber bereits früh vom Unternehmen zurückziehen möchte, die Kinder jedoch noch zu jung sind, um Verantwortung zu übernehmen. In einzelnen Fällen führt dies dazu, dass das Unternehmen anders als geplant familienextern (MBO oder MBI) übergeben wird. Eine Alternative dazu ist die vorgezogene Regelung der Führungsnachfolge (z. B. Interims-Management oder angestellter CEO), während das Eigentum nach wie vor innerhalb der Familie gehalten wird.

Zudem gibt es Fälle, bei denen die Elterngeneration auch im Alter noch voller Tatendrang und mit viel Energie und Kraft die Firma weiterführen kann und möchte. In diesem Zusammenhang ist das Risiko gegeben, dass es zum sogenannten *«Prinz-Charles-Syndrom»* kommt.[207] Es können immer wieder Fälle beobachtet werden, bei denen der 50-jährige Nachfolger nach wie vor nicht entscheiden darf und seine eigene unternehmerische Kraft weder entwickeln noch entfalten kann.

Bei der *unternehmensinternen Nachfolge (MBO)* verläuft der Übergabeprozess in der Regel schneller als bei einem FBO (auf Grund der geringeren Notwendigkeit für familieninterne Klärung), jedoch langsamer als bei einem MBI. Wir erklären dies wie folgt: Sowohl die Forschung wie auch die Beispiele aus der Praxis zeigen, dass gerade beim MBO oft ein sogenanntes Verkäuferdarlehen in grosszügigem Umfang im Spiel ist. Solange der Übergeber aber noch einen wesentlichen Anteil des Kapitals indirekt über ein Verkäufer-Darlehen im Unternehmen hält, erscheint es ihm als legitim, dass er sich weiterhin für das Unternehmen einsetzt. Entsprechend schwierig ist es in solch einem Fall für den Nachfolger, die Führungsverantwortung einzufordern. Aus unserer Sicht ist es erstrebenswert, die Rollen- und Aufgabenverteilung im entsprechenden Zeitraum vorab zu regeln. Dies ermöglicht, dass der Nachfolger schnell in die Verantwortung hineinwachsen kann. An dieser Stelle gilt es aber zu betonen, dass nicht nur Aufgaben, sondern vor allem auch Verantwortungen delegiert werden müssen – inklusive der Entscheidungskompetenz. Deshalb müssen unter Umständen auch die Entscheidungskompetenzen definiert werden. Die Definition von Reporting- und Dokumentationspflichten sowie die Festlegung von Besprechungen inkl. Besprechungsrhythmus und Protokollierung können die Zusammenarbeit weiter vereinfachen.

207 Hofmann, Sigg 2009, S. 53.

Beim *Verkauf an einen Externen (MBI und M&A)* ist der Nachfolgeprozess am kürzesten – vor allem unter der Annahme, dass der Wille zum Verkauf vorhanden ist und ein gewisses Mass an Transparenz über das Unternehmen gegeben ist. In der Regel herrscht zwischen den Beteiligten relativ schnell Klarheit darüber, ob man sich handelseinig wird oder nicht. Entsprechend kurz ist der anschliessende Transaktionsprozess (vgl. dazu auch weiter unten in Kapitel 2.2.3). Gerade aus der Perspektive des externen Käufers macht eine gewisse Prozessgeschwindigkeit Sinn, da er häufig bereits am Anfang des Prozesses relativ viel Zeit (und Geld) für die Unternehmensanalyse (sog. Due Diligence) investiert hat, um die Black-Box «Unternehmen» zu durchleuchten. Bekommt ein Käufer nun die revidierten Abschlüsse der letzten drei Jahre, so kann die Vergangenheit des Unternehmens relativ plausibel eingeschätzt werden. Wenn sich der Prozess nun über Monate hinzieht, so stellt sich insbesondere für den Käufer die Frage, was in der Zwischenzeit im Unternehmen passiert ist. Je grösser der Zeitraum zwischen Einblick in die Unterlagen bis hin zur Vertragsunterzeichnung ist, desto grösser wird die Unsicherheit für den Käufer. Zentrale Fragen sind:

- Stimmt die Performance nach wie vor?
- Hat vom Eigentümer ein Verhalten zu Lasten des Unternehmens Einzug gehalten (z. B. überzogene Materialbezüge in einem Handwerksbetrieb)?
- Ist das Engagement des (Noch-)Eigentümers im Dienst des Unternehmens noch immer gegeben?
- Ist die betriebsnotwendige Liquidität noch gegeben?

Als Zwischenfazit kann deshalb festgehalten werden, dass unabhängig von der gewählten Nachfolgeform die zeitlichen Anforderungen in einem Nachfolgeprozess nicht unterschätzt werden dürfen und gutes Projektmanagement erfordern. Aktuelle Analysen auf der Grundlage unserer Erhebung aus dem Jahr 2013 haben auch gezeigt, dass es einen positiven Zusammenhang zwischen der Prozessdauer und der Performance nach der Unternehmensübertragung gibt. Je kürzer zum Beispiel der Übertragungsprozess innerhalb der Familie (FBO) dauert, desto besser sind die Leistungsergebnisse in der Regel nach der Nachfolge wie hinsichtlich Wachstum oder Rentabilität. Gleiches gilt auch in der Tendenz innerhalb der Gruppen der MBI.

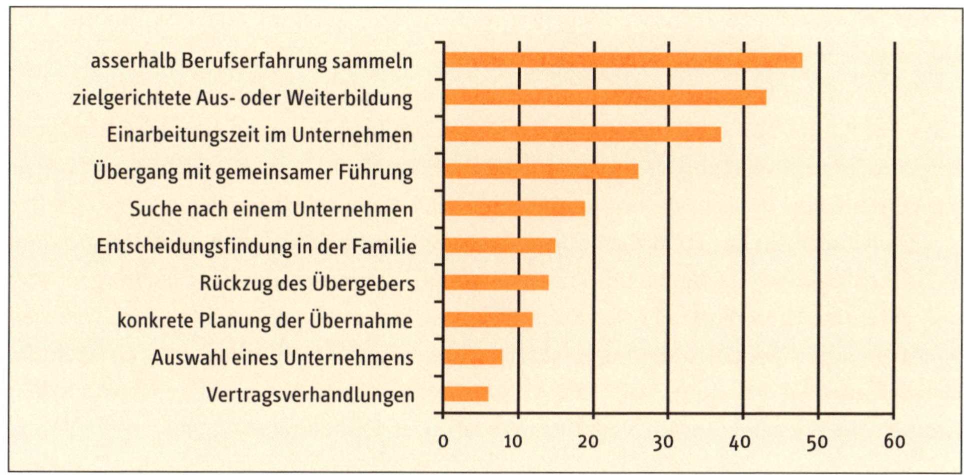

Abbildung 23: Zeitelemente im Nachfolgeprozess (in Mt.)[208]

Für einzelne Prozessschritte zeigt Abbildung 23 Durchschnittswerte bezüglich Zeitdauer – im Einzelfall sind natürlich sehr grosse Unterschiede festzustellen. Zu klären gilt es, was von diesen und weiteren Prozessschritten parallel und was sequenziell gestaltet werden kann oder muss. Das Sammeln von Erfahrungen und Kontakten in und zu anderen Unternehmen sowie eine zielgerichtete Aus- oder Weiterbildung des Nachfolgers beanspruchen hier am meisten Zeit. Auch der Aufwand für die konkrete Einarbeitung ist nicht zu unterschätzen. Die Abbildung zeigt weiter, dass vor allem in die Vorbereitung viel Zeit investiert werden muss. Die formale und operative Abwicklung, wie etwa die Vertragsverhandlungen, sind im Vergleich dazu schon fast unbedeutend.

6.2 Der Nachfolgeprozess im engeren und im weiteren Sinn

Sowohl aus theoretischer wie praktischer Sicht gibt es verschiedene Versuche den Nachfolgeprozess in Phasen darzustellen. Differenzierungsgrad und Abstraktionsniveau fallen dabei sehr unterschiedlich aus. Einzelne Phasenmodelle bieten Phasen ohne spezifische Reihenfolge an, andere wiederum geben eine klare Reihenfolge vor. Manche Modelle sind sehr allgemein gehalten, andere bewusst aus einer Perspektive formuliert (meist aus der des Übergebers oder der des Übernehmers). Aus praktischer Sicht dürfen solche Phasenmodelle nicht zu rigide verfolgt werden, denn manche bereits bearbeiteten Fragen tauchen in einer anderen Phase wieder auf, manche sind

208 Frey, Halter, Zellweger 2005, S. 23.

weder zwingend in der vorgeschlagenen Reihenfolge, noch bloss der Vollständigkeit halber zu «absolvieren».

Wir unterscheiden einen Nachfolgeprozess im engeren und im weiteren Sinn (vgl. dazu Abbildung 24). In der Abbildung sind die einzelnen Prozessphasen bewusst durch unterbrochene Linien abgegrenzt, um die Durchlässigkeit zu unterstreichen; das bedeutet, verschiedene Teilschritte können auch parallel abgewickelt werden.

Die Unternehmensnachfolge im engeren Sinn umfasst die Teilphasen Vorbereitung auf die Nachfolge (II), Suche des Nachfolgers (III), Einarbeitung des Nachfolgers (IV) und definitive Umsetzung der Nachfolge (V). Die Unternehmensnachfolge im weiteren Sinn beinhaltet zusätzlich die Vorgeschichte (I), sowie die Gestaltung der Zeit nach der Unternehmensübertragung (VI). Die Vorgeschichte bildet den wichtigen historischen Kontext für Entscheidungen, Verhaltensweisen oder Handlungen.[209]

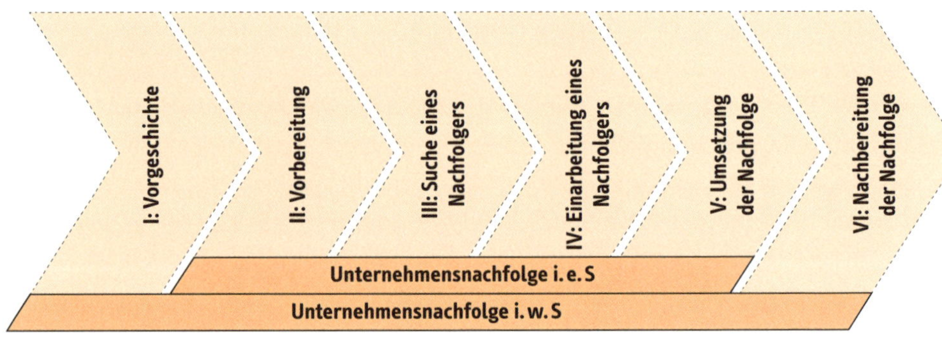

Abbildung 24: Der Nachfolgeprozess im engeren und weiteren Sinn

Dem Übernehmer und dem Übergeber fallen in jeder Phase verschiedene Aufgaben und Tätigkeiten zu. Um den Rahmen des vorliegenden Buches nicht zu sprengen, werden je Phase nur einzelne Aspekte beispielhaft ausgeführt, ohne Anspruch auf Vollständigkeit zu erheben.

Bei der *Vorgeschichte (Phase I)* gilt es, in Anlehnung an das 5-Themen-Rad der Unternehmensnachfolge, die Auseinandersetzung mit dem «Selbstverständnis Familienunternehmen» zu suchen (vgl. dazu Kapitel 4.2.1). Die zentrale Frage dabei ist, wel-

209 Wenn das Unternehmen bereits einmal an die nächste Generation übertragen worden ist, schwingen Erfahrungen mit, die in der neuen Unternehmensübertragung mit berücksichtigt werden. Janjuha-Jivraj und Woods (2002, S. 79) sagen dazu: »*The emotional traumas and family splits experienced during transition without planning resulted in a determined effort to ensure this was avoided in the future. This is achieved by greater communication across the generations, resulting in goal congruence and a commitment to the long-term strategy.*" Insbesondere aus einer systemisch-konstruktivistisch orientierten Perspektive muss dem ganzheitlichen Bild eine grosse Bedeutung zugemessen werden.

che Traditionen, Routinen und Geschichten das Unternehmen geprägt haben und unter Umständen die Entscheidungsfindungsprozesse noch heute beeinflussen. So kann das bereits genannte Beispiel der schlechten Erfahrung im Rahmen einer Kooperation des Grossvaters mit anderen Geschäftspartnern zur Grundhaltung führen, dass grundsätzlich keine Zusammenarbeit im Netzwerk möglich ist – losgelöst von der Reflexion, ob dies im heutigen Umfeld noch als Grundsatz richtig oder falsch ist. Berater schenken der Kraft der Unternehmensgeschichte und -erfahrung häufig zu wenig Aufmerksamkeit. Dies hat zur Folge, dass gewisse Entscheidungen nicht oder falsch verstanden werden, oder dass der Gesprächsverlauf mangels genügender Empathie und Verständnis behindert oder ganz gestört wird.

Die *Vorbereitungsphase (Phase II)* – Teil 1 der Unternehmensnachfolge im engeren Sinn – kann auch als Initiierungsphase bezeichnet werden.[210] Sie beginnt eigentlich erst dann, wenn der Übergeber den Wunsch zur Veränderung aktiv verfolgt.[211] Er muss die innere Bereitschaft entwickeln bzw. die Notwendigkeit erkennen, dass er sich mit dem Thema auseinandersetzen muss. Hierbei schwingt auch das Bewusstsein der eigenen Vergänglichkeit mit. Bezogen auf das Unternehmen gilt es ihre Leistungs- und Entwicklungsfähig zu erhalten. Nur Unternehmen mit Zukunftsperspektiven können gut übertragen werden. Auch innerhalb der Familie muss die Unternehmensnachfolge thematisiert werden. Ziel ist, die verschiedenen Vorstellungen und Erwartungen zu erfassen. So wird ein gemeinsames Wertegefüge geschaffen, das für die Ausgestaltung des ganzen Nachfolgeprozesses i.e.S. bestimmend sein kann.

In der Folge geht es um die *Suche nach einem geeigneten Nachfolger (Phase III)*. Innerhalb der Familie kann sie relativ rasch abgeschlossen werden. Die beiden primären Frage sind: Gibt es Familienmitglieder (Kinder), die das Unternehmen übernehmen wollen? Sind diese in der Lage das Unternehmen erfolgreich zu führen? Nur wenn beide Fragen bejaht werden können, wird ein Weiterverfolgen der familieninternen Unternehmensnachfolge empfohlen. Wichtig dabei erscheint uns der Einbezug von allen Familienmitgliedern, denn genügend Beispiele zeigen, dass Kinder die wider Erwarten das Unternehmen übernommen haben, aus der Retroperspektive einen sehr guten Nachfolger abgegeben haben. Gerade weibliche Nachfolgerinnen werden nicht selten nach wie vor unterschätzt.[212] Eine familienexterne Nachfolge ist über einen MBO, MBI, den Verkauf an Dritte oder durch einen Börsengang möglich. Die Erfahrung zeigt, dass nach Möglichkeit verschiedene Szenarien entwickelt werden sollten. Die einmal gewählte Nachfolgelösung muss bis zum Vollzug nicht zwingend die geeignetste bleiben.

210 Cadieux 2005; Cadieux, Lorrain, Hugron 2002; Davis, Harveston 1998.
211 Churchil, Hatten 1987, zitiert in Handler 1994, S. 135.
212 Für die weibliche Nachfolge vgl. Jäkel-Wurzer, Dahncke, Buck 2016.

Der *Einarbeitung des Nachfolgers (Phase IV)* kommt vor allem bei der familieninternen Unternehmensnachfolge eine grosse Bedeutung zu. Die Schwierigkeiten für den Nachfolger liegen darin, bei den Mitarbeitenden Akzeptanz zu finden und sich eigene Kompetenzfelder zu erschliessen. Für den Übergeber liegen sie im langsamen, aber kontinuierlichen Rückzug. Zudem muss er dem Nachfolger Handlungs- und Entscheidungsspielräume mit den entsprechenden Kompetenzen zugestehen, damit dieser eigene Erfahrungen machen und Erfolge erzielen kann. Die Geschicke des Unternehmens in die Hände der nächsten Generation zu legen, fällt insbesondere dann schwer, wenn man selbst noch die finanzielle Mehrheit am Unternehmen hält. Je länger man eine gemeinsame Führung plant, desto präziser sollten die Regelungen ausfallen, die die Art und Weise der Zusammenarbeit bestimmen.

Eine weitere Herausforderung stellt die *Beziehung zwischen Übergeber und Nachfolger* dar – insbesondere während der Einarbeitungs- und Übergabezeit (vgl. dazu Phase IV und V in Abbildung 24). Neben der offenen Kommunikation ist hier vor allem die Bereitschaft zur Zusammenarbeit und zum Wissenstransfer erforderlich. Differenzen können auf unterschiedliche Rollen oder alte Rollenmuster, unterschiedliche Charaktere und Begabungen oder fehlende Bestimmungen für die Gestaltung der Zusammenarbeit zurück zu führen sein. Im Verlauf der Zeit verändern sich die Rollen zusätzlich. Die des Übergebers kann sich, in Anlehnung an Handler, vom alleinigen Operator über den Monarchen zum Overseer/Delegator bis zum Berater wandeln.[213] Umgekehrt entwickelt sich der Nachfolger vom «Familienmitglied ohne Macht» über den Helfer zum Manager bis hin zum Leader, der eigene Entscheidungen fällen darf, kann und muss. Eine familieninterne Unternehmensnachfolge kann dadurch erschwert werden, dass familiäre Rollenmuster (Eltern-Kind-Beziehung) auf das Unternehmen übertragen werden. Um solchen Differenzen, Spannungen und Meinungsverschiedenheiten vorzubeugen, wird eine vorgängige Regelung der Kompetenzzuteilung, die Festlegung einiger Basisregeln sowie der Einbezug einer externen, neutralen Person empfohlen. Solche Massnahmen müssen von den betroffenen Generationen akzeptiert werden, respektive akzeptiert sein.[214]

Der Rückzug aus einem Unternehmen kann sehr unterschiedlich gestaltet werden. Einige Übergeber versuchen, wieder ins Unternehmen einzusteigen – etwa in beratender Funktion, andere ziehen sich sofort und unwiderruflich zurück.[215] Manche bauen ein

213 Handler 1994, S. 134; Sechser 2006, S. 54 spricht beim Übergeber vom Monarch, General, Botschafter und Gouverneur.

214 Chini 2004, S. 270; St-Cyr, Richer 2005, S. 58.

215 Sechser 2006, S. 54.

neues Unternehmen auf, andere widmen sich nur noch privaten Interessen oder sozialen Aufgaben.[216]

Mit der *Umsetzung der Nachfolge (Phase V)* ist primär die operative Umsetzung gemeint. Diese umfasst die finanzielle, rechtliche und steuerliche Abwicklung der Übertragung sowie die Kommunikation gegenüber den Mitarbeitenden und den übrigen Stakeholdern. In möglichst kurzer Zeit muss diesen Gruppen Sicherheit vermittelt werden.

Im Rahmen der *Nachbereitung (Phase VI)* unterscheiden wir zwischen der Übergeber- und der Übernehmerperspektive. Für die abtretende Generation verändert sich einiges in Bezug auf die täglichen Routinen und Gewohnheiten. Der bisher stabile Tagesablauf kann geradezu auf den Kopf gestellt werden. Hier drängen sich Fragen auf wie:

- Wie geht das Ehepaar mit der gewonnen Zeit um?
- Wie wird die Rollenverteilung innerhalb der Familienwelt neu geregelt?
- Welche Pläne und Visionen verfolgt der Unternehmer jetzt, welche Aktivitätsfelder bieten sich an?
- Wie geht er mit seinen verschiedenen Netzwerkbeziehungen um?

Neben dieser Neugestaltung des Alltags gilt es, die Unternehmerkarriere bewusst abzuschliessen, möglichst durch einen symbolischen Akt. Ziel ist, dass sich der Unternehmer und seine Familie am Ende mit der gewählten Lösung wohl fühlen und voll und ganz hinter ihr stehen, dass man unsicher ist bzw. die einmal getroffene Entscheidung infrage stellt, ist normal, kann aber durch eine wohlwollende Haltung und das Bewusstsein, dass es die Nachfolger immer anders machen auch aufgefangen werden (vgl. dazu auch Kapitel 6.3.1 und Abbildung 26, zum Thema Loslassen). Folgende Fragen können hier helfen:

- Auf welche Erfolge können der Unternehmer und seine Familie stolz sein?
- Welches Motto könnte der Abschiedsfeier vorangestellt werden?
- Welche Vorteile, z. B. für Körper und Psyche, bringt der Abschied vom Unternehmen?

216 Schuppli 2005, S. 39.

Die grösste Herausforderung für die neue Generation ist es, eine Balance zwischen der Wahrung des Erreichten und der Lancierung von Veränderungsmassnahmen zu finden. Unabhängig davon, ob es sich um eine familieninterne oder familienexterne Nachfolge handelt – der Nachfolger wird dabei von Allen genau beobachtet und bewertet. Die Planung der ersten 100 Tage ist folglich nicht nur die Aufgabe jedes frisch gewählten Präsidenten von Amerika, sondern auch des neuen Leiters eines kleinen KMU. Mit diesem Konzept «der ersten 100 Tage» verliert man als Unternehmer nicht den Boden unter den Füssen. Veränderungen mit Symbolcharakter wirken hier unterstützend, wie z. B. die Verlegung des Büros der abtretenden Generation, die Überarbeitung des Aussenauftritts, neue Bilder in den öffentlichen Räumlichkeiten des Unternehmens, die Umbenennung des Direktorenparkfeldes neben dem Haupteingang in Kundenparkplatz, und vieles mehr. Auf operativer Ebene werden in den ersten Wochen und Monaten häufig Elemente der modernen Unternehmensführung eingesetzt, wie die Einführung von neuen Organisationsstrukturen, die Neustrukturierung von Prozessen oder die Überarbeitung des Kompetenzreglements. Instrumente wie Prozess-, Portfolio-, Markt- oder Kundenanalyse, ein Strategieentwicklungsprozess, Interviews mit Mitarbeitenden oder die Einführung eines Innovationsprozesses zur Mobilisierung der Mitarbeitenden können hilfreiche Massnahmen sein. Insgesamt gilt es, möglichen Konflikten über Wertvorstellungen, Methoden und Rollen frühzeitig zu begegnen.[217]

Fallbeispiel 10: Die Feuertaufe

Marco Zumbach[218] *ist ein 32-jähriger Ingenieur aus einer Unternehmerfamilie. Vater und Onkel führen den Familienbetrieb, der u. a. im Tunnelbau tätig ist. Heinz Stüsser kennt die Familie aus seiner beruflichen Tätigkeit. Er ist Eigentümer eines Ingenieurbüros, das sich auf Tunnelbau spezialisiert hat.*

«Hast du Lust, meine Firma zu übernehmen?» Diese Frage wird einem nicht jeden Tag gestellt. Vor allem trifft Marco Zumbach diese Frage von Heinz Stüsser völlig unerwartet. Die letzten Monate sind ziemlich hektisch gewesen. Er hat nicht nur seine Forschungsarbeiten an der ETH abgeschlossen, sondern sich auch gedanklich darauf vorbereitet, in den Familienbetrieb einzusteigen. Die ersten Gespräche mit Vater und Onkel sind sehr positiv verlaufen. Das Konzept ist skizziert und die beiden freuen sich Marcos Einstieg.

217 Felden, Pfannenschwarz 2008, S. 201.
218 Alle Namen geändert.

Und dann dieses Telefongespräch. Marco Zumbach kennt Heinz Stüsser als Geschäftspartner des Familienbetriebs. Und nun bietet er ihm, einem unternehmerischen Grünschnabel, sein Ingenieurbüro zum Kauf an. Heinz Stüsser will sich möglichst bald mit ihm treffen, um die Sache zu besprechen.

Viele Fragen schiessen Marco durch den Kopf: «Ist das die einmalige Chance für mich? Lasse ich damit meinen Vater und Onkel im Stich? Kann ich mir das finanziell überhaupt leisten? Traue ich mir das zu?»

Als Ingenieur hat er gelernt, dass man komplexen Aufgabenstellungen nur mit einer klaren Analyse beikommt. Er versucht, seine Gedanken in einer Mind Map zu ordnen. Beim Stichwort Familienbetrieb listet er die wichtigsten Fakten auf:

- Vater: Doppelfunktion Verkauf und kaufmännische Führung
- Onkel: Produktion und Technik / Know-how nicht schriftlich festgehalten
- Organisation: kontinuierlich gewachsen / für derzeit 100 Mitarbeiter am Limit
- Bilanz: 100 % eigenfinanziert / gute Liquidität

Die Gesellschaft hat ein starkes Standbein im Tunnelbau. Für diesen Bereich werden wichtige Komponenten hergestellt und weltweit an grosse Tunnelbauer verkauft. Marco hat mit seinem Vater schon die Idee diskutiert, den Ingenieurbereich auszubauen.

Unter diesem Blickwinkel muss Marco Zumbach das Angebot von Heinz Stüsser als wirklich spannend bezeichnen. Damit könnte der Familienbetrieb einen Quantensprung machen, zu dem er aus eigener Kraft nicht fähig wäre.

Dazu muss man wissen, dass das Ingenieurbüro von Heinz Stüsser im Tunnelbau einen international hervorragenden Ruf geniesst. Dieses Image gründet nicht zuletzt auf dem Fachwissen des Inhabers, der eine grosse Schweizer Baufirma geleitet hat, bevor er vor 15 Jahren das Ingenieurbüro übernahm. Mehrfach hat Heinz Stüsser Übernahmeangebote von grossen internationalen Unternehmen erhalten. Alle hat er ausgeschlagen. Er will sein Büro einem fähigen Ingenieur übergeben. Er kennt Marco Zumbach als cleveren jungen Mann. Er vermutet, dass dieser an einer Übernahme interessiert sein könnte.

Zum gleichen Schluss kommt auch Marco Zumbach: Das könnte die Chance seines Lebens sein. Er braucht jedoch die Zustimmung von Vater und Onkel. Er muss die beiden überzeugen, dass dieser Schritt auch für den Familienbetrieb strategisch richtig ist. Am folgenden Wochenende trifft er die beiden, und nach eingehender Diskussion sind beide einverstanden. Man will die Kaufofferte eingehend prüfen.

In den folgenden Wochen finden mehrere Sitzungen zwischen Marco Zumbach und Heinz Stüsser statt. Diese sind geprägt von drei Themen:

- Wie kann der Übergang der operativen Geschäftsführung ausgestaltet werden?
- Wie kann die Übernahme strukturiert werden, damit sie für Marco Zumbach finanzierbar wird?
- Wie kann sichergestellt werden, dass Heinz Stüsser den Käufer weiterhin bei wichtigen Entscheidungen unterstützt?

In den Sachdiskussionen zeigt sich, dass die Chemie zwischen Heinz Stüsser und Marco Zumbach stimmt. Stüsser ist bereit, Konzessionen einzugehen, um Marco Zumbach die Übernahme zu ermöglichen. Nach wenigen Wochen steht die gemeinsame Lösung. Der Ablauf der Übernahme wird in drei Phasen gegliedert
Phase 1: das Sich-Gegenseitig-Kennenlernen
Phase 2: die Übernahme der operativen Führung
Phase 3: die finanzielle Übernahme.

Die Lösung wird in einem LOI (Letter of Intent) festgehalten. Phase 1 beginnt sofort nach Unterzeichnung der Vereinbarung. Marco Zumbach arbeitet für ein halbes Jahr als Projekt-Mitarbeiter. In dieser Zeit ist er frei von jeglichen Führungsaufgaben, arbeitet bei verschiedenen Aufträgen eng mit den Mitarbeitern zusammen und lernt so die Prozesse und Strukturen kennen; hautnah, aber ohne Führungsverantwortung.

Das ändert sich mit Beginn der zweiten Phase. Marco Zumbach muss für die nächsten sechs Monate die operative Geschäftsleitung übernehmen. Gleichzeitig unterstützt er Heinz Stüsser bei allen strategischen Entscheidungen. Bis zum Ende dieser Phase ist Zumbach finanziell nicht beteiligt. Beide Seiten hätten gemäss LOI das Recht, die Übernahme ohne finanzielle Folgen abzubrechen. Dazu kommt es nicht. Die Zusammenarbeit entwickelt sich vorbildlich, der gegenseitige Respekt wächst. Marco Zumbach weiss, dass er jetzt die Finanzierung regeln muss. Eine anspruchsvolle Aufgabe.

Die Grundzüge und Eckdaten des Management-Buy-Ins sind im LOI geregelt. Nach Ende der zweiten Phase muss Zumbach 51 % des Aktienkapitals erwerben. Drei Jahre später werden weitere 25 % übernommen und nach nochmals drei Jahren die restlichen 24 %. Der Preis für alle drei Aktientranchen ist verbindlich fixiert.

Um den Kaufpreis zu refinanzieren, ist Zumbach auf Dividendenausschüttungen angewiesen. Das hat den Vorteil, dass auch Stüsser sechs Jahre lang noch direkt vom Erfolg der Gesellschaft profitiert. So lange wird er auch im Verwaltungsrat bleiben und Marco Zumbach in strategischen Belangen unterstützen. Diese Lösung überzeugt auch die involvierte Bank. Mehr als die Hälfte des Gesamtkaufpreises wird fremdfinanziert, das notwendige Eigenkapital erhält Marco Zumbach von seinem Vater als privates Darlehen. Die Übernahme der Aktienmehrheit wird abgewickelt, gleichzeitig übernimmt Marco Zumbach das Präsidium des Verwaltungsrates. Die folgenden Monate sind geprägt von der operativen Stabs-Übergabe.

Nach Abschluss der dritten Phase, also nach insgesamt 18 Monaten, räumt Stüsser sein Chefbüro. Marco Zumbach hat inzwischen das Vertrauen der Mitarbeiter und der Kunden gewonnen. Für ihn beginnt jetzt die vierte Phase, die unternehmerische Feuertaufe.

Vorbildlich, ja fast exemplarisch zeigt dieser Management-Buy-In, dass das Hauptthema einer Unternehmensnachfolge die Übernahme der Führungsverantwortung sein sollte und nicht der Kaufpreis und die Finanzen. Der Einstieg des Übernehmers wurde so gewählt, dass sich dieser in 18 Monaten mit allen Ebenen vertraut machen konnte und nach dieser Zeit auch die Sicherheit bekam, das Unternehmen führen zu können.

Der Kaufpreis oder besser die Transaktion wurde so gestaltet, dass Übergeber und Übernehmer im Erfolgsfall profitieren. Es besteht eine hohe Ziel-Kongruenz.

Der Nachfolgeprozess bezieht sich nicht nur auf die operative, sondern insbesondere auch auf die strategische und normative Ebene. Mit dem Phasen-Modell wurde diesem Aspekt Rechnung getragen.

6.3 Vier zu gestaltende Prozesse

In den bisherigen Ausführungen stand oft das Unternehmen im Zentrum der Betrachtung. Die Erkenntnis ist, dass genügend Zeit eingeplant werden muss, um das Unternehmen für die Übergabe fit zu machen. Damit ist gemeint, dieses in einen «nachfolgefähigen Zustand» zu versetzen (vgl. dazu Kapitel 6.3). Zu einem «Zeitpunkt X» gilt es, Verkäufer und Käufer rund um das Unternehmen zusammen zu bringen, um mit dem richtigen Timing, das Eigentum und die Führungsverantwortung vom Ersteren auf den Zweiten im Rahmen der eigentlichen Transaktion zu übertragen. Aus der Perspektive des Verkäufers hat dieser zu diesem Zeitpunkt im Idealfall alle notwendigen Vorbereitungen für einen reibungslosen Verlauf des Transaktionsprozesses getroffen, welche eine Übertragung vereinfachen und erfordern (z. B. stille Reserven aufgelöst, Umstrukturierungen oder Umwandlungen vollzogen, nichtbetriebsnotwendiges Kapital ausgeschüttet und vieles mehr).

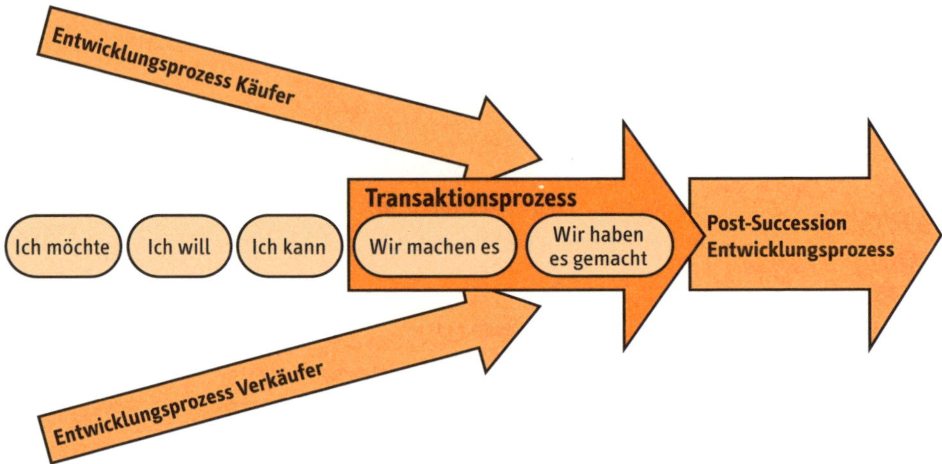

Abbildung 25: Entwicklungs- und Transaktionsprozess von Käufer/Verkäufer[219]

Mit dem vorliegenden Kapitel 6.3 konzentrieren wir uns auf vier Prozesse (vgl. dazu Abbildung 25). Hierbei geht es in einem ersten Schritt um den vorbereitenden Entwicklungsprozess von Verkäufer und Käufer. Beim Verkäuferprozess (vgl. Kapitel 5.3.1) geht es um die Frage, was diesen auf seinem Entwicklungsprozess bewegt, um vom Unternehmer-Dasein zum Nicht-Unternehmer-Dasein zu kommen. Beim Käuferprozess (vgl. Kapitel 6.3.2) geht es um die Frage, wie sich beispielsweise Kinder in einem Familienunternehmen oder der einfache Angestellte zum Unternehmer-Dasein entwickeln können. Dabei müssen wir vor allem zwischen FBO, MBO und MBI unterscheiden. In einem weiteren Schritt geht es um den eigentlichen Transaktionsprozess, sprich den Vollzug dessen, was unter Umständen Monate oder Jahre angebahnt worden ist (vgl. Kapitel 6.3.3). Denn irgendwann müssen die vorgelagerten Entwicklungsprozesse auch zum Abschluss kommen und damit ihre Verbindlichkeit erlangen. Die Herausforderung ist, dass die einzelnen Prozessphasen von Verkäufer und Käufer sequenziell nicht immer aufeinander abgestimmt werden können und dass die einzelnen Phasen je nach Kontext und gewählter Nachfolgeoption unterschiedlich lange dauern.

Insbesondere beim FBO und MBO müssen die beiden Entwicklungsprozesse beim Verkäufer und Käufer eine inhaltliche und zeitliche Kongruenz erreichen, damit überhaupt ein Übergang möglich wird.[220] Der Zeitpunkt der eigentlichen Übergabe ist der Berührungspunkt der beiden Entwicklungsprozesse von Käufer und Verkäufer.[221] Den beiden Prozessen gemeinsam ist, dass das vermeintliche Übertragungs-Objekt – verstan-

219 i.A. Halter, Kammerlander 2014.
220 Hofmann, Sigg 2009, S. 51.
221 Müller, Koschmieder, Trombska u. a. 2009, S. 205.

den als Unternehmen (vgl. dazu Kapitel 4.2) – bereits bekannt ist und insbesondere der Käufer-Prozess sich darauf ausrichten kann.

Beim MBI und M&A-Prozess sieht vor allem der Käufer-Prozess anders aus, denn das Unternehmen ist dem Käufer beim Start seines persönlichen Entwicklungsprozesses in der Regel alles andere als bekannt. Die Praxis zeigt, dass viele MBI-Kandidaten in eine berufliche Karriere starten, ohne überhaupt zu wissen, dass sie eines Tages den Drang ins Unternehmertum verspüren werden oder in diesem Lebens-Modell aufgehen werden. Deshalb verlaufen die beiden Prozesse (Käufer und Verkäufer) voneinander losgelöst. Von dem Moment an, wo sich die Wege der beiden Parteien kreuzen, startet deshalb in der Regel ein eher strukturierter Transaktionsprozess. Beziehungsaufbau und damit Vertrauensbildung über einen gemeinsamen Entwicklungsprozess im Vorfeld ist nicht möglich. Die Praxis lehrt uns, dass gerade beim externen Verkauf/Kauf der notwendige Entwicklungsprozess nach Abschluss der Transaktion unterschätzt wird, weshalb wir uns diesem in Kapitel 6.3.4 abschliessend noch kurz widmen.

6.3.1 Der Entwicklungsprozess des Verkäufers

In Kapitel 2.4.5 haben wir bereits über das Zusammenspiel von «Haltung – Bereitschaft – Handlung» gesprochen, an jener Stelle zur «Ebene des Individuums» (vgl. auch Abbildung 7). Die Handlung eines Unternehmers kann im Unterschied zur Haltung beobachtet und umschrieben werden. Die Handlung eines Unternehmers könnte beispielsweise sein, dass er gezielt eine Geschäftsführung aufbaut, dieser die operativen Verantwortlichkeiten überträgt und sich bewusst auf sein Verwaltungsratspräsidium zurückzieht. Und dieses auch konsistent so lebt – und nicht mehr täglich im Unternehmen steht, als Feuerwehrmann oder Troubleshooter amtet. Ausgangspunkt dafür ist die Bereitschaft des Unternehmers und vor allem die innere Überzeugung (= Haltung), dass dies für ihn und das Unternehmen der richtige Weg ist. Dieses «Loslassen Können» stellt das Schlüssel-Element im Entwicklungsprozess des Verkäufers dar – ein Problem, das bei Gründern besonders stark ausgeprägt ist.[222] Die Erkenntnis reicht nicht, zu wissen dass man die Nachfolge regeln muss – es gilt auch, den entsprechenden Willen zu entwickeln, um diesen im Anschluss in Taten umzusetzen. Der Unternehmer unternimmt auch in dieser Phase nochmals etwas! Die Verantwortung für das Gelingen liegt ganz wesentlich in seinen Händen.[223] Es braucht die subjektive

222 Morris, Williams, Allen, Avila 1997, S. 390f.; Handler 1991; Kepner 1983; Chini 2004, S. 270; Getz, Petersen 2004, S. 261; Kailer, Weiß 2005, S. 34 f.; St-Cyr, Richer 2005, S. 58; Cadieux 2005, S. 34.

223 Die nachstehenden Überlegungen stammen aus einem Buchkapitel von Halter, Benz 2015.

Zuversicht und das eigene Zutrauen, dass man den bevorstehenden Transaktionsprozess leisten kann.

Ein Blick in die Fachliteratur bringt immer wieder die gleiche Aussage: Das Loslassen ist eines der wichtigsten und schwierigsten Projekte eines jeden Unternehmers. Warum ist das so? Viel zitiert wird die «emotionale» Komponente, die das Loslassen und Zulassen so schwierig macht.[224] Und: Was kann Herr oder Frau Unternehmer/in tun? Hier verliert sich die Fachliteratur meist in technischen Fragestellungen, die die Form bzw. den Prozess der Nachfolge betrifft.

Beim Blick in die Praxis begegnen wir immer wieder unterschiedlichsten Haltungen in Bezug auf die eigene, bevorstehende Nachfolge aus der Perspektive der abtretenden Generation. Der eine geschäftsführende Inhaber sagt beispielweise: *«Die Schreinerei führe ich heute in der 4. Generation. Das Unternehmen ist für mich wie ein Boot, das mir von der Reederei zur Verfügung gestellt wird. Es ist meine Aufgabe und Pflicht, das Boot am Schluss meiner persönlichen Karriere der Reederei wieder in gutem Zustand zurück zu bringen, so dass ein neuer Kapitän die Verantwortung übernehmen kann. Dies bedeutet für mich, dass ich jetzt mein Geld verdienen muss und ich für das Schiff als solches nichts erwarten kann oder darf.»* Dies sind die Worte des Eigentümers einer mittelgrossen Schreinerei. Hier wird ein starkes Grundverständnis zum Ausdruck gebracht, dass das Wesen des Unternehmerdaseins eine zeitlich begrenzte Aufgabe, Bestimmung oder Rolle ist. Im Unterschied dazu kann es aber auch so tönen: *«Bis jetzt ist jeder Nachfolgeversuch gescheitert. Mein Sohn kann nichts, meine Mitarbeiter sind zu dumm oder sind keine Unternehmer. Das Produkt ist komplett von mir abhängig, denn es handelt sich um MEINE technische Entwicklung. Ich werde jetzt einfach weiter machen und dann sollen dann die Kinder schauen, wie sie über die Runde kommen, wenn ich verstorben bin.»* Dies sind die Worte eines 70-jährigen Schweizer Unternehmers. Auch diese Nachfolgesituation wird gelöst. Und wenn es «nur» der Eintritt des Todes ist und anschliessend das Ehe- und Erbrecht den Rest definiert. Und offen gestanden: Offenbar handelt es sich um einen bewussten Entscheid des Unternehmers, eben nichts zu tun. Ein Umstand, der für Nachfolgespezialisten manchmal schwer zu verstehen oder gar zu akzeptieren ist. Und trotzdem ist es sein freier Entscheid, den es (wohl oder übel) zu respektieren gilt.

Viele Unternehmer tun so, als seien sie unsterblich. So wird die Frage nach der Nachfolge und dem eigenen Loslassen, also der Trennung vom Unternehmen, immer wieder gerne auf später verschoben, weil sie sich ein «Danach» nicht vorstellen können oder wollen. Und so ist der immer noch präsente Senior-Chef, der sich jenseits der 80,

224 vgl. bspw. Themen wie Emotional Value und Socio Emotional Wealth i.A. Zellweger, Sieger 2009; Zellweger, Fueglistaller 2006; Zellweger, Richards, Sieger u.a. 2015.

und im schlimmsten Fall auch schon halb dement, täglich in die Firma begibt und dort «nach dem Rechten sieht». Oder man widmet sich erst dann überhaupt dem Nachfolge-Thema, wenn es gesundheitlich gar nicht mehr anders geht.

Dieser Mangel an «Loslassen-Können» bleibt oft nicht ohne Konsequenz. Durch das Verdrängen bzw. Verschieben des Nachfolgethemas wird der Prozess oft erst spät angegangen. Wegen des Zeitmangels sind die Handlungsoptionen für eine Nachfolge dann deutlich eingeschränkt; es fehlt die Zeit für eine ausreichende Planung. Ein Denken und Handeln in Szenarien ist schlicht und ergreifend nicht mehr möglich (vgl. dazu Kapitel 4.1.5). Auch das Unternehmen befindet sich zu diesem Zeitpunkt meist bereits nicht mehr auf dem Höhepunkt der Leistungs- und Entwicklungsfähigkeit – was wiederum die Zukunftschancen und damit den Verkaufspreis mindert. Möglicherweise ist bereits Substanz verloren gegangen, die Ertragslage hat sich verschlechtert und das Unternehmen hat wertvolle Mitarbeiter verloren. Im schlimmsten Fall ist diese Situation dann nochmals ein Grund mehr für Nicht-Loslasser, sich jetzt erst recht nochmals dem Unternehmen zu verschreiben – ein Kreislauf mit falschen Vorzeichen.

WOLLEN × KÖNNEN × DÜRFEN = Loslassen

Abbildung 26: Voraussetzungen fürs Loslassen

(Nicht)Loslassen verbinden wir gerne mit den Begriffen Wollen, Können und Dürfen (vgl. Abbildung 26). In Anlehnung an eine klassische Führungsformel für Motivation oder Leistung müssen alle drei Komponenten gegeben sein, um am Ende des Tages auch wirklich loslassen zu können. Wenn eine Komponente dieser sinnbildlichen Formel nicht mit «Ja» beantwortet werden kann, dann ist das Resultat formalistisch gesprochen «Null» und führt deshalb zum «Nicht»-Loslassen. Loslassen ist möglich, wie folgendes Beispiel zeigt: Ein Unternehmer, er hat das Unternehmen in seinem 59ten Lebensjahr formell an seine beiden besten Mitarbeiter verkauft, ist heute noch als Kalkulator tätig und lässt sich spontan zur Aussage hinreissen: «*Ich bin zur Zeit in meiner glücklichsten Lebensphase. Ich darf heute arbeiten und ich muss nicht mehr – die beiden Jungen machen das hervorragend und ich habe endlich die Luft zum Atmen.*» Die Grundhaltung «Ich habe ein Unternehmen» im Unterschied zu «Ich bin das Unternehmen» hat hier voll und ganz seine positive Wirkung entfaltet. Bildlich gesprochen: Das anfänglich hinter dem (Nachfolge)Berg verborgene Lustvolle und Neue kommt erst in Sichtweite, wenn auf der Vorderseite die ersten Höhenmeter des (Nachfolge)Weges aufgestiegen worden sind.

Wenn wir mit dieser Formel gleichzeitig auf das Phänomen Unternehmensnachfolge und Familienunternehmen respektive Unternehmerfamilien schauen, dann zeigt, welche Faktoren das Wollen, Können und Dürfen befördern – oder umgekehrt, welche Faktoren eben auch eine hinderliche Wirkung haben können. Die nachstehende Tabelle soll mögliche Beispiele geben. Diese aufgelisteten Aspekte können dem Leser relativ schnell aufzeigen, wo noch Handlungsfelder sind.

Tabelle 7: Loslassen des Verkäufers (Wollen, Können, Dürfen)

Wollen	• Will ich mehr Luft zum Atmen (Entscheidungsfreiheit)? • Will ich meine Zeit Dingen ausserhalb des Unternehmens widmen? • Habe ich eine klare Vorstellung (Vision) darüber, was in Zukunft kommen soll und welche Vorteile das Loslassen für mich bringt (z. B. gesundheitliche Entlastung, weniger Stress, mehr Zeit für die Familie…)? • Bin ich überzeugt, dass das Unternehmen neue und jüngere Impulse braucht?
Können	• Ist mir bewusst, dass meine Identität nicht vom Unternehmen abhängt? • Was wird diesen Verlust aufwiegen? • Sind die Führungsstrukturen und -prozesse so etabliert, dass die wesentlichen Bereiche auch ohne mich funktionieren? • Bin ich finanziell so aufgestellt, dass ich nicht mehr auf einen monatlichen Lohn angewiesen bin? • Evtl. mehr finanzielle Freiheit – aber wofür Geld ausgeben? • Gibt es Lebensbereiche ausserhalb des Unternehmens, die ich als sinnstiftend erlebe?
Dürfen	• Habe ich ganz konkrete Schritte (Meilensteine) definiert, die den Prozess des Loslassens – durchaus auch symbolisch – begleiten (z. B. eine Abschiedsfeier, eine geplante Reise, ein neues Projekt…)? • Habe ich Vertrauen in den Nachfolger – im Bewusstsein, dass ich selber vor 25 Jahren auch noch nicht alles gewusst und gekonnt habe? • Steht meine Familie, mein Partner oder meine Partnerin hinter dem Entscheid, aus der Rolle des Unternehmer-Seins auszusteigen? • Trägt das Team im Unternehmen meinen Ausstieg mit und akzeptieren sie meinen Nachfolger?

Unternehmerische Persönlichkeiten zeichnen sich oft dadurch aus, dass sie Verantwortung übernehmen und sich über alle Massen für den Betrieb engagieren. Häufig wird dadurch eben auch das Unternehmen zum wichtigsten Lebensinhalt – andere Dinge, wie Familie, Beziehungen, Freundschaften, müssen hinten anstehen. Die Kernfrage lautet deshalb: «Wofür gebe ich etwas auf?» Eine Studie untersuchte unter anderem, ob und gegebenenfalls warum Frauen/Unternehmerinnen sich leichter wieder von «ihren» Unternehmen trennen können.[225] Entscheidend hierfür ist offenbar, *wofür* die Unternehmerinnen das Unternehmen aufgeben: Stehen zum Beispiel persönliche Beziehungen oder die Familie im Vordergrund, ist ein Loslassen anscheinend um vieles leichter. Vielleicht ist es aber auch einfach die Erkenntnis, dass es für einen selbst oder für das Unternehmen besser ist, wenn man als Senior rechtzeitig kürzer tritt oder komplett aus dem Unternehmen ausscheidet.

225 Justo, DeTienne, Sieger 2015.

Es stellt sich also die Frage, was losgelassen wird und was man dafür bekommt. Loslassen im Sinne einer Unternehmensnachfolge bedeutet, eine Rolle abzugeben, und damit nicht nur eine – teilweise lebens(er)füllende – Aufgabe, sondern auch Macht, Einfluss, Prestige, Kontrolle. Das heisst auch, dass «Loslassen» oft mit enormem Verlust verbunden ist und mit grosser Unsicherheit, was die Zukunft betrifft.

6.3.2 Der Entwicklungsprozess des Käufers

Was macht einen erfolgreichen Unternehmer aus? Diese Frage beschäftigt die Forschung schon seit vielen Jahren und es gibt bis heute noch keine abschliessende Antwort. Neben allfälligen genetischen Voraussetzungen haben Erlebnisse und Lebensumstände im Rahmen der Sozialisierung in der Kindheit und Jungendzeit auf jeden Fall einen prägenden Einfluss.[226] Die beiden Ebenen «Haltung» und «Bereitschaft» von potenziellen Nachfolgern werden in dieser Phase auf jeden Fall stark geprägt. Aber auch Rahmenbedingungen haben am Ende des Tages einen Einfluss auf den Nachfolge-Entscheid. Dies kann sowohl aus der Not heraus passieren, da beispielsweise der

226 Hofmann, Sigg 2009, S. 51ff.

Vater oder Arbeitgeber unverhofft verstirbt oder ausfällt – es kann aber auch als eine behutsame und mehr oder weniger unbewusste Heranführung ganz im Sinne der Entwicklungslogik gestaltet werden.

Analog zum Verkäufer sprechen wir auch beim Käufer vom Wirkungssetting «Haltung – Bereitschaft – Handlung» (vgl. dazu Kapitel 2.4.5). Stellen sie sich vor (Szene 1): Sie treffen eine unternehmerische Persönlichkeit mit Führungserfahrung, Sprachenkenntnissen, einem spürbaren Interesse und grosser Neugier an dem, was Sie in den letzten 25 Jahren aufgebaut haben. Im Gespräch entstehen spontan neue Ideen, wie Märkte oder Produkte weiterentwickelt werden könnten etc. Zufällig fällt während der spannenden Diskussion der in der Zwischenzeit bestellte Teller mit frischen Häppchen auf den Boden. Spontan nimmt das junge Gegenüber sein frisch gebügeltes Taschentuch zur Hand und wischt die Misere direkt und ohne Rücksicht auf dreckige Finger und Ähnliches zusammen. Als Unternehmer sagen Sie – wow – diese Person packt an – die Chemie stimmt. Es wäre toll, wenn ich dieser Persönlichkeit mein Unternehmen «an-Vertrauen» könnte.

Stellen Sie sich vor (Szene 2): Sie kriegen durch einen Personalvermittler oder im Rahmen einer Spontanbewerbung von einer Ihnen unbekannten Person einen Lebenslauf, inkl. einem umfangreichen Begleitschreiben, worin Ihr Unternehmen vom Bewerber als Idealobjekt für eine Übernahme im Rahmen eines MBIs dargestellt wird. Aus dem Lebenslauf können Sie entnehmen, dass es sich um einen 45-Jährigen handelt, der die letzten 20 Jahre verschiedene Positionen im Private- und Investment-Banking gesammelt hat. Auch sind alle Weiterbildungen am MIT und am IMD sowie verschiedene Leadership-Kurse beim letzten Arbeitgeber aufgeführt, wo er die letzten 8 Jahre am Stück gedient hat. Auch diese Person verfügt über mehrere Jahre Führungserfahrung und verschiedene Sprachenkenntnisse.

Welcher dieser beiden Persönlichkeiten würden sie aus dem Bauch heraus Ihr Unternehmen anbieten? Kann man das so einfach sagen? Oder handelt es sich gar um das gleiche Gegenüber, das Sie jedoch auf unterschiedliche Art und Weise kennen gelernt haben?

Das Beispiel unterstreicht, dass der Lebenslauf einer Person nur die Spitze des Eisberges ist und nur wenig über die eigentlichen Ressourcen einer Person zum Ausdruck bringt. Insbesondere die beiden Ebenen «Haltung – Bereitschaft» bleiben im klassischen Lebenslauf mehrheitlich verborgen – sind jedoch entscheidende Elemente, um Vertrauen zu bilden. Es braucht nicht nur Papiere – es braucht Begegnung und damit auch Zeit, jemanden in seiner Ganzheitlichkeit zu erkennen und schätzen zu lernen und am Schluss sein Lebenswerk «anzu-Vertrauen». Vordergründig ist nur das Element «Handlung» der beobachtbare Teil.

Der Entwicklungsprozess beim FBO

Beim *FBO* ist das Übernahmeobjekt (vgl. dazu Kapitel 4.2) in der Regel bekannt. Gerade für diese Kandidaten gibt es eine zusätzliche ‚natürliche' Berufsoption. Neben der Option des Angestelltenverhältnisses und der eigenen Unternehmensgründung wird die Option Unternehmensübernahme quasi in die Wiege gelegt. Das Nachfolgeprinzip «Primogenitur» oder «Nepotismus» – sprich, dass der Erstgeborene oder überhaupt Familienmitglieder die richtigen Nachfolger sind – verliert in der Praxis aus verschiedensten Gründen zunehmend an Bedeutung, weshalb auch die FBO-Quote in unseren Breitengraden in den letzten 15 Jahren stark gesunken ist.

Die Forschung konnte für die Entscheidungsfindungsphase im FBO-Kontext in den letzten Jahren verschiedene spannende Erkenntnisse erarbeiten, wobei wir die Wichtigsten nachstehend kurz aufnehmen:[227]

- Lässt es das wirtschaftliche Umfeld überhaupt zu, sich ausserhalb des Familienunternehmens einer Karriere zuzuwenden? Internationale Vergleichsstudien zeigen, dass in Ländern mit sehr hoher Jugendarbeitslosigkeit die FBO-Absicht von Jugendlichen viel höher ist. Dabei wird auch von «Necessity-Succession» gesprochen: die jungen Nachfolger haben ausserhalb der eigenen Firma keine oder wenig attraktive Möglichkeiten, also übernehmen sie die Unternehmung ihrer Eltern.
- Der internationale Vergleich zeigt die Abhängigkeit von FBOs von der steuerlichen Belastung, insbesondere von Schenkungs- und Erbschaftssteuern: je höher die steuerliche Belastung einer Nachfolge ist, desto tiefer ist die FBO-Absicht der Jugendlichen.
- Wenn die Eltern im vorliegenden Fall ein Unternehmen haben, kann dies für Jugendliche sehr positiv (z. B. Freiheitsgrade, Selbstbestimmung) oder auch als etwas sehr Belastendes (z. B. kein Familienleben, keine Eltern-Kind-Beziehung, Unternehmen als Konkurrent) erlebt werden. Die positive Erfahrung ist kein Garant, dass die Jugendlichen sich später für den FBO entscheiden, denn sie können auch selber zu Unternehmensgründern werden. Die Gründung einer eigenen Unternehmung tritt dann als Option in den Vordergrund, wenn folgende Merkmale stark ausgeprägt sind: hohe Risikobereitschaft, sehr grosses Selbstvertrauen, hohe Leistungsbereitschaft und -motivation, hohe eigene (Selbst)Kontrollüberzeugung und starke Selbstbestimmtheit.
- Je grösser der Familien-Clan ist und je mehr Kinder (mehr als 3 Geschwister) in der Familie vorhanden sind, desto höher ist die FBO-Nachfolgebereitschaft von Jugendlichen.

227 Zellweger, Sieger, Englisch 2015.

- Die (freiwillige) Mitarbeit im Familienunternehmen erhöht die FBO-Nachfolgebereitschaft von Jugendlichen. Die Nachfolgebereitschaft nimmt dabei in den ersten 60 Monaten ab Start der Mitarbeit zu (= knapp 6 Jahre) – nimmt danach jedoch ab, wenn keine Verantwortung übernommen werden kann. Das richtige Timing ist notwendig.

Die Praxis lehrt uns, dass gerade im deutschsprachigen Europa die Entscheidungsfindung per se für junge Menschen nicht einfach ist und oft hinausgezögert wird. Wir vertreten an dieser Stelle die Ansicht, dass junge Menschen bereits bei diesem Entscheid (Eigen-)Verantwortung übernehmen sollten – zumindest haben Sie die Wahl dazu. Bei einer Jugendarbeitslosigkeit von 40 Prozent, wie wir dies heute beispielsweise in Italien, Spanien oder Portugal beobachten, sind die Wahlmöglichkeiten wesentlich geringer.

Kernfragen für FBO-Kandidaten im Entwicklungsprozess sind:

- Habe ich den Willen, die Lust, die Fähigkeiten und die Kraft, mich nachhaltig für ein Unternehmen einzusetzen und für den Verlauf die Verantwortung und Konsequenzen zu (er)tragen?
- Bin ich schon erwachsen und habe mir eine gesunde Autonomie und Unabhängigkeit von meinem Vorgänger angeeignet?
- Trägt meine Partnerin oder mein Partner das Unterfangen mit?
- Habe ich die kommunikativen Fähigkeiten und das notwendige Quäntchen Kompromissbereitschaft, den mittelfristigen Prozess mit meinen Eltern und Geschwistern konstruktiv zu gestalten?
- Habe ich ein Zukunftsbild darüber, wo das Unternehmen in 10-15 Jahren stehen könnte?

Der Entwicklungsprozess beim MBO

Beim *MBO* ist das Übertragungs-Objekt bekannt. Die Praxis lehrt uns, dass es immer wieder erfolgreiche Nachfolgen gibt, wo der Wunsch und Wille der Nachfolger (aus dem aktuellen Management) anfänglich unausgesprochen oder gar nicht vorhanden war. Es kommt nicht selten vor, dass der Vorgänger seinen besten Mitarbeiter in dieses Abenteuer schubsen muss und deshalb im Rahmen des Entwicklungsprozesses auch verschiedene Massnahmen der Heranführung zu treffen hat. Dies reicht von der Verantwortungsübertragung von Teilaufgaben und zunehmend komplexeren Aufgaben bis hin zur gezielten Förderung im Rahmen von Weiterbildungsmöglichkeiten. Die eigentliche Entschlussfassung, den Schritt zum Unternehmertum zu machen, verlangt Selbstvertrauen, das Zutrauen des Verkäufers sowie auch z. B. die Unterstützung des Lebenspartners. Denn ein finanzielles Engagement ist auf jeden Fall im Rahmen der eigenen Möglichkeiten zu leisten. Die Unternehmensübernahme bedeutet kurzfristig Konsumverzicht. So müssen oft private Projekte, wie Eigenheim oder Ähnliches, hintan gestellt werden.

Folgendes kann z. B. eintreten: Der Käufer war in den vergangenen Jahren ein Angestellter des abtretenden Unternehmers. Im Rahmen des gemeinsamen Nachfolgeprozesses ist eine Emanzipierung des Arbeitnehmers zum Unternehmer wichtig. Spätestens zum Zeitpunkt des Transaktionsprozesses gilt es sicherzustellen, dass beide Parteien sich als Partner auf Augenhöhe begegnen können.

Wichtige Kernfragen für MBO-Kandidaten im Entwicklungsprozess lauten:

- Verfüge ich, in Ergänzung zu den bisherigen Tätigkeiten, über das Wissen und die Erfahrung, um den zusätzlichen Aufgaben als Unternehmer gerecht zu werden?
- Traue ich mir die Emanzipation von meinem Chef zu?
- Akzeptieren die bisherigen Arbeitskollegen mich als Chef?
- Wie kann ich die Unternehmensübernahme finanzieren vor dem Hintergrund, dass eine Schenkung oder ein Erbvorbezug als Finanzierungsformen auf der Seite des Verkäufers nicht beabsichtigt bzw. nicht möglich sind?

Der Transaktionsprozess beim MBI

Beim *MBI* ist das Übertragungs-Objekt im voraus nicht bekannt. Dies stellt deshalb eine ganz andere Ausgangslage dar. Die Unsicherheit ist für den Käufer deshalb grösser, die Hürde ist wesentlich höher als beim FBO oder MBO den Weg zur unternehmerischen Selbständigkeit einzuschlagen. In der Praxis treffen wir im Kern zwei Arten von MBI-Kandidaten an:[228] Bei der ersten Kategorie handelt es sich um Individuen, die aus einem starken inneren Antrieb den Weg zur unternehmerischen Selbständigkeit suchen. Selbstverwirklichung, Eigenständigkeit, Risikobereitschaft, Gestaltungsdrang sind klassische Motive. Diese Individuen möchten sich deshalb etwas Neuem zuwenden.

Für die zweite Kategorie stellt die Unternehmensübernahme eine Alternative dar zu etwas, das entweder nicht mehr möglich ist, da beispielsweise die Stelle gekündigt wurde – oder aber die bisherigen Gegebenheiten entsprechen einfach nicht mehr den eigenen Vorstellungen. Der innere Antrieb in die unternehmerische Selbständigkeit

228 Dies geht aus Erfahrungen und Beobachtungen hervor, die Frank Halter und Claudia Buchmann im Rahmen des eigens entwickelten MBO/MBI-Seminares gemacht haben.

stellt dabei eher eine Abkehr von etwas Bisherigem dar. Motive wie Abkehr, Veränderungswunsch oder einfach ein Ausbrechen aus dem Alltag können auschlaggebend sein. Ob dabei die gleiche Kraft vorhanden ist, wie bei der ersten Kategorie, gilt es punktuell kritisch zu hinterfragen.

Der Weg zum Ziel, verstanden als Suchstrategie, ist sehr unterschiedlich. Die einen begeben sich, parallel zu einer Festanstellung, auf die Suche nach einem Unternehmen. Vorteil dabei ist, dass die Lebenshaltungskosten dabei gedeckt sind und eine finanzielle Sicherheit gegeben ist. Nachteil ist, dass wenig Zeit zur Verfügung steht, um kurzfristig entsprechend reagieren zu können. Denn die Bewältigung der Aufgaben im Rahmen eines Transaktionsprozesses beansprucht viel Zeit. Weiter wollen viele dieser Kandidaten auch sichergestellt haben, dass der aktuelle Arbeitgeber von den Plänen einer potenziellen Abkehr nichts mitbekommt. Die entgegengesetzte Strategie bedeutet, dass man die Festanstellung verlässt und sich mit voller Energie auf den Suchprozess einlässt – ein hohes Risiko, da Erfahrungswerte zeigen, dass das passende Übernahmeobjekt in der Regel nicht innert nützlicher Frist gefunden wird. Der intransparente Markt kommt genau in diesem Moment im negativen Sinn zum Tragen (vgl. dazu Abbildung 2). Zwischenvarianten könnten sein, dass eine Teilzeitanstellung gesucht wird oder auch beratende Aufgaben wahrgenommen werden, die es ermöglichen, auf Umwegen zum Beispiel an potenziell passende Unternehmen heran zu kommen. Den Gral für die richtige Lösung haben auch wir noch nicht gefunden.

Eine der grössten Herausforderungen von MBI-Kandidaten stellt der verbindliche Kapitalnachweis dar. In der Regel ist die Bereitschaft des Verkäufers – dies im Vergleich zu einer FBO oder MBO Situation – wesentlich tiefer im Rahmen eines Verkäufer-Darlehens bei der Finanzierung der Transaktion zu helfen. Gerade für akademisch geprägte Persönlichkeiten mit Führungserfahrung wird das Zielunternehmen in der Regel eine beachtliche Grösse haben müssen. Diese Anforderung wiederum stellt hinsichtlich Finanzierungsbedarf eine grosse Herausforderung dar. Selbst unter Berücksichtigung des Fremdfinanzierungspotenzials über eine Bank lässt sich die Übernahme eines solchen Unternehmens aus der eigenen (privaten) Tasche kaum vollständig finanzieren. Wie soll es in einer solchen Situation einem MBI-Kandidaten gelingen, Mittler zu gewinnen, die ihn bei der Suche nach einer Unternehmung unterstützen?

Wichtige Kernfragen für MBI-Kandidaten im Transaktionsprozess lauten:

- Wie finde ich ein Objekt in einem intransparenten Markt, das zu mir passt und ich mir finanziell auch leisten kann?
- Wie schaffe ich es, möglichst rasch Vertrauen zum Verkäufer aufzubauen und eigenes Vertrauen in ein Übernahmeobjekt zu gewinnen; wissend, dass ich sowohl weder den Verkäufer noch das Übernahmeobjekt bis dato kenne (und vice versa)?
- Bin ich bereit, ein sicheres Anstellungsverhältnis aufzulösen und mich auf den Weg zu machen, auf einen Weg mit offenem Ausgang?
- Sind meine Lebenshaltungskosten so, dass ich mir Einkommenseinbussen auch leisten kann?
- Wie viel Kapital steht mir für die Unternehmensübernahme zur Verfügung und was kann ich an zusätzlichen (Eigen-)Mitteln innert kurzer Frist mobilisieren, inkl. verbindlichem Kapitalnachweis?

Der Transaktionsprozess beim M&A-Kandidaten

Schliesslich gibt es auf der Käufer-Seite noch *M&A-Kandidaten*. Dabei handelt es sich weniger um Individuen mit den umschriebenen Ebenen «Haltung – Bereitschaft – Handlung», sondern eher um institutionelle Investoren. In Vergleich dazu verfügen solche primär institutionellen Käufer jedoch über eine eigene «Kultur – Strategie – Struktur». Hier muss die Frage gestellt werden, unter diesem Aspekt Käufer und Übertragungs-Objekt zusammen passen. Im Wesentlichen können zwei Kategorien von institutionellen Käufern unterschieden werden: strategische Käufer und Finanzinvestoren.

Strategische Käufer haben in der Regel das Interesse, neue Märkte, neue Produkte, neues Know-How und ähnliches zu übernehmen und diese je nach Zielsetzung in die eigene Organisation einzubinden, zu integrieren oder anzubinden. Dadurch entstehen Anforderungen an einen bevorstehenden Veränderungsprozess, dessen Erfolg in der Praxis nicht immer eingelöst werden kann. Erhoffte Synergieeffekte lösen sich oft in Luft auf – dies meistens deshalb, weil die Kulturunterschiede zwischen zwei Organisationen massiv unterschätzt werden.

Wichtige Kernfragen für strategische M&A-Käufer im Transaktionsprozess sind:

- Wie gross sind die Kulturunterschiede zwischen den Organisationen?
- Welche Synergien können wie realisiert werden?
- Wird das Übernahmeobjekt vollständig integriert oder als eigenständige Einheit weitergeführt?

Finanzinvestoren stellen eine zweite Gruppe von M&A-Kandidaten dar. Im Kern des Interesses stehen nicht strategische Synergien, sondern finanzielle Ziele, die realisiert werden wollen. Das erste Ziel kann darin liegen, dass nachhaltige Gewinne realisiert werden sollen (z. B. in der Form von regelmässigen Dividendenausschüttungen), um dadurch das investierte (Equity)Kapital möglichst gut zu verzinsen. Das zweite Ziel kann auch sein, dass nach einer bestimmten Halteperiode versucht wird, einen Mehrwert durch den Weiterverkauf zu realisieren (Exit-Option).

Wichtige Kernfragen für Finanzinvestoren im Transaktionsprozess sind:

- Funktioniert die operative Führung des Übernahmeobjektes auch ohne den Alt-Inhaber (da in der Regel beim Käufer kein eigenes Branchenwissen vorhanden ist)?
- Kann eine adäquate Verzinsung des investierten (Equity)Kapitals erwartet werden?
- Wie gross muss ein Kaufobjekt sein, damit sich die im Vorfeld zu investierenden Transaktionskosten für Due Diligence etc. überhaupt lohnen?
- Gibt es überhaupt genügend attraktive Kaufobjekte, wo und wie sind diese zu finden?
- Welche Exit-Optionen gibt es, z. B. bereits zum Zeitpunkt der Übernahme?

Der Nachfolger als Unternehmer

Wenn wir uns schliesslich wieder auf das Individuum als Nachfolger zurück besinnen, so lassen sich Unterschiede in Bezug auf das «Lebenskonzept Unternehmertum» beobachten. Vor zwei bis drei Jahrzehnten galt es als Lebensentscheidung, ein Unternehmen zu übernehmen. Die anschliessenden Jahrzehnte wurden möglichst stabil und ohne berufliche Neuorientierung gestaltet. Die Gesellschafts- und Familienstrukturen bewegten sich dabei im traditionellen Rollenmodell, der Unternehmer verschrieb sich voll und ganz dem Unternehmen und überliess beispielsweise die Familienentwicklung seiner Partnerin.

Heute beobachten wir viele Jungunternehmer, die zu Portfolio-Unternehmern oder Lebensabschnitts-Unternehmern avancieren. Dies bedeutet, dass ein finanzielles Engagement auch mittelfristig angelegt sein kann, und, der Lust folgend, nach einigen Jahren etwas Neues, Anderes oder Zusätzliches verfolgt wird. Gleichzeitig steigen aber auch die Anforderungen an die Work-Life-Balance. Wenn der Verkäufer diesbezüglich keine sprachliche Differenzierung zwischen «Work» und «Life» gemacht hat, so wird dies von der jungen Generation zunehmend getan. Es geht dabei oft um die Hauptfrage, ob man lebt um zu Arbeiten (vorliegend positiv verstanden), oder arbeitet um zu Leben. Wir vertreten die Ansicht, dass eine energetische Ausgewogenheit notwendig ist, um nachhaltig leistungsfähig zu sein und zu bleiben. Doch die Grundhaltung eines Unternehmers sollte schon so sein, dass Arbeit etwas Lustvolles sein kann und nicht nur als Belastung erfahren wird. Leben und Arbeit sollten für einen Unternehmer aus energetischer Sicht somit nichts Bipolares darstellen.

Bei der Wahl des *Nachfolgers* wurden bereits die beiden Phänomene Primogenitur und Nepotismus angesprochen. Ein Problem ist, wenn Nachfolger nicht die notwendigen *Fähigkeiten und Erfahrungen* mitbringen, die eine zeitgemässe und branchenspezifische Unternehmensführung erfordert.[229] Untersuchungen haben ergeben, dass der Ausbildungsstand eine positive Korrelation mit dem Erfolg des Unternehmens nach der Übertragung hat. Aktuell lässt sich eine Zunahme des Bildungsstands der Nachfolger beobachten.[230] Andererseits liegt die Gefahr darin, dass der Nachfolger nicht über den notwendigen *Willen und die Ausdauer* verfügt, das Unternehmen auch in Eigenregie zu führen und dessen Zukunft zu gestalten. Gerade bei familieninternen Unternehmensnachfolgen muss der Nachfolger den Willen haben, sich nachhaltig in den Dienst des Unternehmens zu stellen. Der Entscheid sollte aus eigenem Antrieb erfolgen, denn nur aus der inneren Stärke heraus können die spezifischen Rollenanforderungen und die damit verbundenen Erwartungen erfüllt werden. Auch der Nachfolger sollte sich deshalb den wesentlichen Fragen rund um das Wollen, Können und Dürfen kritisch stellen, um im Rahmen des persönlichen Entwicklungsprozesses in den Driver-Seat zu kommen.

229 Mandl 2005, S. 128; Morris, Williams, Allen, Avila 1997, S. 390 f; Sechser 2006, S. 47f.; Chini 2004, S. 270 fordert unternehmensexterne Erfahrung für Familiennachfolger.

230 Morris, Williams, Nel 1996, S. 78; Sechser 2006, S. 50; Trefelik 2002, S. 123; Morris, Williams, Allen, Avila 1997, S. 391 f.; Cadieux 2005, S. 45.

Tabelle 8: Einstieg des Käufers (Wollen, Können, Dürfen)

Wollen	• Habe ich den Mut, die Risikofähigkeit und Risikobereitschaft, mich der unternehmerischen Verantwortung zu stellen? • Bin ich bereit, über eine längere Zeit die Extrameile zu gehen und mehr zu leisten als andere?
Können	• Habe ich den Durchhaltewillen und die Durchhaltekraft, Dinge nachhaltig zu verantworten und zu bewegen? • Was sind meine Stärken und Schwächen, was braucht das Unterhemen und wie gehe ich damit um? • Habe ich die fachlichen Voraussetzungen, um das Geschäftsmodell zu verstehen, zu gestalten und zu lenken und damit einen Mehrwert zu leisten? • Verfüge ich über die Leadership-Fähigkeiten, andere Menschen für eine gemeinsame Idee zu gewinnen und mitzuziehen?
Dürfen	• Steht mein Partner oder meine Partnerin und meine Familie hinter dem Vorhaben? • Spüre ich das Vertrauen und Zutrauen des Verkäufers, der Mitarbeitenden sowie allfälligen Finanzierungspartner in meine Persönlichkeit und mein Tun?

Fallbeispiel 11: Die Katze lässt das Mausen nicht

Manfred Brauer[231] *hatte schon vor Jahren seine Kleinbrauerei an eine Grossbrauerei verkauft. Mit dem Erlös hat er seine Immobiliengesellschaft (mit Gastronomiebetrieb) entschuldet. «Damit bin ich alle Sorgen los, habe genug Cash auf der Bank und die Kinder erhalten Geld statt Bier», dachte er sich. Die finanzielle Vorsorge war geregelt. Eigentlich könnte er seinen Ruhestand in vollen Zügen geniessen.*

Doch Müssiggang war für Manfred Brauer nicht das Richtige. Er musste etwas unternehmen. Da kamen ihm die Probleme in seinem grössten Gastronomiebetrieb gerade recht. Was sollte er damit tun? Verkaufen, verpachten, schliessen?

«Es müsste doch mit dem Teufel zugehen, wenn ich mit meiner Erfahrung nicht noch was ganz Neues schaffen könnte», sinnierte Manfred Brauer. «Etwas, bei dem alle Branchenkollegen nur den Kopf schütteln und denken ‚jetzt ist er ganz verrückt geworden'. Genau das wäre das richtige Kompliment.»

Also ging er auf Reisen und informierte sich in Europa und USA über die aktuellen Trends bei den Gasthausbrauereien. Er kam zurück mit einer fixen Ideen: Eine Erlebnisbrauerei müsste doch auch in der Schweiz erfolgreich sein!

Statt Frühpensionierung – Ende des Müssiggangs. Voll Elan entwickelte er in den nächsten Wochen ein neues Konzept: Der Gast sollte das Brauen hautnah mit-

231 Namen geändert.

erleben, sollte besondere Biere geniessen und das Passende dazu konsumieren. Aus Erfahrung wusste er: Bier weckt Emotionen. Dies wollte er nutzen. Er überzeugte tausend Bierfreunde von seinem Konzept, die nach einer Kapitalerhöhung zu Aktionären wurden. Eine neue Brauerei war geboren.

In den folgenden Jahren baute Manfred Brauer den Betrieb weiter aus und bot Brau-Seminare an. Immer mehr Leute nahmen daran teil. Der Kreis der Bierliebhaber wuchs kontinuierlich, ebenso der Umsatz. Doch eines hatte Manfred Brauer noch nicht erreicht: das Kopfschütteln der Branchenkollegen.

Auf einer der nächsten Reisen zündete der Funke. Es gibt Wein für einen Euro und Wein für fünfzig Euro. Weshalb aber kostet Bier überall gleich viel? Im Mittelalter, ja bis vor hundert Jahren war Bier deutlich teurer als Wein. Die industrielle Produktion hatte dann zu einem Preiszerfall geführt, aber auch zu einer weltweiten Geschmacksnormierung. Es musste doch möglich sein, ein geschmacklich einzigartiges Bier herzustellen – handwerklich und in kleinen Menge gebraut – und das zu einem vernünftigen Preis zu verkaufen. An diesem Bier tüftelte Manfred Brauer, auf der Jagd nach dem unvergleichlichen Geschmack. Er hatte ihn auf der Zunge, doch bis er ihn im Glas hatte, vergingen Monate. Als er schliesslich sein Bier entwickelt hatte und dieses in Flaschen zu zwölf Franken anbot, schüttelten etliche Bierbrauer nur den Kopf. Als Manfred Brauer davon hörte, lächelte er nur in sich hinein. Er ist stolz auf seine neue Kleinstbrauerei mit ihrer einzigartigen Biermarke.

Irgendwann wird er sich wieder Gedanken über seine Nachfolge machen müssen. In seinem Hinterkopf schlummert schon die nächste verrückte Idee. Auch wenn er sie noch nicht ganz fassen kann, eines weiss er jetzt schon: Sie wird sich um mehr drehen als nur um Bier.

Mit diesem Beispiel soll gezeigt werden, dass man sich mit einem «Unternehmer-Gen» nicht so einfach zur Ruhe setzen kann. Unternehmertum ist nicht altersabhängig. Wer unternehmerische Herausforderungen liebt, wird das auch im hohen Alter noch geniessen. Doch sollte Art und Umfang der Tätigkeit den Lebensumständen angepasst werden.

In diesem Sinne setzt sich der Nachfolgeprozess auch beim übergebenden Unternehmer fort. Es sei jedem Unternehmer selbst überlassen, wie er seine dritte Lebensphase sinnvoll gestalten will.

6.3.3 Der Transaktionsprozess

Wenn sich die Verkäufer und Käufer identifiziert haben, gilt es im Anschluss daran, den Kontakt in einen passenden Transaktionsprozess zu überführen. Die Praxis zeigt uns immer wieder deutlich auf, dass dies im Rahmen eines FBO und MBO oft sehr unstrukturiert und, in Folge dessen, auch sehr unverbindlich von statten geht. Eine familien- und unternehmensexterne Transaktion (MBI und M&A) läuft im Unterschied dazu in der Regel sehr strukturiert und systematisch ab. Dabei kommen verschiedene Fachbegriffe ins Spiel. Dieser (externe) Prozess ist nachstehend in Abbildung 27 wiedergegeben, wobei wir nur auf die wesentlichen Elemente eintreten. Dabei müssen wir uns auch die Frage stellen, was davon im Rahmen eines FBO oder MBO anwendbar und nützlich ist.

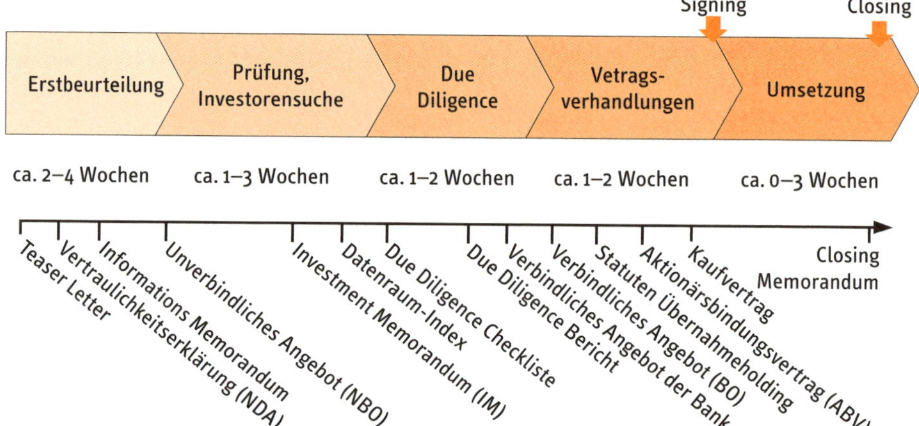

Abbildung 27: Der Transaktionsprozess[232]

Die Phase der *Erstbeurteilung* durch den Käufer bedingt, dass die dafür notwendigen Informationen im Vorfeld aufbereitet sind. Für den Verkäufer bedeutet dies, dass alle notwendigen Informationen im Voraus aufbereitet und bereitgestellt werden müssen. Im Bewusstsein, dass MBI und M&A-Prozesse sehr zügig ablaufen, heisst das, dass auch die Informationen für die Anschlussphasen des Transaktionsprozesses bereits vorbereitet sein müssen. Können z. B. alle Fragen im Rahmen einer späteren Due Diligence beantwortet werden?

Beim externen, strukturierten Verkauf gilt es, einen sogenannten Teaser-Letter sowie ein Informations-Memorandum zu erstellen, was beim FBO und MBO selbstverständlich nicht notwendig ist. Der Teaser-Letter (= Blindprofil) stellt ein anonymisiertes,

232 vgl. dazu Friedli, Pichler, Fueglistaller u. a. 2015.

das Unternehmen umschreibendes Papier von 1 bis 3 Seiten dar, das zur Interessenten-Findung von potenziellen Käufern genutzt wird. Der Informationsgehalt ist in der Regel relativ tief. Die Beschreibung muss der Realität entsprechen und trotzdem vermeiden, dass das Übernahmeobjekt dadurch identifiziert werden kann. Erst in einem zweiten Schritt, nachdem eine Vertraulichkeitserklärung unterzeichnet wurde, wird das Informations-Memorandum zur Verfügung gestellt. Dabei handelt es sich um eine Dokumentation über das gesamte Unternehmen, mit Angaben zum Produkt, zum Markt, der Struktur, den Schlüsselpersonen und enthält die wichtigsten finanzwirtschaftlichen Informationen. Die gleichen Informationen sollten im Grundsatz auch den FBO und MBO-Kandidaten zur Verfügung gestellt werden. Die Praxis zeigt uns, dass die wichtigsten Informationen in der Regel in FBO- und MBO-Fällen bekannt sind – mit Ausnahme der finanzwirtschaftlichen Details.

In einer zweiten Phase gilt es, die *Informationen zu prüfen und die Suche nach Investoren* zu lancieren. Auf Grundlage der verfügbaren Informationen geht der Käufer – beim externen Kauf – in die Analyse der Unterlagen und wird, darauf aufbauend, seine persönlichen Zukunftsüberlegungen machen. Auf dieser Grundlage werden MBI und M&A-Kandidaten aufgefordert, ein unverbindliches Angebot zu formulieren. Da die meisten Käufer in der Regel nicht über die finanziellen Mittel verfügen, um den Transaktionspreis selber zu stemmen, gilt es im Anschluss, die entsprechenden Mittel zu organisieren. Dies bedeutet, dass Fremd- und Eigenkapitalgeber gesucht werden müssen und so aufeinander abzustimmen sind, dass die Finanzierung im Grundsatz gesichert ist. Oft muss ein entsprechender Finanzierungsnachweis geleistet werden.

Wenn im Grundsatz die Finanzierung möglich und der Nachweis erbracht ist, beginnt die Phase der *Due Diligence*. Dies bedeutet, dass der Käufer das Fundament des Übernahmeobjektes strukturiert und systematisch durchleuchtet und analysiert. Dies erfolgt mit dem Ziel, herauszufinden, ob das, was bis dato vom Verkäufer dargestellt worden ist, in der Realität auch wirklich vorhanden ist. Weiter geht es auch darum, Risiken im spezifischen Unternehmen oder Geschäftsmodell zu identifizieren. Je grösser die Transaktion ist und je professioneller die Transaktion begleitet wird, desto intensiver und differenzierter wird diese Phase gestaltet. Unterlagen wie Buchhaltungsdaten, Verträge und vieles mehr werden physisch oder zunehmend auch elektronisch vom Verkäufer respektive seinem Interessenvertreter zur Verfügung gestellt. Falls die Due Diligence von einem Berater im Auftrag durchgeführt wird, erstellt dieser einen Due Diligence-Bericht, welchen er dem Käufer zur Verfügung stellt.

Die in der Due Diligence gewonnen Informationen stellen die Grundlage und den Rahmen für die *Verhandlungsphase* dar. Ist der Grundsatzentscheid gefällt, dass man das Unternehmen weiterhin kaufen möchte, gilt es, neben der Finanzierung, auch ein verbindliches Angebot zu formulieren, das die Grundlage der Verhandlung bildet. Bei der Verhandlung selbst geht es dann vor allem darum, wie Käufer und Verkäufer mit den identifizierten Risiken umgehen wollen (z. B. Kaufpreisminderung, Gewährleistungsansprüche). Haben sich die Parteien schliesslich auf alle Eckdaten geeinigt, so kann der Kaufvertrag unterzeichnet werden – man spricht dabei vom sogenannten Signing.

Davon unterschieden wird das Closing, die *Umsetzung*. Die Umsetzung kann grundsätzlich unmittelbar nach dem Signing erfolgen, oft braucht es jedoch noch etwas Zeit, um die vereinbarten Vertragsbedingungen zu erfüllen, wie beispielsweise die Bezahlung des Kaufpreises, Aushändigung von Unterlagen, Indossierung von Aktien, Vorlegung von Verwaltungsratsbeschlüssen und anderes.

Die Praxis lehrt uns, dass insbesondere die Phase der Due Diligence und Vertragsverhandlung im Rahmen eines FBO oder MBO kaum oder zumindest nur bedingt strukturiert und systematisch gestaltet wird – was beim MBI und M&A dahingegen selbstverständlich ist. Dies ist vor allem auf die bereits vorhandene Verbindung und Verquickung zurückzuführen, da die Parteien einen gewissen Teil des vorgelagerten Entwicklungsprozesses gemeinsam erlebt und gestaltet haben und folglich gegenseitiges Vertrauen vorhanden ist.

Zum anderen zeigt sich oft, dass sich die bisherigen Rollen bemerkbar machen (vgl. dazu Kapitel 2.3.5). Als Kind wird es schwierig werden, seine Eltern von einer durch externe Berater durchzuführenden Due Diligence zu überzeugen und dafür noch Geld zu bezahlen. Das Gleiche gilt für den Angestellten gegenüber dem Arbeitgeber und Inhaber des Übernahmeobjektes beim MBO. Wird der Vorschlag als Misstrauensvotum interpretiert? Unsere Empfehlung lautet, dass auch im Rahmen eines FBO und MBO-Prozesses wesentliche Schritte aus dem umschriebenen Transaktionsprozess situationsgerecht adaptiert durchgeführt werden müssen. Dies geschieht mit dem alleinigen Ziel, den bisherigen Entwicklungsprozess in eine Verbindlichkeit zu überführen.

6.3.4 Der Post-Succession Entwicklungsprozess

Nach der Nachfolge ist vor der Nachfolge! Auf die Bedeutung der Nachbereitungsphase sind wir bereits in Kapitel 6.2 und Abbildung 24 eingegangen, wobei die Bedeutung von symbolischen Akten unterstrichen worden ist. Die Praxis lehrt uns, dass es auch in dieser Phase fundamentale Unterschiede zwischen FBO, MBO und MBI, M&A-Prozessen gibt.

Beim FBO und MBO-Prozess führt die «gemeinsame Zeit» vor der eigentlichen Transaktion oft dazu, dass es «im gleichen Stil weiter geht» und sich nach dem formellen Abschluss der Transaktion im Kern nichts ändert. Dieses «weiter wie bisher» trägt nicht zu einem gelingenden Start der Übernahme bei. Wir plädieren deshalb dafür, dass diese Post-Succession-Phase zwingend als neuer Entwicklungsprozess verstanden werden muss. Oberste Priorität hat, dass der oder die Nachfolger möglichst rasch in die neue Rolle als verantwortlichen Unternehmer hineinwachsen, an ihrer Eigenständigkeit arbeiten und dadurch auch an Format und Glaubwürdigkeit in der Organisation gewinnen. Gerade beim FBO und MBO gilt es, diese Phase sehr gezielt und mit sehr hoher Aufmerksamkeit zu gestalten und deren Umsetzung sicher zu stellen. Die neuen Informationsprozesse und Routinen müssen sehr schnell eingeführt und gelebt werden.

Beim MBI und M&A übernimmt der Nachfolger in der Regel rasch die volle Verantwortung. Am Tag der Ankündigung, dass die Unternehmensübertragung erfolgt ist, entsteht in der Regel kurzfristig eine gewisse Verunsicherung. Wenn die verschiedenen Anspruchsgruppen jedoch merken, dass es im Kern auf ähnliche Art und Weise weiter geht und Kontinuität sichergestellt ist, legt sich diese Verunsicherung meistens schnell. Die Praxis zeigt uns, dass insbesondere MBI-Kandidaten sicherstellen sollten, dass die Priorisierung der anzupackenden Arbeiten zielsicher und fokussiert gesucht wird. Ein Vorhaben, das nicht einfach ist. Insbesondere MBI-Kandidaten starten am «Tag X» in einem nach wie vor eher unbekannten Unternehmen – trotz vorgängig akribisch durchgeführter Due Diligence. In sehr kurzer Zeit gilt es, das Unternehmen in der Form von Produkten, Kunden, Mitarbeitern, Lieferanten, Strukturen und Prozessen sehr rasch in seiner Wirklichkeit und seinem Alltag kennen zu lernen. Gleichzeitig wird vom neuen Chef bereits am ersten Tag erwartet, zu wissen, wo die Reise hin geht und operative Fragen auf Antworten warten. Dieses Momentum wird deshalb nicht selten als sehr anspruchsvolle und energieraubende Zeit erlebt, denn Alles sollte per sofort erkannt, bekannt und möglich sein. Da es keine gemeinsame Vorgeschichte und damit auch kein Erfahrungswissen mit dem Übernahmeobjekt gibt, führt dies die Nachfolger in der Regel an den Rand der eigenen Belastbarkeit. Wir empfehlen deshalb, sich an dieser Stelle im Vorfeld die Frage zu stellen, wie die eigene Governance-Struktur gebaut und gelebt werden soll (vgl. dazu analog Kapitel 4.5), um nicht in die Überforderungsfalle zu tappen. Wie kann beispielsweise sichergestellt werden, dass die im Rahmen der Due Diligence identifizierten Handlungsfelder oder die zukünftigen Entwicklungsfelder nicht untergehen oder vergessen werden? Ein guter Verwaltungsrat, Aufsichtsrat oder Beirat kann hier als Sparingpartner einen sehr wertvollen Beitrag leisten, wenn er diese strategischen Fragen im Rahmen seiner Funktion regelmässig in Erinnerung ruft und einfordert, denn im unternehmerischen Alltag kann dies vergessen gehen.

Für alle Nachfolger gilt das Gleiche: Es gilt, eine gute Balance zwischen Veränderung und Bewahrung, zwischen Innovation und Tradition zu finden und dabei sich selbst, aber auch seine Mitarbeiter und sein Umfeld nicht zu überfordern. Frei nach dem Motto: Das Gute erkennen, bewahren und pflegen – das Schlechte erkennen, verändern oder beseitigen.[233] Nur mit einer ausgewogenen Sowohl-als-auch-Strategie können die beiden Generationen, aber auch die Mitarbeiter, Lieferanten und Kunden nachhaltig für den Generationenwechsel gewonnen werden. Willkommen im Entwicklungsprozess im Dienste des Unternehmens!

6.4 Potentielle Konflikte zwischen zwei Generationen

Differenzen zwischen Übergebern und Übernehmern sind immer vorhanden, stärker noch: sie sind notwendig. Die Notwendigkeit dient dem zirkulären Annäherungsprozess; er wird dennoch zu häufig als etwas Lästiges und Mühsames empfunden, oft jedoch im Nachgang als zielführend und konstruktiv verstanden. Vordergründig dienen Differenzen dazu, Sachprobleme zu lösen. Im Hintergrund geht es um Fragen der Macht und um das Finden des neuen Rollenverständnisses. Dies ist vor allem dann wichtig, wenn der oder die Übergeber noch längere Zeit im Unternehmen weiterbeschäftigt sind.

Die konfliktfreie Übergabe ist in diesem Fall eher die Ausnahme als die Regel. Dies ist bei der Gestaltung des Nachfolgeprozesses zu berücksichtigen. Es müssen Mechanismen entwickelt werden, wie Konflikte gelöst werden. Das bisherige Rollenverständnis «der Chef entscheidet» muss deshalb ganz bewusst durchbrochen werden. Die Übergeber und auch die Übernehmer müssen lernen, sachliche Differenzen nicht zu verdrängen, Konflikte zu thematisieren und gemeinsam zu lösen.

Die meisten Unternehmensnachfolgen bringen einen Generationenwechsel mit sich – und damit treten häufig auch Generationenkonflikte auf. Deshalb setzen wir uns nachstehend mit den wesentlichen und häufig zu beobachtenden Unterschieden zwischen Übergeber und Übernehmer auseinander. [234]

Die Ursachen für die Differenzen liegen meist in unterschiedlichen Informationen, Erwartungen und Vorstellungen. Aus kommunikationstheoretischer Sicht wissen wir zudem, dass gerade das Erkennen der eigenen und fremden Interessen und Intentionen schwierig ist. Selektive Interpretationen, Unterschiede zwischen Selbst- und Fremdbild sind nicht einfach zu überwinden und können zu Spekulationen und Projektionen führen.[235] Entsprechend hilfreich erachten wir in der Praxis das gemeinsame Erschliessen der unterschiedlichen Sichtweisen. Mit gegenseitiger Anerkennung und Wertschätzung der individuellen Fähigkeiten und des persönlich Geleisteten fällt diese Auseinandersetzung sicher leichter.

233 Felden, Pfannenschwarz 2008, S. 124.
234 Dabei fokussieren wir uns lediglich auf den Übergeber und Übernehmer als Einzelperson.
235 Lay 1980, S. 239.

Der offensichtlichste Unterschied liegt im Alter. Das kann sich in unterschiedlicher Form bemerkbar machen. Wer älter ist, spürt, wie sich die eigene *Leistungsfähigkeit* im Vergleich zu früher vermindert. Man hat seine Kräfte im Lauf der Jahre verschlissen: im täglichen Kampf um Aufträge, beim Lösen von Mitarbeiterkonflikten, aber auch durch das Hinterfragen des eigenen Tuns und die dauernde Last des finanziellen Risikos. Müdigkeit, Abnutzungserscheinungen oder das Gefühl des Ausgebranntseins können die Folge sein. Dies nimmt die jüngere Generation natürlich wahr. Den Nachfolgern wiederum stehen entsprechende persönliche Ressourcen noch zur Verfügung. Andererseits kann ein höheres Energieniveau auch in zu viel Aktionismus münden, zu Verunsicherung oder Verzettelung führen. Die jüngere Generation erscheint zudem begeisterungsfähiger – auf der anderen Seite fehlt ihr die Erfahrung und unter Umständen auch eine gewisse Gelassenheit, um die Dinge mit Ruhe, der nötigen Distanz und mit Augenmass zu bewerten.

Der Übergeber hingegen hat in den vielen Jahren seiner unternehmerischen Tätigkeit weitreichende *Fähigkeiten und Erfahrungen* erworben. Je kleiner ein Betrieb ist, desto stärker bündelt sich das Wissen der Organisation im Kopf des Unternehmers. Solche Wissens- und Erfahrungsmonopole haben gravierende Nachteile. Zum einen lassen sie sich nur schwer übertragen. Zum zweiten können sie den Wissensträger zu einem (vermeintlich) unersetzbaren Mitspieler machen – ein Faktum, das vielleicht dem Unternehmer nützt, nicht aber dem Unternehmen. Das Unternehmen muss losgelöst vom biologischen Lebenszyklus des Eigners funktionieren. Im schlechtesten Fall wird das Wissensmonopol also als Machtelement missbraucht. Zum dritten wird das Wissen dann zur Gefahr, wenn es stark «eingefahren» ist: Dann können Veränderungen beispielsweise im Umfeld oder am Markt nicht mehr wahrgenommen, aufgenommen und die Unternehmung entsprechend adaptiert werden. Interessant in diesem Zusammenhang ist die Beobachtung, dass viele der erfolgreichsten Unternehmer bestens wissen, was sie nicht wissen. Entsprechend konsequent delegieren sie an Wissende und setzen alles daran, nur die besten Mitarbeiter zu gewinnen.

Bezüglich der (Lebens)Erfahrung wird der Nachfolger zwar dem Vorgänger kaum je das Wasser reichen können; er wird Fehler machen – die dem Vorgänger im Übrigen in seiner Anfangsphase bestimmt auch unterlaufen sind. Ein Jungunternehmer verfügt jedoch über ganz andere Fähigkeiten: Oft bereichert er das Unternehmen durch seine Methoden- und Fachkompetenzen. In der Praxis stellt sich damit die Frage, wie viel Erfahrung – ob innerhalb oder ausserhalb des Unternehmens gesammelt – wünschenswert und notwendig erscheint, um Führungsverantwortung zu übernehmen. Gerade innerhalb von Familienunternehmen ist es lohnend, sich darüber frühzeitig Gedanken zu machen und diese nieder zu schreiben. Gleichzeitig muss sich der Übergeber bewusst sein, dass ein Jungunternehmer nicht vom ersten Tag an alle Fähigkeiten mitbringen kann, weder berufsspezifische noch betriebswirtschaftliche. Wichtig ist die Frage, wie sich die nächste Generation positionieren und organisieren will. Hier spielen Kriterien wie Unternehmerpersönlichkeit, Unternehmensgrösse, die Zusammensetzung des Führungsteams, aber auch Branche oder Markt mit hinein.[236]

Weitere Unterschiede können in Bezug auf die *persönlichen Motive* und *Ziele* sowie den *persönlichen Stil* beobachtet werden. Dem Vorgänger wird oft eine vergangenheitsorientierte Perspektive zugesprochen. Entsprechend kann er sich auf dem Erreichten, an der Geschichte und der materiellen und immateriellen Substanz erfreuen. Dem Nachfolger hingegen wird eine stärkere Zukunftsorientierung zugeschrieben. Dies bedeutet, dass das Zukunftspotenzial im Vordergrund steht und er das Unternehmen auf die zu erwartende Zukunft ausrichten muss.

Das Engagement der beiden Generationen kann unterschiedliche Ursachen und Triebkräfte haben. Eigene Untersuchungen haben gezeigt, dass sowohl der Führungsstil als auch das Engagement in der operativen Tätigkeit Einflüsse auf die Unternehmensnachfolge ausüben.[237] Übergeber, die stark ins operative Geschäft eingebunden sind und das Unternehmen in alleiniger Verantwortung führen, verfügen oft über einen eher autoritären Führungsstil. Andere Unternehmer, die sich schon frühzeitig aus dem operativen Geschäft zurückgezogen haben, pflegen eher einen demokratischen, kooperativen oder konsultativen Führungsstil. Diese Erkenntnisse sind vor allem für die Nachfolger von Bedeutung, denn diese müssen ihren eigenen Führungsstil finden und im Unternehmen verankern. Je nach Ausgangspunkt führt dies zu einem kleineren oder grösseren kulturellen Wandel.

Fallbeispiel 12: Einfach ein gutes Gespräch

Die Haustech AG befindet sich mitten im Nachfolgeprozess. Die beiden Eigentümer, zwei Brüder, stecken mit den vier Geschäftsleitungsmitgliedern in fortgeschrittenen Verhandlungen über einen MBO. Beide Parteien haben je einen Berater hinzugezogen. Die folgenden Ausführungen des Nachfolge-Beraters der Eigentümer beruhen auf Sitzungsnotizen und mündlichen Besprechungen.

Kennen Sie das Gefühl, alles richtig gemacht zu haben, und dennoch vor einem Scherbenhaufen zu stehen? Das teure Weinglas extra von Hand abzuwaschen und dann plötzlich den Stiel in der einen und den Kelch in der anderen Hand zu halten? So ist es mir am Abend des 29. Oktober ergangen. Was war geschehen?

236 Felden, Pfannenschwarz 2008, S. 124.
237 Unveröffentlichte Erkenntnisse auf der Basis von 40 Fallstudien.

Am Tag zuvor hatten wir die «Schluss-Sitzung» mit dem MBO-Team. Dieses Team bestand aus den vier Geschäftsleitungsmitgliedern der Haustech AG[238], die an der Übernahme der Gesellschaft interessiert waren, sowie deren Berater. Unser Übergeber-Team bestand aus den beiden Inhabern und mir als ihrem Nachfolge-Berater. Eigentlich war es eine ganz harmlose Sitzung. Es ging um die Bereinigung und Erläuterung der letzten offenen Fragen aus der Due Diligence. Die Frageliste bestand aus zwölf Punkten, das Übliche wie «Einblick in die Mietverträge», «Einsicht in die Personalakten und die Lohnblätter», «Wohin fliesst das Geld aus den Rückvergütungen der Versicherungen?» usw. Die meisten Punkte konnten sehr schnell bereinigt werden. Doch beim Thema Personal stellte ein Geschäftsleitungsmitglied ganz beiläufig die Frage: «Wie hoch sind eigentlich die Unternehmerlöhne?»

Es ist ja nicht so, dass wir das nicht erwartet hätten. Diese Frage kommt immer, früher oder später. Heikel war der Kontext. Im August hatten wir den MBO-Vertrag mit der Geschäftsleitung unterzeichnet. Darin war geregelt, dass der Vertrag nach abgeschlossener Due Diligence in Kraft tritt. Wir waren der Meinung, dass dies geschehen sei, denn alle zwölf Punkte waren geklärt. Die Geschäftsleitung beharrte jedoch auf der Ansicht, dass sie ohne Auskunft über die Unternehmerlöhne nicht abgeschlossen sei.

Im Übernahmevertrag hatten wir wohlweislich geregelt, dass die Lohnpolitik Sache des neuen Verwaltungsrates sei. Das MBO-Team hatte gemäss Vertrag Anrecht auf zwei Sitze im vierköpfigen Verwaltungsrat und somit paritätische Mitbestimmung. Zudem hatte man zugesichert, dass Lohnentscheide nicht mit Stichentscheid gefällt würden, sondern nur mit Mehrheit. Daher verweigerten wir die Information über die Unternehmerlöhne und verwiesen darauf, dass die Löhne für die bisherige Führungsmannschaft durch den Verwaltungsrat neu festgelegt würden. Voraussetzung sei jedoch, dass das MBO-Team bereit sei, den Übernahmevertrag in Kraft zu setzen. Nur dann könne der neue Verwaltungsrat auch gewählt werden.

Hand aufs Herz, wie hätten Sie sich in dieser Situation verhalten? Eine Diskussion über die bisherigen Unternehmerlöhne in einem Achter-Gremium wäre wohl nicht zielführend gewesen. Zur Erinnerung: Bei den Übergebern handelte es sich um die bisherigen Alleineigentümer. In diesem Punkt sind wir also bewusst hart geblieben, denn es war Aufgabe des neuen Verwaltungsrates, sensible Punkte zu besprechen und zu lösen. Die Sitzung wurde dann beendet – trotz heisser Köpfe in frostiger Stimmung. Die Konsequenzen folgten umgehend. Am nächsten Tag erreichte uns folgendes E-Mail:

238 Name geändert.

Sehr geehrte Herren, werte Kollegen,
die MBO Sitzung von gestern Abend hat mich nicht überzeugt. Es war öfters zur Diskussion gestanden, dass das Lohngefüge des «alten» und «neuen» Kaders ein Bestandteil der Due Diligence sein muss. Dies wurde gestern mehrfach mit der Begründung, dass dies der Auftrag des neuen Verwaltungsrates sei, abgewiesen.

Aus diesem Grunde ist die Due Diligence für mich nicht erfolgreich abgeschlossen worden. Ich werde Ihnen in diesem Mail demzufolge meine Demission aus dem MBO bekannt geben.

Ich wünsche Ihnen/ Euch in Zukunft bei dieser Angelegenheit alles Gute.

War diese Demission ernst gemeint oder nur ein Bluff? Kann ein MBO an einer einzigen Informationsverweigerung scheitern? Können und wollen wir die Situation retten? Ich reflektierte die gestrige Situation nochmals und schrieb wie folgt an meine Mandanten, die Eigentümer:

Jetzt haben wir endlich Klarheit: Da hat jemand kalte Füsse bekommen. Jetzt geht es um die Frage, wie geht es weiter? Folgende Aspekte gehen mir durch den Kopf:

- Hat er tatsächlich die Absicht zu kündigen oder will er einfach mehr Lohn/ Anerkennung?
- Wie verhalten sich die anderen drei zum Entscheid, wurde das allenfalls vorbesprochen?
- Ist dieser Entscheid gegen uns gerichtet oder geht es dem GL-Mitglied um seine Macht-Position in der GL?
- Was können wir tun, um den anderen drei eine Perspektive aufzuzeigen?

Meines Erachtens sollten wir bis zum Wochenende warten, wie sich die anderen zur Entscheidung äussern.

Zwei Tage später trifft sich einer der beiden Eigentümer mit dem «demissionierten» GL-Mitglied zu einem Gespräch unter vier Augen. Dieses Gespräch dauert bis spät in den Abend. Am nächsten Tag erhalte ich dann folgendes E-Mail:

Wir hatten gestern ein sehr konstruktives Gespräch. Herr X hat seine Demission rückgängig gemacht und seine Kollegen bereits informiert. Heute hat er mir voller Überzeugung mitgeteilt, dass dies das beste Gespräch gewesen sei, das er in den letzten 15 Jahren in dieser Firma hatte. Dafür bedankt er sich. Dem MBO steht nichts mehr im Wege.

Was genau an dieser Sitzung besprochen wurde, ist vertraulich. Entscheidend war die Grundstimmung: Es war ein offenes Gespräch unter Gleichgestellten. Der Inhaber hörte aufmerksam zu und nahm die Befindlichkeiten des langjährigen GL-Mitgliedes ernst. Die Anliegen wurden festgehalten, ohne jedoch voreilige Zugeständnisse zu machen. Das einzige Versprechen war, dass man gemeinsam nach Lösungen suchen werde. Es war einfach ein gutes Gespräch.

Die Scherben fügten sich wieder zusammen. Gemeinsam beschloss man, den Übernahmevertrag in Kraft zu setzen. In den nächsten Wochen wurden alle Formalitäten erledigt, wie Übertragung der Aktien, Neuwahl des Verwaltungsrates, Information der Medien usw. Vier Wochen später fand der erste Strategie-Workshop in der neuen Zusammensetzung statt. Die Stimmung war äusserst positiv und zukunftsgerichtet. Das Team strahlte einen ungeheuren Tatendrang aus.

Rückblickend muss ich den Schluss ziehen, dass die Beinahe-Demission insgesamt eine eher positive als negative Wirkung hatte. Obwohl die kurze Phase der Unsicherheit bei allen Beteiligten stark an den Nerven zerrte, war dies der entscheidende Moment – der Moment der bewussten Entscheidung. In den Wochen und Monaten danach gab es kein Zaudern oder Zögern mehr, weder seitens der Inhaber noch seitens des MBO-Teams. Im Gegensatz zum Weinglas, das bei grossen Spannungen zerbricht, schweissen erfolgreich überstandene Spannungen ein Team zusammen. Aus den ursprünglich zwei Teams «Eigentümer» und «GL» war ein neues Führungsteam entstanden.

Der geschilderte Fall zeigt, dass eine Lösung nur dann möglich ist, wenn das gemeinsame Ziel wichtiger ist als persönliche Befindlichkeiten, und wenn jede Partei bereit ist, offen und vorbehaltlos auf die andere zuzugehen. Das Beispiel zeigt weiter, dass ein «Durchziehen» oder «Durchdrücken» eines klar definierten Prozesses nicht klappen wird. Ein zusätzliches Gespräch, die Geduld zu warten, das Einräumen von Bedenkzeit und das Gehörschenken sind wichtige Elemente die Vertrauen schaffen und schlussendlich auch sicherstellen können, dass das angestrebte Ziel nach wie vor erreicht werden kann. Solche Momente sind auch für erfahrene Berater immer wieder eine Herausforderung.

7 Einsatz und Umgang mit Beratung

Mit dem St. Galler Nachfolge-Modell haben wir aufgezeigt, wie vielschichtig eine Unternehmensnachfolge sein kann. Ohne professionelle Unterstützung scheint sie meistens kaum lösbar zu sein – weshalb wir uns nachstehend der *Nachfolgeberatung* zuwenden. In einem ersten Schritt werfen wir einen Blick auf die Architektur des Nachfolgeprozesses (vgl. Kapitel 7.1). Denn die Art und Weise der Ausgestaltung hat unseres Erachtens Einfluss auf den Lösungsfindungsprozess. In einem zweiten Schritt widmen wir uns den verschiedenen Beratungsansätzen (vgl. Kapitel 7.2), wobei wir zwischen prozess- und lösungsorientierter Prozessbegleitung sowie resultat- und entscheidungsorientierter Fachberatung unterscheiden. In einem dritten Teil beschäftigen wir uns mit möglichen Gütekriterien für Beratungsleistungen im Nachfolgekontext (vgl. Kapitel 7.3). Abschliessend halten wir noch einige Gedanken zum Thema Informations- und Kommunikationspolitik (Kapitel 7.4) fest.

7.1 Die Architektur der Prozessgestaltung

Eine Unternehmensnachfolge lässt sich unterschiedlich lancieren und gestalten. Wird der Einsatz von Beratern angestrebt, muss zunächst die Frage nach der Beratungsfunktion und dem Beratungsobjekt beantwortet werden. Hier unterscheiden wir zwei grundsätzlich verschiedene Wege (vgl. dazu Abbildung 28).

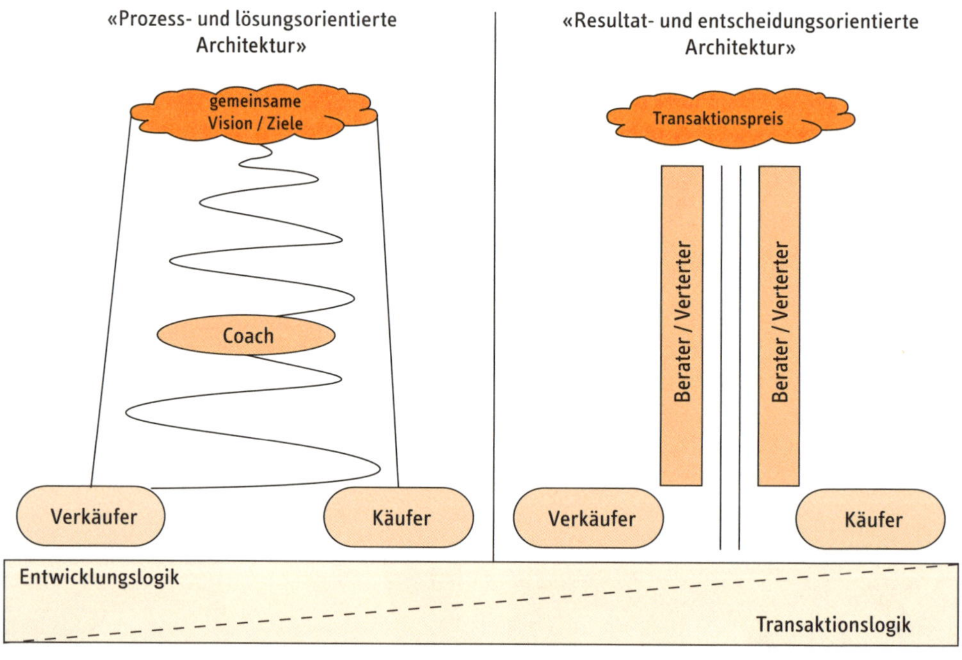

Abbildung 28: Die Architektur der Nachfolgeprozessberatung[239]

Im Rahmen der Diskussion rund um den Nachfolgemarkt (vgl. Kapitel 2.4.5), sowie rund um den Prozess (vgl. dazu Kapitel 6) war uns die Unterscheidung zwischen Entwicklungslogik und Transaktionslogik wichtig. Die Entwicklungslogik beobachten und empfehlen wir primär beim FBO und MBO, die Transaktionslogik beim MBI und M&A. Diese beiden Logiken lassen sich in der Regel auch in der Beratungs-Architektur entdecken. Hier unterscheiden wir schematisch zwischen der prozess- und lösungsorientierten und der resultat- und entscheidungsorientierten Architektur.

Bei der *prozess- und lösungsorientierten Architektur* steht das gemeinsame Ziel oder die gemeinsame Vision der beiden Parteien Verkäufer und Käufer im Zentrum. In der Beratungspraxis kann dies zum Beispiel ein ausformuliertes Nachfolgeleitbild sein,

239 Eigene Darstellung.

das den normativen Rahmen bildet, oder ein gemeinsam definierter Nachfolgeplan. Darauf aufbauend geht es um die Suche nach der Umsetzbarkeit respektive Machbarkeit (respektive Erreichbarkeit) im Dienste der Zielsetzung. Auf dem Weg zum Ziel gibt es viele Unsicherheiten, Unklarheiten, Überraschungen und paradoxe Situationen, die bei der Lancierung des Prozesses noch unbekannt sind. Die Prozessführung kann in die Hände eines (Prozess-)Coaches gelegt werden. Seine Aufgabe ist, die Machbarkeit zu suchen im Dienste der gemeinsamen Zielsetzung und Vision. Der Prozesscoach verhält sich primär allparteilich und ist in dieser Phase vor allem ein Moderator mit mediativer Kompetenz im Prozess. Dies bedeutet, dass die Lösung vor allem im Kunden-System erarbeitet und nicht vom externen Coach vorgegeben wird (vgl. dazu vor allem auch Kapitel 7.2). Am Anfang des Prozesses steht oft eher das gegenseitige Vertrauen. Die Konsequenz daraus ist, dass (vermeintlich) tabuisierte und als wichtig empfundene Themen beziehungsbedingt nicht oder zu spät angesprochen werden, um das Gegenüber zu schonen, nicht zu verletzen und vor allem um das vorhandene Vertrauen nicht zu gefährden. Aufgabe ist es, dass alle Dinge angesprochen und geklärt werden und trotzdem kein Vertrauen verloren geht. Die Erfahrung zeigt, dass gerade durch intensive Diskussionen das Vertrauen sogar noch weiter vertieft werden kann.

Bei der *resultat- und entscheidungsorientierten Architektur* dreht sich der Nachfolgeprozess in erster Linie um den Transaktionspreis. Der Prozess folgt deshalb primär einer Transaktionslogik, welche sich im Wesentlichen auf die Preisfindung reduziert. Die beiden Parteien haben dabei spezifische Vorstellungen über eine obere und untere Grenze; die zentrale – und oft die einzige – Frage dieser Transaktionslogik ist, ob, und falls ja, wo sich die beiden Parteien treffen. Diese Architektur lässt sich vor allem bei MBI und M&A-Prozessen beobachten. Kommt es zu einer Transaktion, ist die Übergangsphase in der Regel relativ kurz. Dies bedeutet, dass der Verkäufer das Unternehmen relativ rasch verlässt und der Käufer dann die volle Verantwortung übernimmt. Damit einher geht die bereits andernorts angesprochene Informationsasymmetrie zwischen den beiden Parteien. Der Käufer blickt praktisch nicht in das Unternehmen hinein und ist auf die Richtigkeit der erhaltenen Informationen angewiesen. Auch deswegen rückt die Preisverhandlung so stark in den Vordergrund: der Käufer versucht alle etwaigen Risiken aufzuspüren, um, argumentativ vernünftig und nachvollziehbar, den Preis nach unten anzupassen. Auch wird er versuchen, mit einem tieferen Preis, etwas Reserve einzubauen, für Risiken, die er nicht hat erkennen können. Am Anfange des Prozesses steht oft eher ein gegenseitiges Misstrauen und man schaut sich beidseitig kritisch an.

Im Rahmen einer solchen resultat- und entscheidungsorientierten Architektur werden sehr oft (Fach-)Experten ins Boot genommen, die im Dienst der einen oder anderen Partei stehen. Insbesondere auf Verkäuferseite werden gern Experten für Fusionen und Akquisitionen (M&A-Experten) eingesetzt, welche im Rahmen einer sogenannten M&A-Fee – also zu einem festzulegenden Prozentsatz – an der Transaktionssumme beteiligt sind. Solche Anreizsysteme können dem Verkaufsprozess eine zusätzliche Dynamik verleihen. Die Gefahren bei einer rein entscheidungsorientierten Prozessarchitektur sind, dass sich die Parteien gegen Schluss des Prozesses in Details verlieren, das Vertragswerk immer dicker und die Stimmung angeheizt wird. Gerade Verkäufer, die ihr Unternehmen über zwei bis drei Jahrzehnte aufgebaut und weiterentwickelt haben, erfahren dies als schmerzhaften und emotional belastenden Prozess – denn von der Käuferseite wird unter Umständen alles in Frage gestellt.

Im Bewusstsein der Unterschiede zwischen der prozess- und lösungsorientierten und der resultat- und entscheidungsorientierten Architektur schlagen wir einen Zwischenweg vor, der im Sinne des Verkäufers zu einer unternehmerisch orientierten und einvernehmlichen Lösung führt. Die entscheidungsorientierte Architektur bietet hier den Vorteil, dass beide Parteien von vornherein lösungsorientiert vorgehen. So kann es durchaus vorkommen, dass sich eine der Parteien an einem gewissen Zeitpunkt von der harten Verhandlungsposition löst und auf eine gemeinsame, einvernehmliche und gleichzeitig unternehmerische Lösung einschwenkt. Die Praxis zeigt uns, dass eine Kombination der beiden Grundmodelle zielführend ist. Insbesondere bei entscheidungsorientierten Prozessarchitekturen beobachten wir oft, dass der Verkäufer bei fortgeschrittenem Verhandlungsprozess die Frage in den Raum stellt, ob der Käufer das Unternehmen überhaupt kaufen will oder nicht – dies ist schon der erste Schritt zu einer lösungsorientierten Architektur.

Wie wir bereits in Kapitel 2.2 und 4.1 gesehen haben, nimmt die Bedeutung der familienexternen Unternehmensnachfolge zu. Damit steigen auch die Anforderungen an die Prozessgestaltung. Ein Hauptproblem besteht darin, dass sich der Verkäufer und der potenzielle Käufer oft gar nicht erst tatsächlich «physisch» finden, will heissen sie entdecken sich nicht. Sie kommen gar nicht erst miteinander in Kontakt, weil sie beide unsichtbar sind, weil sie einander nicht sehen, sich nicht begegnen. Denn der Transaktionsmarkt ist insbesondere für Kleinst- und Kleinunternehmen intransparent.[240] Unsere Beobachtung ist, dass für viele Verkäufer – meist handelt es sich dabei um Mittler und nicht um die Unternehmer selbst – die Finanzierungskapazität des Käufers das erste Selektionskriterium ist. So fallen viele Interessenten schon früh aus dem Feld möglicher Kandidaten – entsprechend selten kommt es überhaupt zu einem Treffen zwischen Übergeber und potenziellen Übernehmern. Es ist fraglich, ob rein rationale Kriterien in einer ersten Phase überhaupt zielführend sind; denn im Verlauf des Prozesses stellen sich doch meist viele Alternativlösungen heraus, beispielsweise in Bezug auf die Fi-

240 Halter, Schrettle, Baldegger 2009, S. 19.

nanzierung – sofern sich die beiden Parteien im Grundsatz sympathisch sind und eine unternehmerische Lösung suchen.

7.2 Verschiedene Beratungsansätze sind gefragt

Ohne Definition von Zielen, Planung und konsequente Wegbeschreitung kann eine Unternehmensnachfolge in der Regel nicht zielführend gestaltet werden. Dies bedeutet, dass verschiedene Rahmenbedingungen geklärt, Einzelaspekte berücksichtigt und viele Entscheidungen rechtzeitig gefällt werden müssen. Dabei stellt sich die wichtige Frage, welche Tätigkeiten vom Unternehmer oder der Familie selbst gestaltet werden können – und ab wann externe Hilfe in Anspruch genommen werden sollte oder gar muss.[241]

Dass Beratungsdienstleistungen gerade bei Familienunternehmen kritisch betrachtet werden, belegt das nachfolgende Statement eines Familienmitglieds eines Unternehmens im Nachfolgeprozess exemplarisch:

«Die technischen Felder wie Steuern, Notariat oder XY-Technisches scheinen mir bereits von Heerscharen von Beratern und Spezialisten abgedeckt zu sein. Viele Berater transformieren sogar manch eine Nachfolge als selbsternannte Koordinatoren mit einer 20%-80%-Regel (auch near-enough is good-enough-Regel) in eine von den relevanten Parteien akzeptierte Lösung. Hier steht mitunter eine technisch-inhaltliche Lösung im Vordergrund, welche eben allzu oft einen schalen Beigeschmack, Kollateralschäden und zweifelhafte Nachhaltigkeit mit beinhaltet. Wo scheitern (im Kleinen wie im Grossen) eigentlich die meisten Nachfolgen? – Dort, wo es ‚nasty' wird, wo es also u.a. um Ausdauer und Durchsetzung geht, um Widersprüche und Gegensätze, um Kompensation und Ausgleich, um Egos, Erwartungen und Enttäuschen, um zeitlich konstantes Verhalten (Übertragung, Projektion, Taktik, Ängste usw.), um zerbrochene Familien, um Rückgrat, Überzeugungen, Eigen- und Fremdsicht, um Diplomatie, Verhandlung oder Einschüchterung, um Kommunikation, Kommunikation und nochmals Kommunikation, um Nachhaltigkeit und Zeitbomben, um Macht, Identität und Verlustängste, um Rollenüberwindung und Erwachsenwerden, um Verantwortung und Versagen, um Überwachung bzw. Interessenskonflikte des Beraters.»
Originalzitat aus einer E-Mail.

241 Die Ausgestaltung im Einzelnen lässt sich mit Instrumenten wie Familienrat, Familiencharta, Familienverfassung oder Aktionärsbindungsvertrag festlegen.

Ob nachvollziehbar begründet oder unbegründet – das Statement zeigt deutlich auf, dass wir uns mit dem Aspekt der Beratung auseinander setzen müssen. Beratung ist, neben Verkäufer und Käufer eine weitere Partei des Nachfolgemarktes die wir neben dem Verkäufer und Käufer auch als dritte Kraft im Nachfolgeprozess verstehen können.

Sowohl auf Ebene Übergeber (Verkäufer) wie Übernehmer (Käufer) begegnet man oft einer mehr oder weniger ausgeprägten Beratungsresistenz. Darunter verstehen wir die teils begründete, teils auch unbegründete Zurückhaltung, von Dritten Unterstützung zu suchen und zu akzeptieren. Der Widerstand, respektive die Gegenwehr, kann nachfrageseitig sowohl ökonomisch wie auch emotional begründet werden.[242] Von einer prinzipiellen Ablehnung, die zum Beispiel in der Familientradition verankert ist, über die Kosten und Folgekosten einer Beratung bis hin zur postulierten eigenen Unfehlbarkeit – der Katalog der angeführten Argumente ist lang.[243] Ursachen, warum keine Beratung (mehr) gesucht wird, können auch angebotsseitig ausgemacht werden. Sei es, weil der Berater die versprochene Leistung nicht bieten kann, sei es, weil das Kosten-Nutzenverhältnis nicht stimmt, sei es, weil weniger der aktuelle Auftrag, sondern ein daraus abzuleitender Folgeauftrag im Zentrum des Engagements steht. Solche Faktoren belasten natürlich die Beziehung zwischen Kunde und Berater.

Wir können nur immer wieder betonen, dass das Thema Unternehmensnachfolge einen differenzierten Zugang verlangt; die Heterogenität ist zu gross, um Standardlösungen anzuwenden und pauschale Antworten zu geben: Neben der Berücksichtigung von branchenspezifischen Faktoren gilt es, den Anforderungen von Individuen und Familien, dem Unternehmen als System und Ganzem, den zentralen Anliegen und Interessen von Anspruchsgruppen, der Zeit als wichtigem Element und sowie zu guter Letzt dem parallel laufenden Alltagsgeschäft gerecht zu werden.

Auf der anderen Seite ist festzuhalten: Die Ansprüche an die Beratung steigen, während die Zahlungsbereitschaft sinkt; auch lässt sich eine zunehmende Spezialisierung feststellen, denn gerade in Fachthemen gilt es unter Umständen hoch spezialisiertes Branchenwissen zu berücksichtigen, das seinen Preis hat.[244] Im Kontext der Unternehmensnachfolge besteht die Gefahr, dass vor lauter Spezialistenwissen das strategische Unternehmensziel oder das Familienziel, die unternehmerische Lösung des Eigners und des Nachfolgers oder die Gefühle, die Befindlichkeiten und gar Empfindlichkeiten der Betroffenen viel zu kurz kommen.

Wenn wir von Beratung sprechen, kann auch von einem *Beratungssystem* gesprochen werden, bestehend aus Berater, Kunde und Beratungsobjekt (verstanden als angepeiltes Ziel der Beratung). Auf Grund der dyadischen Beziehung (= dualen Bezie-

242 Rappel 2007, S. 26 und S. 38.
243 Bzgl. Gütekriterien vgl. Kapitel 7.3 oder vertiefend Rappel 2007, S. 43 ff.
244 Meyer, Schleus, Buchhop 2007, S. 2.

hung») zwischen *Kunde* und *Berater* kann in der Regel von einem mehr oder weniger ausgeprägten gegenseitigen Einvernehmen ausgegangen werden und die Kontinuität der Beziehung wird oft als plausible Voraussetzung angenommen.[245] An einer vertrauensvollen Beziehung muss jedoch kontinuierlich gearbeitet werden, die gegenseitigen Erwartungen müssen bewusst gestaltet, gepflegt und immer wieder offen gelegt und geklärt werden. Der Kunde kann sich dabei beispielsweise in der Grundposition (= Rolle) als Auftraggeber, als Umsetzer, als Betroffener oder als Beobachter befinden.

Worauf sollte der Kunde achten? Es ist auf jeden Fall empfehlenswert, dass er die Unternehmensberater mit grosser Sorgfalt auswählt und dafür genügend Zeit, Ressourcen und Reserven einsetzt und einplant. Neben der Evaluation der einzelnen Angebote muss er möglichst klar definieren, was er bezüglich Inhalt, Prozess oder Interaktion erwartet. Gleichzeitig sollte eine einmal getroffene Entscheidung für einen Anbieter nicht leichtfertig aufs Spiel gesetzt werden. Persönliche und dauerhafte Beziehungen fördern das Vertrauen und reduzieren die Informationsasymmetrie zwischen den beiden Parteien.[246]

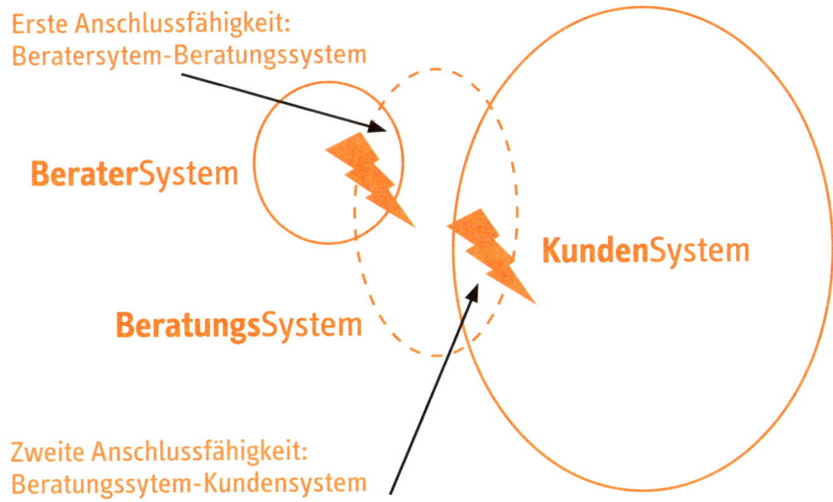

Abbildung 29: Berater- und Kundensystem[247]

Immer wieder kommt es vor, dass Berater als arrogant oder praxisfremd wahrgenommen werden; diesen Eindruck gilt es zu vermeiden. Die Zurschaustellung theoretischer Brillanz ist jedenfalls nicht dazu geeignet, Vertrauen zum Eigner eines kleineren

245 Bamberg 2006, S. 31.
246 Niewiem, Richter 2007, S. 69.
247 Caroli 2007.

Unternehmens herzustellen. Auch wenn theoretische Kenntnisse natürlich wichtig und nützlich sind, um die praktischen Verhältnisse mit klarem Blick zu durchleuchten.[248] Intellektuelle Brillanz gilt es in jedem Fall in eine situationsgerechte Sprache und ein passendes Tempo zu übersetzten und generell – im Zweifelsfall sowieso – zurückhaltend einzusetzen.

Das *Beratungsobjekt* besteht in der Regel, ganz grob gesagt, aus den Systemen «Familie» und «Unternehmung» und deren Subsystemen und Elementen. Die Beratungsdienstleistung als «Dienstleistung an der/für die Organisation» soll stets das Interesse der Organisation, das Interesse der Unternehmung, in den Mittelpunkt rücken. Steht die Unternehmung im Mittelpunkt, dann kann das helfen, andere Fragen und Brennpunkte zu entspannen. Das *Beratungsziel* besteht oft darin, eine solide, belastbare Unternehmensnachfolge zu gestalten und umzusetzen. Es geht darum, eine tragbare, gangbare Lösung für beide Parteien zu finden, also für den Übergeber, wie auch für den Übernehmer. Dies alles immer unter Berücksichtigung verschiedenster, wechselnder Bedürfnisse und vor allem Erwartungen. Eine grosse Schwierigkeit liegt darin, dass die Bedürfnisse und Erwartungen jedoch oft nicht klar definiert sind und selten homogene und beständige Anliegen darstellen.

Auch die Parteilichkeit des Beraters muss an dieser Stelle angesprochen werden. Zum einen stellt sich die Frage, ob der Berater wirklich im Dienste des Beratungsziels (falls definiert) steht, oder ob einzig die Interessen des Übergebers oder des Übernehmers oder gar des Beraters selbst im Zentrum der Leistung stehen. Unseres Erachtens sollte die Art der Zusammenarbeit hinreichend genau geklärt werden.

- Welche Leistung ist zu erwarten?
- Welche Entscheidungen darf, kann, soll oder muss der Berater selbst fällen?
- Aber auch die Frage nach der Rolle des Beraters sollte geklärt werden: Darf er dem Mandanten etwa auch widersprechen, ohne Gefahr zu laufen, postwendend das Mandat zu verlieren?[249]

Zu guter Letzt lohnt es sich, über die Komplexität des Beratungsgegenstandes nachzudenken. Ob Beratungsdienstleistungen beansprucht werden oder nicht, hängt nämlich oft weniger von der Unternehmensgrösse an sich ab, sondern vielmehr von der Komplexität des Beratungsgegenstands. Wider Erwarten ist die Komplexität bei Nachfolgen

248 Niewiem, Richter 2007, S. 69.

249 Dabei kommt es nicht nur auf den Inhalt an, sondern oft auch auf die Art und Weise, wie widersprochen wird.

in Kleinunternehmen in verschiedenen Dimensionen oft unerwartet gross. Unsere Beobachtungen zeigen nämlich, dass die Unternehmensnachfolge bei grösseren Unternehmen mit klaren Strukturen und Prozessen oft einfacher verläuft als bei Kleinunternehmen.[250] Bei Kleinunternehmen wird die Komplexität oft dadurch signifikant erhöht, dass die Vermögensanteile zwischen den Unternehmen und Privatsphäre nicht sauber getrennt sind. In diesem Zusammenhang lässt sich auch beobachten, dass bei kleinen Unternehmen und Betrieben, die noch nie oder nur selten Unterstützung beansprucht haben, die Beratungsresistenz am stärksten ausgeprägt ist, wenngleich oft nötiger wäre.[251]

7.2.1 Nachfolgebegleitung zwischen Fachberatung und Coachingansatz

Eine abschliessende Definition von Beratung gibt es nicht und wird es auch kaum je geben. Dazu sind die Vorgehensweisen, Ansätze und Sichtweisen zu verschieden. Es lassen sich aber trotzdem gewisse Gemeinsamkeiten identifizieren:

- Die Beratung erfolgt gegen Entgelt,
- ist, gut genutzt und eingesetzt, als Investition zu verstehen,
- der Einsatz ist zeitlich begrenzt,
- der Berater hat in der Regel einen externen Status, d. h. er steht ausserhalb der Hierarchie des Kundensystems,
- es existiert ein klares Zielsystem, das es zu erreichen gilt,
- zwischen Kunde und Berater gibt es eine intensive Kommunikation,
- die definierte Funktion des Beraters erfolgt auf der Basis einer partnerschaftlichen Zusammenarbeit mit dem Kunden,
- der Berater trägt nur eingeschränkt Verantwortung; die Entscheidungen werden in der Regel vom Kunden selbst getroffen.

Die Literatur kennt verschiedene Ansätze. So wird z. B. die Unternehmensberatung in vier idealtypische Grundformen unterteilt, die sich in ihrem Verständnis der beratenden Organisation und der Rolle des Beraters unterscheiden: die gutachterliche Beratung, die Expertenberatung, die Organisationsentwicklung und die systemische Beratung.[252] So verschieden die Art und Weise der Beratungsleistung und die Form der Intervention sein können, so unterschiedlich kann auch das Beratungsobjekt sein. So kann der Unternehmer in Form eines persönlichen Coachings begleitet werden, oder es geht um die Moderation von Gesprächen; mit der systemischen Aufstellung werden die Rol-

250 vgl. dazu Kapitel 4.5 zum Thema Governance.
251 Rappel 2007, S. 43 ff.
252 Nissen 2007a, S. 5; Walger 1995.

len und Erwartungen innerhalb des Familiensystems aufgearbeitet; im Rahmen eines Strategieprozesses wird eine Finanzanalyse und ein Businessplan für das Unternehmen entwickelt.[253]

Natürlich hängt die Beratung auch davon ab, wie stark der Berater selbst auf die Problemlösung Einfluss nehmen kann oder soll (vgl. dazu Abbildung 30). Das Spektrum reicht von der einfachen Konsultation als neuraler Dritter, z. B. um eine Einzelentscheidung abzusichern, bis hin zum aktiven Interims- und Krisenmanagement.

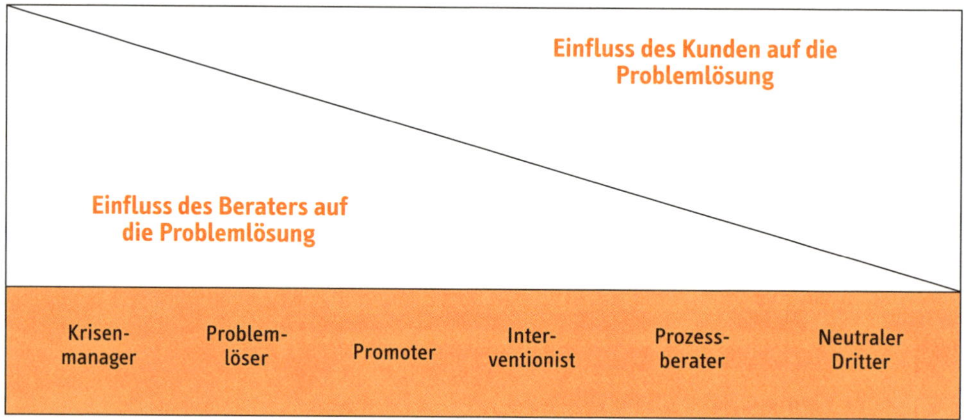

Abbildung 30: Einflussnahme des Beraters[254]

Neben dem Grad der Einflussnahme muss vor einer Beratung das zugrundeliegende Menschenbild thematisiert werden. Es bestimmt die Arbeitsweise des Beraters massgeblich und lenkt die selektive Beobachtung (was wird überhaupt beobachtet, und wie wird beobachtet?). Auch der Berater verfügt in Anlehnung an Abbildung 7 über ein individuumsbezogenes Wirkungssetting von «Haltung – Bereitschaft – Handlung». In Ergänzung dazu verfolgt das dahinterliegende Beratungsunternehmen auch ein Geschäftsmodell, das seine prägende Wirkung auf «Kultur – Strategie – Struktur» des Beratersystems hat. Beides beeinflusst den Ausschnitt der Realität, auf den der Berater seine Aufmerksamkeit lenkt und worin in der Folge auch etwas verändert wird.[255] In der wissenschaftlichen Betriebsführung existiert etwa das Bild des «homo oeconomicus», im Rahmen des Human-Relation-Ansatz das Bild des «social man», im Rahmen des Humanisierungsansatzes das Bild des «self-actualizing man» oder im Kontext des Individualisierungskonzeptes das Bild des «homo complexus». Vom verinnerlichten Menschenbild hängt es ab, wie ein Beratungsprojekt gestartet wird, welche Methoden

253 Bamberg 2006, S. 33; Nestmann, Engel, Sickendiek 2004.
254 i.A. an Grimm, Bamberg 2006, S. 73.
255 Bamberg 2006, S. 47 f.

eingesetzt werden und wie die Beziehung zwischen Kunde, Berater und Beratungsobjekt gestaltet wird. Insbesondere wenn familiäre Beziehungen und Rollen sowie individuelle Ressourcen zielführend und wertschätzend berücksichtigt werden sollen, kommt man auch als Berater am «homo complexus» nicht vorbei!

Letztlich existiert für die Unternehmensnachfolge eine grosse Bandbreite an Beratungsleistungen: Am einen Ende der Skala fokussiert ein Berater lediglich auf rational zugängliche Fakten, verfasst beispielsweise ein neutrales Gutachten oder nimmt eine methodisch stringente Unternehmensbewertung vor. Am anderen Ende steht andererseits etwa der Psychologe, der die Antriebe und Motive des Unternehmers ergründet. So versucht der Berater zu verstehen, immer zusammen mit dem Kunden, warum sich der Kunde nicht von seinem Unternehmen lösen kann. Der Berater versucht anschliessend (oder parallel), eine entsprechende, passende Verhaltensänderung anzustossen. In jedem Fall sollten die Beratungsziele vertieft reflektiert werden, bevor Unterstützungsleistungen beansprucht und definiert werden.

Auch die Haltung und das Selbstverständnis des Beraters sollten durch den Auftraggeber bei der Evaluation der Angebote berücksichtigt werden. Geht es dem Berater um die reine Applizierung, die «einfache» Repetition, von einmal bewährten Modellen und Konzepten? Will er seinen persönlichen Deckungsbeitrag maximieren, oder ist er bereit und vor allem fähig, sich auf die Bedürfnisse des Unternehmers und des Familienunternehmens einzulassen? Kann und will der Berater sich das leisten? Sich ganz in den Dienst des Kunden zu stellen, erfordert vom Berater Empathie, eine gesunde Demut und Bescheidenheit und gleichzeitig eine gesunde Distanz um seine eigenen Ressourcen wie Energie sowie Empathie nicht zu gefährden.[256]

Nachstehend differenzieren wir im Grundsatz zwischen dem lösungs- bzw. prozessorientierten Coachingansatz und dem entscheidungs- bzw. resultatorientierten Expertenansatz (Fachberatungsansatz), vgl. dazu Tabelle 9.[257] Wir sind der Überzeugung, dass beide Arten von Beratungstätigkeit im Rahmen des Nachfolgeprozesses zum Einsatz kommen sollten.

Die bisherigen Ausführungen haben deutlich gezeigt, dass im Rahmen der Unternehmensnachfolge viel Fachwissen notwendig ist. Entsprechend dominiert bei Nachfolgeprozessen oft die *resultat- und entscheidungsorientierte Fachberatung* (= Expertenansatz), und nicht der Coachingansatz. Die Fachberatung durch Experten stellt dabei die passenden Instrumente zur Verfügung. Mit Hilfe dieser Instrumente werden Entscheidungsgrundlagen erarbeitet. Diese Fachberatung hat zum Ziel, im Sinne eines klar formulierten Auftrages eine Lösung für Fachfragen zu erarbeiten und dadurch

256 Schmidt 2006, S. 87.
257 Backhausen, Thommen 2003, S. 22, 104 ff; Bamberg 2006, S. 38 ff.; König, Volmer 2008, S. 57.

die Entscheidungsgrundlagen für den Unternehmer respektive Kunden zu schaffen. Der Berater bringt seine Kompetenzen im Beratungsprozess aktiv und zielgerichtet ein und fokussiert dabei auf den Inhalt.

Im Kontext der Unternehmensnachfolge können Steuerfragen, Rechtsberatung, die Unternehmensbewertung oder die Evaluation von Finanzierungsvarianten in der Regel der Fachberatung zugesprochen werden. Durch den Einsatz von klaren Regeln (Methoden) bezieht sich die Beratungsleistung auf die «harte Wirklichkeit» des Übergebers oder des Übernehmers.[258] Dies bedeutet, dass der Berater – basierend auf den Angaben und Informationen des Auftraggebers einerseits, und seinem Wissen und seiner Erfahrung andererseits eine Entscheidungsgrundlage entwickelt: wie und in welcher Form beispielsweise das Unternehmen bewertet werden kann, oder wie und in welcher Form die steuerliche Belastung reduziert werden kann. Die Aufgabe des Beraters ist, das Problem des Auftraggebers genau zu erkennen und im Anschluss daran Vorschläge, Anregungen und Hinweise zu erarbeiten und zu vermitteln. Die Grenzen dieses Ansatzes liegen unseres Erachtens einmal in der Komplexität der Problemstellung Unternehmensnachfolge; diese kann selbst von den Auftraggebern nicht immer umfassend erkannt und beschrieben werden. Denn die Komplexität der Problemstellung zu beschreiben ist für den Auftraggeber selbst meist eine einmalige, oft erstmalige Aufgabe. Nicht selten ist zudem der Auftraggeber selbst Teil des Problems oder der Herausforderung und macht dadurch einen wesentlichen Teil der Komplexität aus. Im Gegensatz zum Projektmanagement für den Kunden (Objekt) ist er mit seiner Unternehmung hier selber Subjekt. Kann der Auftraggeber reflektiv erkennen, dass er selber Teil des Systems ist, kann er sich selbst beim Beobachten beobachten? Zum zweiten geht die reine Expertenberatung oft von einem eher einfachen Menschenbild im Sinne des «homo oeconimicus» aus. Ob diese drastische Komplexitätsreduktion in Situationen von Unternehmensnachfolgen zulässig und zielführend ist, hier setzen wir dazu ein grosses Fragezeichen, respektive Ausrufezeichen.

258 Von «harter Wirklichkeit» wird beispielsweise im technisch-naturwissenschaftlichen Bereich gesprochen. Dabei steht der Beobachter einer rational abbildbaren Wirklichkeit gegenüber, die von ihm selbst im Grundsatz nicht verändert werden kann (= abbildtheoretisches Paradigma).

Tabelle 9: Berater und Beratungsformen in der Unternehmensnachfolge[259]

Coachingansatz prozess- und lösungsorientiert	**Fachberatungsansatz** resultat- und entscheidungsorientiert
– Prozessmanagement – Projektmanagement – Coaching – Mentoring – Moderation – Mediation – Familienberatung und -therapie – Training und Supervision – Organisationsentwicklung	– Wirtschaftsprüfung – Treuhänderschaft – Rechtsberatung (Rechtsanwalt) – Steuerberatung – Notarielle Beratung – Finanzierungsberatung – Finanz- und Vermögensberatung – Vorsorgeberatung – Gutachten (z. B. Recht oder Finanzen) – Organisations- und Managementberatung
Entwicklungslogik	**Transaktionslogik**

An dieser Stelle setzt der *prozess- und lösungsorientierte Coachingansatz* an. Der zentrale Unterschied zur Fachberatung liegt darin, dass der Berater dem Kunden Unterstützung bietet; der Kunde soll die Situation für sich klären und selbst neue Lösungen entwickeln. In einem ersten Schritt unterstützt der Berater den Auftraggeber bei der Zielformulierung, indem er ihm die richtigen Fragen stellt. So gesehen ist der Berater ein Sparringpartner für den Kunden, der die Problemstellung Nachfolge primär selbst bearbeitet. Bei der Prozessberatung steht – in Anlehnung an das St. Galler Nachfolge-Modell – vor allem der Nachfolgeprozess in seiner Ganzheitlichkeit im Zentrum, und nicht einzelne Fachthemen oder fachliche Fragestellungen. Hier gilt: Der Berater versucht, auf konkrete Anweisungen zu verzichten, sondern ist bestrebt, die Problemlösungsfähigkeit des Übergebers oder des Übernehmers zu stärken. Die «weiche Wirklichkeit» steht hier im Zentrum, also beispielsweise der sozial-interaktive Bereich wie Beziehungen und deren Reflexion in der Vergangenheit, im Heute und im Morgen.

Eine zentrale Funktion in der Nachfolgeberatung stellt hier unseres Erachtens die Übernahme des Projektmanagements dar. Viele Unternehmer sind täglich in Projekte involviert – entsprechend sind die meisten Kunden an sich fit im Projektmanagement. Aber beim spezifischen Projekt Unternehmensnachfolge hat der Kunde kaum Erfahrungswerte, auf die er aufbauen könnte. So kann es deshalb sehr sinnvoll sein, im gegenseitigen Einvernehmen zwischen Kunde und Berater, das Projektmanagement an einen gut vernetzten Berater zu übertragen. Die Entscheidungs-Kompetenz und -Verantwortung bleibt immer beim Kunden – aber der Berater übernimmt die Koordination, kann (im Einvernehmen) unbequeme Fragen stellen, hilft bei der Orientierung, kann die verschiedenen Ebenen, Themen und Fragestellungen entlang des St. Galler Nachfolge-

259 Eigene Darstellung.

Modells koordinieren, und so den Prozess auf eine solide, belastbare Lösung schrittweise hinsteuern.

Die Herausforderung bei prozessorientierten Coachingansätzen liegt insbesondere darin, kognitive Barrieren abzubauen und schlussendlich zu überwinden. Zu oft wird zu schnell auf Erfahrungswissen und Rezeptdenken der Beteiligten zurückgegriffen. Der (Selbst-)Reflexion wird zu wenig Zeit und Raum eingeräumt, und den gelebten Kulturen und der gewohnten Art und Weise der Kommunikation zu wenig Aufmerksamkeit und Beachtung geschenkt; so können beispielsweise unausgesprochene Annahmen, Regeln, Werte oder Spielregeln den Prozess unvorhergesehen gefährden. Manchmal wird ein Versuch unternommen, in diese wichtige und richtige Richtung zu gehen, darüber nachzudenken und daran zu arbeiten. Dann kommt es oft – schon fast zwangsläufig – zu Enttäuschungen und Verletzungen, welche diesem sinnvollen Unterfangen, diesen ersten Schritten meist schon am Anfang den Garaus machen.

Ein Prozessberater sollte zwingend über ein umfangreiches, gutes Netzwerk aus seriösen Fachberatern verfügen. Dabei geht es um die Begleitung des Prozesses, der Familie und einzelner Beteiligter. Der Prozessberater kontrolliert festgelegte Eckpunkte, gibt Anstoss für die Lösungsfindung, motiviert die beteiligten Parteien oder zeigt beispielsweise alternative Perspektiven auf, gerade in emotionalen Momenten oder Konflikten. Dazu benötigt er viel Erfahrung, vor allem aber grosse Vertrauenswürdigkeit.

Abschliessend halten wir fest: Wer einen Berater beauftragt, sollte dies nicht zwingend und nur in jenen Fällen tun, in welchen er ein Problem, einen Konflikt oder einen Missstand hat. Doch genau diese Vorstellung für die Notwendigkeit eines Beraters herrscht in vielen Familienunternehmen vor. Eine Beratung kann proaktiv ganz gezielt eingesetzt werden, um den Prozess einer Nachfolge zu beschleunigen, um Spezialwissen abzuschöpfen, eine unabhängige Analyse einzuholen oder bestimmte Aufgaben auszulagern und so, alles in allem, die vorhandenen Ressourcen effizienter und effektiver einzusetzen. Wer sich als Unternehmer zu hundert Prozent im Alltagsgeschäft engagiert, hat wohl auch wegen seiner Befangenheit kaum Zeit sich das Thema Nachfolge inhaltlich vollständig zu erschliessen; schon gar nicht wird er die Koordination des Prozesses im Alleingang bewältigen können – Entlastung durch einen kompetenten Partner ist also zielführend und angebracht.

7.2.2 Die Fachberatung im Nachfolgeprozess

Bei der Fachberatung handelt es sich um eine Beratungsform, die sich auf die sachliche Bearbeitung eines meist vom Auftraggeber definierten, inhaltlichen Problems konzentriert. Das Ziel besteht darin, dass der Fachberater Resultate liefert, die der Entscheidungsfindung dienen. Im Kontext der Unternehmensnachfolge können verschiedene Fachberater mit verschiedenen Kernaufgaben identifiziert werden.

Die Kerntätigkeit eines *Wirtschaftsprüfers* besteht darin, betriebswirtschaftliche Prüfungen vorzunehmen. So werden beispielsweise Jahresabschlüsse auf deren Richtigkeit und Vollständigkeit überprüft, wobei die gesetzlichen Grundlagen und Rechnungslegungsstandards als Orientierungsraster dienen. Am Schluss eines Prüfungsprozesses wird ein Bericht über die Qualität des Abschlusses erstellt und damit der Buchführung Redlichkeit zugesprochen oder versagt. Da Wirtschaftsprüfer ein quasi öffentliches Amt innehaben, müssen sie entsprechende Qualifikationen, Zertifikate, Diplome und Ausbildungen nachweisen, um diese Tätigkeit auch ausüben zu dürfen. Aufgrund der besonderen Befähigung werden Wirtschaftsprüfer regelmässig auch zu anderen Prüfungszwecken eingeladen; etwa bei der Durchführung einer Due Diligence im Rahmen einer Kauf- / Verkaufstransaktion. Weitere Themen sind Steuerberatung, das Verfassen von Gutachten (z. B. für eine Unternehmensbewertung) oder Unternehmensberatung, wie beispielsweise Evaluation und Einführung eines neuen Buchhaltungssystems, neue Rechnungslegungsstandards oder für den Aufbau eines internen Controllings.

Als *Treuhänder* wird im Grundsatz eine natürliche oder juristische Person verstanden, welche die Rechte ihrer Kunden (= Treugeber) verwaltet und insbesondere bei Zug-um-Zug-Geschäften als Mittelsmann zwischen zwei Parteien geschaltet wird. In der Schweiz ist der Begriff weiter gefasst und kann als Person verstanden werden, welche die Interessen ihres Auftraggebers vertritt; der Titel ist nicht geschützt. In der Regel werden unter dieser Berufsbezeichnung Tätigkeiten wie beispielsweise Wirtschaftsprüfung, Steuerberatung, Unternehmensberatung und Buchhaltung zusammengefasst. Bei einer Unternehmensnachfolge sollte klar geregelt werden, welche Tätigkeiten vom gewählten Treuhänder übernommen werden und welche nicht.

Beim *Rechtsanwalt* handelt es sich um die Berufsbezeichnung für einen juristischen Beistand.[260] Er verhilft dem Kunden mit rechtsstaatlichen Mitteln zu seinem Recht. Dazu gehören das Aufsetzen oder Überprüfen von Verträgen, das Verfassen von Rechtsgutachten, aber auch die Beweissicherung und Rechtsdurchsetzung im Streitfall. Die Ausübung dieses Berufs ist an verschiedene Qualifikationen gebunden. Auch gilt es zu berücksichtigen, dass es für verschiedene Themenfelder Spezialisten gibt – entsprechend wurden Fachanwaltsprüfungen eingeführt.

Der *Notar* ist mit einem öffentlichen Amt versehen und mit der Beurkundung von Willenserklärungen beauftragt. Dies bedeutet, dass er eine Willenserklärung, wie beispielsweise eine Grundstückübertragung, einen Ehe- und Erbvertrag oder auch ein Testament, öffentlich beurkunden kann respektive muss, wodurch deren formale und ma-

260 In der Schweiz wird auch vom Anwalt, Advokat, Fürsprecher oder Fürsprech gesprochen.

terielle Richtigkeit sichergestellt wird. Entsprechend hoch sind die Anforderungen, um als Notar zugelassen zu werden.

Bei der *Finanzierungsberatung* geht es um die Unterstützung in Bezug auf die Finanzierung einer Investition, wie beispielsweise die Übernahme eines Unternehmens. Die Unterstützung kann bei der Erstellung eines Businessplans starten, führt über die Identifikation von Geldgebern und die Vorbereitung und Mitgestaltung von Finanzierungsgesprächen bis hin zur Übernahme von Überwachungsfunktionen.

Im Unterschied dazu kümmert sich der *Finanzberater* und *Vermögensverwalter im engeren Sinn* vor allem um die Beratung von Kapitalanlegern. Er klärt über die verschiedenen Anlageformen auf, erläutert Rahmenbedingungen, Rendite- und Risikoklassen, und schlägt dem Kunden ein zu seinen Zielen und Bedürfnissen passendes Portfolio vor bzw. verwaltet das angelegte Vermögen entsprechend den Zielvorgaben.

Der *Vorsorgeberater* unterstützt den Kunden in der Evaluation von persönlichen, aber auch institutionellen Vorsorgelösungen; seine Kompetenzen können bis zum Brokerich reichen, sprich dem konkreten Aushandeln und Abschliessen von Vorsorgelösungen bei entsprechenden Anbietern.

Der *Gutachter* – vorliegend fachthemenübergreifend verstanden – wird oft einbezogen, um eine Drittmeinung einzuholen. In der Regel handelt es sich um einen Experten, der eine schriftliche Expertise abgibt. Beispiele sind eine Vertragsprüfung oder ein Zweitgutachten zur Unternehmensbewertung. Der Gutachter formuliert ein Urteil, eine Bewertung und allfällige Handlungsempfehlungen.

Der klassische *Organisations- oder Managementberater* setzt sich mit Strategien, Prozessen, Arbeitsabläufen und Ressourcenmanagement auseinander. Dadurch soll die Effizienz und Effektivität eines Betriebs erhöht werden. Kerntätigkeiten sind dabei beispielsweise die Durchführung einer Strategieanalyse unter Berücksichtigung der unternehmensinternen und externen Gegebenheiten (z. B. SWOT-Analyse), die Ausarbeitung von konkreten Strategien und Szenarien oder die Evaluation und Einführung eines Qualitätssicherungs- oder IT-Systems.

Im Rahmen der Umsetzung einer Nachfolgereglung braucht es mit zunehmender Komplexität verschiedene Fachberater aus verschiedenen Disziplinen. Eine in der Praxis häufige Beobachtung ist, dass die verschiedenen Vertreter im Anschluss zu wenig aufeinander abgestimmt und damit auch geführt wird. Tödlich für einen konstruktiven Nachfolgeprozess ist, wenn sich die Fachberater untereinander widersprechen und gegenseitig aufschaukeln oder vor dem Kunden in Frage stellen. Ein koordinierender Prozessbegleiter könnte hier für Abhilfe sorgen.

7.2.3 Coaching, Moderation und Mentoring im Nachfolgeprozess

Neben Coaching, Mentoring und Moderation werden in diesem Kapitel auch die Mediation, die Familienberatung und -therapie, die Rolle des Trainers und des Supervisors kurz besprochen. Beim Coaching im Nachfolgeprozess gilt es, den Motiven der Beteiligten auf den Grund zu gehen, die Rollen im gesamten Nachfolgeprozess zu klären und indirekt zu gestalten, sowie vor allem, die heiklen und kritischen Punkte anzusprechen.

Im Rahmen des Coachings unterstützt der Berater als Coach oder Moderator eine Person, eine Familie oder ein Unternehmen bei der Problemlösung. Er bringt keine Lösung ein, sondern befähigt die Auftraggeber, selber eine Lösung zu erarbeiten. Mit seinem Fach- und vor allem seinem Prozesswissen stellt er zur richtigen Zeit die richtigen Fragen. Er provoziert bei den Coachees – den gecoachten Personen – eine Reflexion, Diskussion und Handlungsorientierung. Er handelt als unabhängiger Gesprächs- und Interaktionspartner. Im Sinne einer Hilfe zur Selbsthilfe geht es darum, verdeckte Ressourcen und Potenziale aufzudecken, zu erkennen, zu benennen und im Anschluss auch zu nutzen. Man spricht in diesem Zusammenhang auch von Ressourcenorientierung, im Gegensatz zur Problemorientierung. Die Anforderungen an den Coach sind neben

Methoden- und Fachkompetenz vor allem Beratungs- und Lebenserfahrung. Diese nutzt er situativ, intuitiv, empathisch und achtsam.

Die Unternehmensnachfolge stellt ein klassisches Projekt dar und erfordert folglich ein professionelles *Projektmanagement.* Dieses ist jedoch mit verschiedenen Hürden fachlicher, emotionaler und zeitlicher Natur verbunden, weswegen wir dieser Aufgabe eine sehr grosse Bedeutung beimessen. Dabei fordern wir, dass es sich in diesem Kontext um ausgewiesene Generalisten handelt. Sie sollen die Grundzüge und Zusammenhänge zwischen den verschiedenen Fachdisziplinen und die sozialpsychologischen Komplexitäten und Dynamiken in Familienunternehmen erfassen, abholen und thematisieren. Von zentraler Bedeutung ist dabei die Haltung des Coachs, der seine persönlichen Lösungsansätze in den Hintergrund stellt. Nur mit diesen Kompetenzen ist unseres Erachtens das Projektmanagement an eine externe Person abzutreten. Kritisch merken wir an, dass einzelne Fachberater die Prozessherrschaft anstreben oder übernehmen. Wenn diese über die formulierten Anforderungen verfügen, stellt dies kein Problem dar. Eine latente Gefahr sehen wir darin, dass schliesslich eine fachspezifische Nachfolgelösung umgesetzt wird und nicht zwingend die Lösung, welche für Übergeber und Übernehmer die passende Form wäre.

Beim *Coaching* im engeren Sinn handelt es sich um eine Beratungsform, welche vor allem die Rückkoppelung ins Zentrum stellt. Im Dialog mit dem Coach hinterfragt der Coachee die eigene Befindlichkeit, Leistungsfähigkeit und Entscheidungsfindung kritisch. Der Coachee wird durch den Coach gefordert und dadurch gefördert. Themen wie die eigene Persönlichkeit, die Reflexion der eigenen Rolle, der Umgang mit der Gefahr der Vereinsamung, die Veränderung von persönlichen Einstellungen, die Entwicklung von neuen Denkmustern oder die Gestaltung der Zeit nach der Unternehmensübertragung können im Rahmen eines persönlichen Coachings besprochen werden. Neben kognitiven Aspekten spielen die emotionalen und intuitiven sowie systemischen Facetten eine wichtige Rolle.

Das *Mentoring* stellt einen Teilbereich des Coachings dar, mit dem Unterschied, dass der Mentor über langjährige Berufs- und Führungserfahrung verfügt und sein Kunde auf diesen Erfahrungsschatz zurückgreifen kann. Beispiele im Kontext der Unternehmensnachfolge sind: Die nachfolgende Generation wird bei ihrer neuen Aufgabe von erfahrenen Führungskräften unterstützt; Unternehmer, die vor der Unternehmensnachfolge stehen, treten in Erfahrungsaustausch mit Persönlichkeiten, die bereits die eigene Nachfolge geregelt oder zu Berufszeiten viele Transaktionen persönlich begleitet haben. Mentoren sind im Unterschied zum Coach oft unentgeltlich oder zumindest zu sehr moderaten Preisen verfügbar, da sie die Freude an der Potentialentfaltung und/oder Problemlösung in den Vordergrund stellen. Rückenstärkung, neue Perspektiven, Vermittlung von konkretem Handwerkszeug, das Überwinden von Existenzängsten oder

Zugang zu bestimmten Netzwerken können mögliche Nutzen aus einer Mentoring-Beziehung sein.

Bei der *Moderation* steht die Gestaltung des Dialogs zwischen Individuen oder verschiedenen Parteien im Vordergrund. Die Aufgabe des Moderators ist beispielsweise, Kommunikationsregeln einzuführen und deren Einhaltung zu überwachen, die Zielgerichtetheit zu steuern respektive frühzeitig (noch) Unausgesprochenes zu erkennen und an die Oberfläche zu bringen. Weiter erkennt er die emotionalen Befindlichkeiten und lässt sie zu, lenkt diese aber gleichzeitig derart, dass diese den Gesamtprozess nicht zerstören.

Bei der *Mediation* handelt es sich um eine Methode der Konfliktregelung, wobei ein Dritter aussergerichtlich eine Kooperation zwischen den Parteien zu schaffen versucht, in dem diese Parteien die Lösung selber erarbeiten und Lösungsvorschläge selber einbringen. Wir möchten vorliegend diese Definition etwas weiter fassen und auch die Konfliktvorbeugung mit einbeziehen. Es geht darum, Konfliktpotenziale frühzeitig anzusprechen und die Parteien zur Kooperation zu bringen, bevor die Situation in einen heissen und damit nicht mehr konstruktiven Konflikt ausartet. Diese mediatorische Kompetenz kann einerseits auf der Ebene des Individuums eingesetzt werden – wenn sich beispielsweise ein Kunde durch inneren Widerstreit nicht in der Lage sieht, eine klare Entscheidung zu treffen. In diesem Zusammenhang kommen eher psychologisch orientierte Verfahren zum Einsatz. Unsere Beobachtung ist, dass im Dialog oft ein innerer Zwiespalt gelöst werden kann. In Bezug auf interpersonelle Beziehungen können «klassische» Konfliktbearbeitungsinstrumentarien eingesetzt werden, die oft einen sozialpsychologischen Hintergrund haben. Ein Mediator hat dabei die Aufgabe, zwischen verschiedenen Parteien Unausgesprochenes herauszuarbeiten mit dem Ziel, dass sich diese besser verstehen und in die andere Seite hineinversetzen können. Erst wenn die verschiedenen Erwartungen bekannt und gegenseitige Erwartungsprojektionen geklärt und abgebaut sind, ist der Weg offen für eine Kooperation. Im Kontext der Unternehmensnachfolge kann ein solches Verfahren zwischen Geschwistern, Generationen, Eheleuten und anderen Parteien grossen Nutzen schaffen – insbesondere dann, wenn der mögliche Nutzen frühzeitig erkannt wird. Deshalb sollte unseres Erachtens der Mediator nicht erst berücksichtigt werden, wenn Konflikte bereits ausgebrochen sind. Die Mediation kann als proaktiver Weg genutzt werden; doch leider wird der Begriff Mediator noch zu oft mit «heissen Konflikten» in Verbindung gebracht.

Ein weiterer Bereich ist die *Familienberatung oder -therapie*. Das wichtigste Ziel der Familienberatung liegt in der Aktivierung und Stärkung der in der Familie identifizierten Ressourcen. Diese helfen, zu selbständigen Lösungen von familiären Problemen zu finden. Im Kontext der Unternehmensnachfolge kann beispielsweise das Ziel verfolgt werden, dass mittels Einführung und Training neuer Kommunikationsmuster und -formen eine verlorengegangene Kommunikationskultur innerhalb der Familie wieder aufgebaut wird. Die Umsetzung im Alltag liegt jedoch in der Verantwortung der Familie selbst.

Ein *Trainer oder Supervisor* hat schliesslich die Aufgabe, seine Kunden für gewisse Aufgaben zu befähigen. Bei beiden Unterstützern handelt es sich um Experten in ihrem jeweiligen Gebiet. Beim Trainer wird die pädagogische Ausbildung stärker betont, beide haben jedoch das Ziel, die Handlungskompetenz des Gegenübers zu erhöhen. Der Berater übernimmt dabei eine gewisse Lotsenfunktion. Die beiden Ansätze sind geeignet, um beispielsweise neue Verfahren oder Verhaltensweisen einzuüben. Entsprechend muss der Trainer oder Supervisor wissen, wie man Veränderungen umsetzt; zudem muss er offen sein für Unvorhergesehenes, da das Endziel der Interaktion zwischen Berater und Kunde nicht zwingend fixiert werden kann. Der Berater geht dabei ein kritisch loyales Arbeitsbündnis ein und steht – wenn wir das Beratungssystem betrachten – auf der Systemgrenze (vgl. Abbildung 29) und kann nicht mehr nur als Aussenstehender wahrgenommen werden.[261]

7.3 Gütekriterien für die Beratung

Die bisherigen Ausführungen haben gezeigt, dass die Beratungsanforderungen und -inhalte überaus vielfältig sind. Entsprechend schwierig ist es, festzulegen, wer der richtige Berater für die Mitgestaltung des Nachfolgeprozesses ist. Der Auftraggeber sollte unbedingt gemeinsam mit dem Berater das Ziel formulieren. Weiter muss sehr früh über Inhalt und Prozessgestaltung sowie das vorhandene Budget gesprochen werden. Ebenfalls sollen sich Auftraggeber und Berater über einen gemeinsamen, sinnvollen Weg verständigen.

Wie bereits angemerkt, bestehen in der Praxis seitens KMU und Familienunternehmen oft Vorbehalte gegenüber Beratern und deren Leistung (siehe Kapitel 6.2). Begründet wird dies häufig damit, dass die Fokussierung auf Folgeaufträge, die Erzeugung von Abhängigkeiten oder die Verwertung von Wissen durch den Berater beim KMU im Vordergrund stünde. Parallel dazu werden aber auch Vorwürfe laut, dass Berater in der Startphase übertriebene Versprechungen äusserten, während des Prozesses fragwürdige Konzepte einsetzen und zu viel Eigenwerbung betreiben würden. Weitere Vorwürfe sind, dass Berater ihre Methodenwahl zu sehr nach Modeerscheinungen richteten, Konzepte entwerfen würden, ohne an die Umsetzung zu denken, oder dass das Kosten-Nutzenverhältnis für KMU schlicht und einfach nicht stimme.[262]

261 Lentze, Fellermann 2006, S. 169.
262 Bamberg, Schmidt 2006, S. 18.

Berater benennen ihrerseits spezielle Herausforderungen, die sie bei kleinen und mittelgrossen Familienunternehmen sehen: So werde der Fokus und die Ausrichtung häufig auf die Unternehmerpersönlichkeit gerichtet, sodass diese mit der «DNA des Unternehmens» deckungsgleich sei. Oft sei auch das Zahlenmaterial, das vorgelegt werde, sehr knapp; zudem seien Diskussionen und Entscheidungen häufig in implizitem, erfahrungsbasiertem Wissen verankert – frei nach dem Motto: «Das haben wir schon immer so gemacht».[263]

Nachstehend versuchen wir, einige allgemeine und nachfolgespezifische Gütekriterien festzulegen, die bei der Wahl und Bestimmung des Beraters oder Beraterpools von Bedeutung sind. In der Praxis gilt es, kritisch nachzufragen, welche Kriterien bei welcher Beratungsform stärker betont werden sollen:[264]

- Im Dienste der *Prozess- und Strukturqualität* sollte ein Berater den bevorstehenden Beratungsprozess, die Vorgehensweise, die Phasengestaltung des Zeitplans, die Meilensteine und Szenarien in den Grundzügen aufzeigen können. Aber auch eine transparente und für den Kunden kalkulierbare und nachvollziehbare Budgetierung ist wünschenswert, sowie die frühzeitige Ankündigung von Anpassungen des benötigten zeitlichen Aufwands und damit verbundenen allfälligen Mehrkosten. Für Berater, die das Projektemanagement der Unternehmensnachfolge übernehmen gilt es, ein zielführendes Schnittstellenmanagement, also eine klare Abstimmung mit den anderen Beratern, sicherzustellen. Das Ziel sollte sein, den Prozess transparent und berechenbar zu gestalten. Verlässlichkeit und Zuverlässigkeit sind Attribute, die diese Qualität weiter umschreiben.
- Der Berater sollte weiter über eine hohe *Kommunikations-, Moderations- sowie, Darstellungsfähigkeit und über Empathie* verfügen – insbesondere wenn er sich dem Coachingansatz verpflichtet fühlt. Er muss die unausgesprochenen Bedürfnisse und Sachzwänge erkennen und in angebrachter Form beim Kunden ansprechen können. Freundlichkeit, Demut, die Fähigkeit, sich ‚in den Dienst' des Unternehmers oder des Unternehmens zu stellen, sind weitere Attribute für die Fähigkeiten.
- Gerade in Bezug auf die Übernahme des Projektmanagements einer Unternehmensnachfolge ist *Nachfolge- und Lebenserfahrung* wünschenswert, um den Dialog auf Augenhöhe mit dem Kunden zu führen. Der Kunde muss den Berater nach und nach relativ gut kennen und schätzen lernen, um überhaupt das notwendige Vertrauen aufbauen zu können. Dieses Vertrauen ist nötig, um über emotional belastende Themen sprechen zu können. Referenzen des Beraters

263 Rappel 2007, S. 34.
264 Meyer, Schleus, Buchhop 2007, S. 15 f.; Vinken 2008, S. 1387 ff.; Höck, Kauper 2006.

einzuholen, ist auf jeden Fall angebracht. Für die Professionalität des Beraters spricht natürlich, wenn dieser die Referenzen von sich aus, ohne Nachfragen, zur Verfügung stellt.

- Bezüglich der *Ergebnisqualität* gilt es, ein Gefühl für pragmatische Lösungen zu haben. Dazu gehört eine ausgeprägte Fach- und Methodenkompetenz, aber auch der Zugang zu einem Netzwerk von entsprechend ergänzenden Fähigkeiten und Kompetenzen. Nur dann kann der Berater die Unternehmensnachfolge zielgerichtet und in seiner Ganzheitlichkeit überhaupt unterstützen. Ein guter Berater sollte die Fähigkeit haben, die verschiedenen Beteiligten und Parteien auf ein gemeinsames Ziel auszurichten, was ohne ein entsprechendes Motivations- und Überzeugungsvermögen nicht möglich ist. Eine tragbare Unternehmensnachfolge umsetzen zu können bedeutet unter Umständen auch, die vom Kundenen formulierte Zielsetzung kritisch zu hinterfragen; unter Umständen ist eine familieninterne Nachfolgelösung z. B. nicht der ideale Weg bzw. nicht unternehmerisch nachhaltig – auch wenn sie vom Kunden so gewünscht wurde. Ein solches in Fragestellen erfordert von Berater Mut im Interesse der Sache.
- Gerade in kleinen und mittelgrossen Familienunternehmen wird vom Berater erwartet, dass er *Branchenkenntnisse* besitzt. Diese Anforderung kann nicht jeder Berater erfüllen; in diesen Fällen sollte man zumindest klären, wie man Zugang zu diesem Wissen erhält.
- Schliesslich geht es um die zentralen Beratungstugenden wie *Unabhängigkeit, Objektivität und Vertraulichkeit.* Die Unabhängigkeit des Unternehmensberaters von Dritten ist insbesondere dann wichtig, wenn Entscheidungen über Lieferanten oder andere Marktpartner des Kunden anstehen. Die Objektivität der Beratung sollte unter Berücksichtigung aller Chancen und Risiken gewahrt werden. Vertraulichkeit bedeutet beispielsweise, dass die im Beratungsprozess erworbenen Kenntnisse und Informationen absolut vertraulich behandelt werden und nicht an Dritte gelangen.

An die Adresse der Berater kann die Forderung formuliert werden, dass sie sich auf jene Aufgabenfelder fokussieren sollten, in denen sie den maximalen Mehrwert für den Kunden schaffen können. Im Umkehrschluss sollen sich diese nicht auf Dinge einlassen, die nicht im Kern der eigenen Fähigkeiten und Kompetenzen liegen.[265] Diese Elemente sollten im Rahmen des persönlichen Netzwerks entsprechend ergänzt werden, wobei die Schnittstellen im Sinne des Kunden, also kosteneffizient, zu gestalten sind. Gleichzeitig gilt es, durch Weiterbildung laufend in das intellektuelle Kapital zu investieren.

265 Niewiem, Richter 2007, S. 69.

Sich auf die Umsetzbarkeit konzentrieren, Arroganz vermeiden, kein Expertentum vortäuschen – das sind die Faktoren, die viel Goodwill schaffen.

Auch wenn die zentralen Gütekriterien erfüllt sind – der Erfolg des Beratungseinsatzes ist vor allem von der Ausgestaltung der Beziehung zwischen Berater und Kunde abhängig.[266] Dazu gehört zum einen eine klare Zielsetzung respektive Auftragslage. Gehen beide Parteien von den gleichen Voraussetzungen und Zielsetzungen aus? Gibt es einen offiziellen und vielleicht auch einen inoffiziellen Auftrag oder bestimmte Anforderungen an den Beratungsprozess? Diffuse Anfragen und Angebote sollten vorgängig geklärt werden respektive im Verlaufe des Projektes bewusst gemeinsam reflektiert und unter Umständen gemeinsam angepasst werden.

Damit einher geht auch die Klärung der Frage, welche Funktion der Berater hat und wie weit sein Engagement reicht.[267] Was sollte die Beratung leisten in Bezug auf den Output und die Ergebnisse? Handelt es sich dabei primär um Fach- und Expertenwissen, das verfügbar gemacht wird, oder soll der Prozess im Sinne des Coachingansatzes begleitet werden. Schliesslich gilt es im Vorfeld zu klären, wie die erbrachten Beratungsleistungen kalkuliert werden.[268] Dies sollte gemeinsam fixiert werden, um die gegenseitigen Erwartungshaltungen aufeinander abzustimmen. Die Möglichkeiten reichen vom Stunden- und Tagessatz über ergebnisorientierte Projektbudgets oder Vorschussvarianten bis hin zu den bereits angesprochenen M&A-Fees – also einer prozentualen Beteiligung am Verkaufs- oder Kaufpreis – je nachdem welche Partei begleitet wird.

7.4 Informations- und Kommunikationspolitik

Bei der Informations- und Kommunikationspolitik geht es im Grundsatz darum, wer was wie und warum sagt, respektive nicht sagt. In der Praxis wird oft die Frage gestellt, warum denn ein Unternehmer nicht viel früher kommuniziert hat, dass er einen Nachfolger sucht oder das Unternehmen verkaufen möchte. Eng verknüpft mit der Kommunikation sind die Themen Vertrauen und Anspruchsgruppenkonzept.[269] Viele sogenannte Stakeholder, oder eben Anspruchsgruppen, wie Mitarbeiter, Kunden, Lieferanten, Kreditgeber oder gar das Steueramt erwarten Informationen, um vor dem Hintergrund ihrer jeweiligen Eigeninteressen eine Risikoabwägung, eine Einschätzung vornehmen zu können. Für die Hausbank stellt sich beispielsweise die Frage, ob der Firmenkredit oder die laufende Hypothek im Rahmen der *Unternehmensnachfolge*

266 Kraus, Mohe 2007, S. 265.
267 Grimm, Bamberg 2006, S. 64 f.
268 Hilburt-Davis; Dyer 2003, S. 174 f.
269 Freeman 1984.

überhaupt gedeckt sein wird oder nicht. So ist es auch nicht überraschend, dass das Thema Unternehmensnachfolge beispielsweise Bestandteil der qualitativen Kriterien im Kreditratingsystem der Bank ist. Das Steueramt ist daran interessiert, wann und in welcher Höhe zum Beispiel Ertragssteuern anfallen, falls im Rahmen eines Unternehmensverkaufs stille Reserven aufgelöst worden sind. Den Lieferanten geht es ähnlich wie der Bank: ihre Aufmerksamkeit gilt der Fortführung der Kundenbeziehung und der Sicherstellung der Zahlungsbereitschaft. Kunden wollen beispielsweise sicherstellen, dass mögliche Garantieansprüche auch nach der Unternehmensnachfolge geltend gemacht werden können, oder dass ein gewisses Produkt- oder Dienstleistungssortiment aufrechterhalten wird, oder dass die Qualität nach dem Führungswechsel nicht leidet. Die meisten Mitarbeitenden sorgen sich um die Sicherheit des eigenen Arbeitsplatzes und/oder fragen sich, ob sich Strukturen, Prozesse und Vorgehensweisen im unternehmerischen Alltag ändern werden und welche Folgen das für sie hat. Ab einem gewissen Alter des Unternehmers besteht jedenfalls eine gewisse Sensibilität bei den verschiedenen Anspruchsgruppen, sodass auch Kleinigkeiten sofort interpretiert und weitererzählt werden. Es liegt auf der Hand, dass im Einzelfall eine grosse Diskrepanz zwischen Fakten und Gerüchten, zwischen expliziter Kommunikation und Interpretation bestehen kann.

Um die Bedeutung und Dynamik von Kommunikation im weiteren Sinn zu verstehen, werden nachstehend einige wichtige Grundlagen erläutert. Wir orientieren uns dabei an ausgesuchten Elemente aus der Kommunikationstheorie.[270] Es geht uns darum, die verschiedenen Elemente bewusst zu machen und ein Sensorium für die Art und Weise der Kommunikation (weiche Faktoren) zu entwickeln.

Aufbauend auf den klassischen Stimulus-Response-Modellen lassen sich neun verschiedene Elemente im Kommunikationsprozess differenzieren.[271] Beim *Sender* handelt es sich um einen Beteiligten, der eine Botschaft an einen anderen Beteiligten aussenden wollen. Dies kann beispielsweise der Senior sein, der mit seinen Kindern über die eigene Nachfolge sprechen möchte. Die zu übertragende Botschaft wird verschlüsselt (*Codierung*), in eine symbolische Repräsentation gebracht, um sie überhaupt per Medium übertragbar zu machen – in der Regel ist diese Codierung unsere Sprache. Die *Botschaft* selbst ist die Gesamtheit der symbolischen Repräsentationen, die der Sender übermittelt – also beispielsweise das initiierte Gespräch oder der Inhalt des an die Kinder ausgehändigten Schriftstücks. Dabei kann es bereits hier zu einer ersten Differenz zwischen dem effektiv ausgesprochenen und dem ursprünglich gedachten Inhalt kommen. Das *Medium* selbst ist der Träger der Botschaft. Wie wir bereits im Kontext der Charak-

270 z. B. Merten 1999.
271 Merten 1999, S. 54 ff.

terisierung von Familienunternehmen gesehen haben (vgl. dazu Tabelle 1), kann beispielsweise die mündliche und damit formlosere Sprache in Familienunternehmen im Unterschied zu Konzernen sehr verbreitet sein. Die Wahl des Mediums hat selbst eine symbolische Wirkung. Wenn Mitarbeitende beispielsweise von der Unternehmensnachfolge erst über die Presse erfahren, hat dies bestimmt eine andere Wirkung, als wenn die beiden Generationen die Belegschaft bei einer kleinen Feier informieren.

Beim *Empfänger* selbst handelt es sich um den Beteiligten am Prozess, der die übermittelte Botschaft empfängt – sprich das Zielpublikum, der Adressat respektive der Rezipient wie beispielsweise die Kinder des abtretenden Unternehmers. Bei der *Entschlüsselung (Decodierung)* werden vom Empfänger die übermittelten symbolischen Repräsentationen von Gedanken in Bedeutungsinhalte umgewandelt. Damit verbunden ist auch eine Interpretation und Auslegung der erhaltenen Signale und Inhalte – ein Prozessschritt, der vom Sender nur bedingt beeinflusst werden kann. Als *Wirkung* wird die Gesamtheit der Reaktionen des Empfängers nach Kontakt mit der Botschaft verstanden – also beispielsweise nach Abschluss der Interpretation. Das *Feedback* respektive die *Rückmeldung* ist der Teil der Empfängerreaktionen, der an den Sender rückübermittelt wird. Dies kann von einer Bestätigung über Rückfragen bis hin zu irritierenden Verhaltensweisen oder Wortmeldungen reichen. Schliesslich ist auch die *Signalstörung* ein wichtiges Element: Dabei handelt es sich um ungeplante Einflüsse mit störender oder verzerrender Wirkung auf den gesamten Kommunikationsprozess. Dies kann im Kontext der Unternehmensnachfolge beispielsweis ein Konjunktureinbruch sein oder die Veränderung von persönlichen Zielen und Möglichkeiten der involvierten Parteien. Es gibt zahlreiche Möglichkeiten, einen Kommunikationsprozess zu beeinflussen.

Im ganzen Kommunikationsprozess stellen die Emotionen und Beziehungen der beteiligten Parteien eine zentrale Rolle dar. Die Emotionen und Beziehungen haben einen zentralen Einfluss auf die Interpretation und Selektion von Informationen und darauf basierende Entscheidungen und Handlungsmuster.[272] Gerade in unserem Kulturkreis dominiert in Nachfolgeprozessen die implizite Kommunikation vor der expliziten Kommunikation. Viele Menschen haben sich eine hohe Fertigkeit darin angeeignet, enorm viel Informationen und Bedeutungsinhalte zwischen den Zeilen (= implizit) zu transportieren. Dies reicht von Wortspielen, der Nutzung von Sprichworten, der Verwendung vom Konjunktur – jedoch gedachtem Imperativ, bis hin zum Einsatz von ganz gezielt eingesetzter Mimik, Tonlage und vieles mehr. Das ‚Sortiment' ist extrem vielfältig und wird oft auch ganz unbewusst (oder als eintrainierte Verhaltensmuster) genutzt und eigesetzt. Die Herausforderung für den Berater besteht darin, die rele-

272 Halter 2009; Müller-Tiberini 2008, S. 146.

vanten Elemente zu identifizieren und im Anschluss auch explizit an die Oberfläche zu bringen.

Im Kontext der Anwendung erinnern wir dabei an das *Vier-Ohren-Modell* von Schulz von Thun, das bei der Interpretation von Informationen sehr zielführend sein kann.[273] Er differenziert dabei die Sachebene, die Beziehungsebene, die Appellebene sowie die Ebene der Selbstkundgabe. Sagt der Vater beispielsweise zu seinem Sohn, dass er das Unternehmen verkaufen will, so kann dies als entsprechend nüchterne Information verstanden und akzeptiert werden (Sachebene). Oder der Sohn kann das Gefühl haben, den Eindruck gewinnen, dass er von seinem Vater nicht mehr geliebt wird (Beziehungsebene). Oder, dass diese Lösung als die einfachste Form gewählt worden ist, um möglichen Diskussion auszuweichen im Sinn von «Mein lieber Sohn, ich mag nicht mehr, ich kann nicht mehr» (Selbstkundgabe). Oder als Aufforderung an die Adresse des Sohnes, (endlich) einen eigenen Beruf zu erlernen (Appell). Die nackte Information ist das eine – viel bedeutender ist die Frage, wie Information übermittelt und vom Empfänger wahrgenommen wird.

Ein Stimulus-Response-Modell – wie oben ausgeführt – hilft in der Praxis bis zu einem gewissen Punkt bei der Systematisierung eines Kommunikationsplans. Gleichzeitig ist Kommunikation in der Praxis nie einseitig ausgerichtet, denn in einem Dialog werden Ideen und Inhalte gegenseitig gespiegelt und weiter entwickelt. Konstruktivistisch gesprochen wird mittels Kommunikation eine neue Wirklichkeit geschaffen.[274] Die Praxis zeigt uns immer wieder auf eindrückliche Art und Weise, wie innerhalb des gleichen Unternehmens oder der gleichen Familie verschiedene und vor allem auch nachvollziehbare und für sich alleine stehende Wahrheiten parallel existieren. Entsprechend ist unseres Erachtens ein breites, umfassendes Grundverständnis von Kommunikation notwendig, um die Dynamik einer interaktionistischen Kommunikation zu verstehen. So betrachtet kann Kommunikation als das kleinste soziale System verstanden werden. Soziale Systeme entstehen dabei in Anlehnung an Luhmann aus Kommunikation beziehungsweise werden durch Kommunikation zusammengehalten.[275] Übertragen auf eine Unternehmensnachfolge heisst das: Diese kann nur erfolgreich gestaltet werden, wenn auch ein solides Kommunikationskonzept vorhanden ist.

Für die Praxis stellt sich die Frage, ob eine Push-Strategie – also das aktive Informieren gegenüber den Anspruchsgruppen – gewählt wird, oder ob im Rahmen einer Pull-Strategie darauf gewartet wird, bis jemand Informationen einholen wird. Bei beiden Strategien ist es von Bedeutung, dass im Vorfeld Überlegungen bezüglich Inhalt und involvierten Personen gemacht werden, um nicht überrascht zu werden.

273 Schulz von Thun 2004, S. 26 ff.
274 Watzlawick 1990; Watzlawick 2001.
275 Merten 1999, S. 101.

Bei einer Kommunikationsstrategie stehen vier zentrale Fragen im Zentrum: *Wo stehen wir?* Die Antwort beschreibt die aktuelle Situation bzw. Ausgangslage, um sie für die Empfänger nachvollziehbar zu machen und eine gemeinsame Basis zu finden. Neben einzelnen Angaben zur Geschichte des Unternehmens können beispielsweise der aktuelle Geschäftsgang oder die Branchenentwicklungen Inspirationsquelle sein und mit unterschiedlichen Zielen und Interessen der verschiedenen Anspruchsgruppen in Verbindung gebracht werden.

Wo wollen wir hin? Nachdem die Personen und Personengruppen bestimmt sind, die beim notwendigen Dialog einbezogen werden sollen, gilt es die Kommunikationsziele festzulegen. Soll beispielsweise die Kontinuität und Stabilität oder die Weiterentwicklung des Unternehmens in den Vordergrund gestellt werden? Die Kernbotschaft sollte zu diesem Zweck festgelegt werden.

Wie wollen wir dorthin gelangen? In dieser Sequenz geht es darum, dem Empfänger einige (wenige) konkrete Anhaltspunkte zu geben, wie das Ziel erreicht werden soll. Dabei ist darauf zu achten, dass die anvisierten Massnahmen und Veränderungen machbar sind und auch wirklich umgesetzt werden.

Wie wollen wir den Weg dorthin beibehalten? Unterschiedlichen Anspruchsgruppen ist es aus ihrer eigenen Perspektive wichtig, dass die getroffene Lösung auch nachhaltig, und damit glaubwürdig verankert ist. Im Sinne der Vertrauensstiftung gilt es deshalb, einen möglichst realistischen Ausblick zu geben.

Fallbeispiel 13: Diese Frage habe ich erwartet

Der Vater des Erzählers ist Alleineigentümer eines mittelständischen Unternehmens in Süddeutschland und steht kurz vor der Pensionierung. Der Erzähler und sein Bruder sind Mitte Zwanzig und noch zu jung, um das Unternehmen zu führen. Die Situation wird aus der Perspektive der jungen Generation dargestellt und soll zeigen, welche wichtige Rolle der Kommunikation zwischen den direkt oder indirekt betroffenen Personen zukommt: Eine offene Kommunikation führt meistens zu besseren Lösungen.

Wir sassen gemütlich bei einem einfachen Mittagessen. «Heute Morgen hatte ich ein längeres Telefongespräch mit Herrn Hofmeister», bemerkte mein Vater ganz nebenbei. «Ich glaube, du hast ihn auf der letzten Messe kennengelernt. Er hat mir mitgeteilt, dass er an der Übernahme unserer Produktion interessiert wäre; doch nur unter der Bedingung, dass er die Fabrikation innert zwei Jahren bei sich integrieren kann; also keine Übernahme der Immobilien. Was meinst du, was sollen wir jetzt machen?» Ich war perplex. Dass mein Vater die Firma verkaufen wollte, kam vollkommen überraschend. Er schaute mich nicht einmal an, sondern stocherte in seinem Essen herum.

Bis jetzt hatte mich mein Vater nie auf die Nachfolge angesprochen, sondern immer nur Andeutungen gemacht; Fragen wie «Was sind denn deine Zukunftspläne?» oder «Wie gefällt es dir bei deinem Job?» Nie eine direkte Frage oder eine Aussage über seine Pläne. Und jetzt das. Wenn ich ehrlich bin, hatte ich meinem Vater einen so radikalen Schritt gar nicht zugetraut. Er hatte das Unternehmen Ende der siebziger Jahre von seinem Vater übernommen. Die Firma und das grosse Gelände direkt am Fluss gehörten irgendwie zur Familie.

Von meiner Antwort hing viel ab, das spürte ich. Typisch Vater, so aus heiterem Himmel eine Entscheidung zu verlangen. Er hatte die Angelegenheit sicher schon von allen möglichen Seiten bedacht. Ich wollte erst einmal Zeit gewinnen und erklärte: «Ich bin mir nicht sicher, ob ein Verkauf zum jetzigen Zeitpunkt die richtige Entscheidung ist. Wenn du einverstanden bist, würde ich das gerne mit meinem Bruder besprechen».

Mein Vater nickte. Also traf ich mich am folgenden Wochenende in St. Gallen mit meinem älteren Bruder. Er studierte dort an der Uni und stand kurz vor den Bachelor-Prüfungen. Wir unterhielten uns den ganzen Abend und kamen zu keiner befriedigenden Lösung. Wir waren beide in der gleichen Lage: zu jung, um den Betrieb zu führen, und trotzdem konnten wir uns mit einem Verkauf nicht anfreunden. Wir suchten vergebens nach einem Ausweg.

Vater hatte ganz konkrete Vorstellungen und Pläne für die nächsten Jahre. Aber auf keinen Fall wollte er den Betrieb weiterführen. Die Belastung zehrte zu sehr an seiner Gesundheit. Das konnten wir gut nachvollziehen. Doch uns war ebenso klar, dass ein Verkauf die Probleme nicht lösen würde. Was würden wir mit den leer stehenden Gebäuden machen?

Wir zogen einen Berater hinzu. Der schlug vor, eine Geschäftsführer-Lösung zu prüfen. Diese Idee gefiel uns spontan sehr gut. Wir würden Zeit gewinnen und könnten in fünf bis zehn Jahren über die Nachfolge entscheiden. Bei unserem nächsten Treffen diskutierten wir mit Vater über die Person eines möglichen internen Geschäftsführers. Aus unserer Sicht stand der jetzige Verkaufsleiter auf der Wunschliste ganz oben. Er war etwa 50-jährig und arbeitete schon seit zwanzig Jahre im Betrieb. Er kannte alle Kunden und hatte ein gutes Verhältnis zu den Mitarbeitern.

Doch Vater war skeptisch. «Wäre es nicht besser, einen externen Geschäftsführer zu suchen?», fragte er, «ich weiss nicht, ob der Verkaufsleiter all meine Aufgaben übernehmen kann, und ob er das überhaupt will.» Ich merkte sofort, dass mein

Vater sich schwer tat mit dieser Lösung. Er befürchtete wohl, den Verkaufsleiter zu überfordern.

Doch wir blieben hartnäckig. Wir schlugen vor, erst einmal den Verkaufsleiter direkt zu fragen. Wenn er nein sagen würde oder Bedenken hätte, könnte man immer noch ein Inserat schalten. Gemeinsam schafften wir es, Vater zu diesem Zugeständnis zu bewegen. Doch er stellte die Bedingung, dass ich beim Gespräch mit dem Verkaufsleiter dabei wäre. Da es um unsere eigene Zukunft ging, war ich sogar sehr dazu bereit.

Das Gespräch begann harzig. Mit vielen Umschweifen und Wiederholungen eröffnete Vater die Sitzung. Dieses und jenes sprach er an, aber nie kam er auf den Punkt. Die Situation behagte ihm gar nicht. Als er auf die Qualitätsprobleme bei der letzten Lieferung zu sprechen kam, unterbrach ich ihn ziemlich abrupt.

«Mein Vater und ich möchten heute mit Ihnen über die Zukunft des Betriebs sprechen», begann ich. «Wie Sie wissen, wird mein Vater nächstes Jahr pensioniert. Weder mein Bruder noch ich sind derzeit in der Lage, den Betrieb zu führen. Wir suchen deshalb nach einer Lösung für die Geschäftsführung. Gerne hätten wir gewusst, ob Sie sich vorstellen könnten, die Geschäftsführung zu übernehmen?»

Mir war bewusst, dass ich mit der Tür ins Haus fiel. Der Verkaufsleiter sah zuerst mich an, dann wanderte sein Blick zu meinem Vater. Bevor mein Vater wieder das Wort ergreifen konnte, antwortete er: «In den letzten zwei Jahren habe ich mich des Öfteren gefragt, wie es mit dem Betrieb wohl weitergehen wird. Ich habe mich in Ihre Situation versetzt und mir überlegt, was ich an Ihrer Stelle tun würde. Sie haben zwei Söhne, die das Potenzial haben, die Firma zu übernehmen. Die Übergabe der Geschäftsführung ist deshalb eine naheliegende Lösung. Eigentlich hatte ich schon längere Zeit erwartet, dass Sie mich das fragen, und ich habe mir die Sache reiflich überlegt. Deshalb kann ich ihnen auch ganz spontan antworten: Ja, die Aufgabe würde ich sehr gern übernehmen.»

Mit dieser Antwort hatte mein Vater nicht gerechnet. Doch man konnte ihm ansehen, wie erleichtert er war. Auch ich war froh, denn jetzt war der Entscheidungsdruck von uns Junioren genommen. Vater nickte nur kurz über den Tisch und sagte in seiner gewohnt nüchternen Art: «So, dann sind Sie ab nächstem Jahr unser neuer Geschäftsführer. Gratuliere!»

Zur richtigen Zeit, am richtigen Ort, das richtige Wort. Kommunikation ist schwierig und wichtig zugleich. Das Fallbeispiel zeigt deutlich, wie mit impliziter und expliziter Kommunikation umgegangen wird – und beides hat auf seine Art und Weise seine Wirkung.

der erfolgreiche Neustart!

8 Schlusswort

Die Unternehmensnachfolge ist kein Spaziergang. Das hat dieses Buch hoffentlich zu zeigen vermocht. Von allen Parteien verlangt diese Aufgabe Offenheit und Weitsicht. Strategisches Geschick, persönliches Engagement und Beweglichkeit sind notwendig, um die eigene Unternehmensnachfolge im Dienste einer nachhaltig tragbaren Lösung zu gestalten.

Was ist eine erfolgreiche Unternehmensnachfolge? Ein grosser Teil der Nachfolgeliteratur zählt Erfolgs- und Misserfolgsfaktoren auf, was u.E. jedoch viel zu kurz greift und zu falschen Schlüssen führen kann. Uns geht es darum, den Begriff Erfolg aus den Perspektiven der verschiedenen Beteiligten zu klären, aufzuhellen. Für Mitarbeitende kann die Nachfolge beispielsweise erfolgreich sein, wenn deren Arbeitsplätze ohne Lohneinbussen auch nach der Übertragung gesichert sind. Aus der Sicht von Kapitalgebern ist die Unternehmensnachfolge dann erfolgreich, wenn zum Beispiel die Kredite vom Übergeber vollständig zurückbezahlt oder die Verpflichtungen dank des Engagements eines solventen Nachfolgers und dank guter Geschäftsperspektive nicht gefährdet sind. Aus der Perspektive des Übergebers kann der Erfolg noch vielfältiger umschrieben werden. Für den einen zählt die Verkaufspreisoptimierung, für den anderen ist die Nachfolge ein Erfolg, wenn der Produktionsstandort und die Arbeitsplätze gesichert sind. Für Nachfolger wiederum kann der Geschäftsverlauf des übertragenen Unternehmens von Bedeutung sein. Sie knüpfen die Erfolgsmessung an verschiedene Kennzahlen wie zum Beispiel das Wachstum der Mitarbeiterzahl, des Umsatzes oder des Ertrags. Oder sie verbinden Erfolg auch einfach mit der Tatsache, einer sinnvollen und sinnstiftenden Tätigkeit als Unternehmer nachgehen zu können. Aus der Perspektive von Familienunternehmen können bei einer familieninternen Nachfolge auch das Aufrechterhalten des Wettbewerbsvorteils gegenüber Nicht-Familienunternehmen oder das Aufrechterhalten der «Familiness» und der damit verbundenen spezifischen Eigenschaften als Erfolgsgrösse gelten. Erfolg ist und bleibt persönlich, und bleibt damit relativ.

Bei der Anwendung des St. Galler Nachfolge-Modells im Nachfolgeprozess lassen sich jedoch folgende verallgemeinernde Erfolgsfaktoren ableiten:

- Keine Fragestellung wird als Inselproblem betrachtet und gelöst, denn die Abhängigkeiten innerhalb des Modells sind zu gross.
- Die Erschliessung der Unternehmensnachfolge entlang des Modells erfolgt durch eine systematische, differenzierte Sichtweise auf die verschiedenen Aspekte.
- Bei der Anwendung des Modells wird spielerisch und flink mit den verschiedenen Perspektiven und Analyseebenen umgegangen.

Berater sind die dritte Kraft im Nachfolgeprozess. Sie sind verantwortlich für den Brückenbau zwischen Übergeber und Übernehmer. Diese Brücken sollen beide Seiten miteinander verbinden; sie müssen so stabil sein, dass sie nicht bereits beim ersten Hochwasser weggespült werden. Die Nachfolge-Berater tragen als «Statiker» eine grosse Verantwortung im Dienste der Machbarkeit. Dessen sollten sie sich stets bewusst sein.

Das hier vorgestellte Modell zeigt allen Beteiligten auf, wie stark die vielen verschiedenen Themen und Fragestellungen, die sich bei jeder Unternehmensfolge ergeben, zusammenhängen – und dass eine integrative Lösung gefunden werden muss.

Bei der Unternehmensnachfolge handelt es sich um einen spannenden und vielschichtigen Prozess. Wir sind der festen Überzeugung, dass eine aktive Gestaltung der Nachfolge auf der Grundlage unseres Modells zu nachhaltigen Erfolgen führen wird. Davon profitieren die Übergeber, die Übernehmer und nicht zuletzt unsere ganze Wirtschaft. Doch bei aller Ernsthaftigkeit des Themas soll auch eine gewisse Leichtigkeit bewahrt werden. Die verschiedenen Elemente sind nicht «zwanghaft» anzuwenden; vielmehr sollen gesunder Menschenverstand und Einfühlungsvermögen den Prozess prägen und gestalten. Die Erfahrung zeigt, dass sich, mit der notwendigen Prise Humor, auch schwierige Herausforderungen meistern lassen.

Jeder und jede kann im Grunde mit Zuversicht und Freude in den Nachfolgeprozess einsteigen, denn es handelt sich dabei nicht nur um einen Abschied oder das Ende einer unternehmerischen Karriere. Jede Unternehmensnachfolge soll auch als Aufbruch verstanden werden. Mit ihr eröffnen sich viele Möglichkeiten, etwas Neues zu beginnen. Die Chancen auf Erfolg steigen, je aktiver alle Beteiligten diesen Prozess mitgestalten. Das Glück möge den Tüchtigen gehören!

Rückblick

9 Anhang

9.1 Fragenkataloge für die praktische Umsetzung

Zum Abschluss werden nachstehend einige zentrale Fragestellungen formuliert, die sich Übergeber, Übernehmer und Berater im Sinne der Selbstreflexion stellen sollten. Die Fragen sind entlang dem St. Galler Nachfolge-Modell strukturiert und haben keinen Anspruch auf Vollständigkeit.[276]

9.1.1 Fragen für die abtretende Generation (Verkäufer)

Prozess- und Projektmanagement
Kennen Sie die verschiedenen Übertragungs-Optionen?
Wie möchten Sie die Führungs-, Eigentums- und Vermögensnachfolge gestalten?
Welche Nachfolgeoptionen stehen Ihnen grundsätzlich zur Verfügung?
Wer soll am Unternehmen wie beteiligt sein?
Haben Sie eine Vorstellung vom Profil des Nachfolgers?
Kennen Sie Wege und Möglichkeiten, um den richtigen Nachfolger zu finden?
Haben Sie festgelegt, in welchem Zeitraum die Nachfolge gestaltet werden soll?
Haben Sie den Nachfolgeprozess und das dazu gehörende Projekt abgebildet?
Haben Sie für Ihr Projekt «Nachfolge» konkrete Aufgaben und Meilensteine definiert?
Haben Sie jemanden, mit dem Sie auch über Ihre persönlichen Bedenken sprechen können?
Wissen Sie, welche Unterstützung Sie im Prozess brauchen?
Verfügen Sie über die notwendigen Kontakte für eine vertrauenswürdige Unterstützung?
Wissen Sie, ob und in welcher Form Sie auf Fachwissen und Coaching zurückgreifen müssen und wollen?
Orientiert sich Ihre Nachfolgeprozess-Architektur primär an einer unternehmerischen Vision, die Sie gemeinsam mit der anderen Partei erarbeitet haben, oder primär an einem Ziel-Transaktionspreis?
Wie wollen Sie die Beziehung und die Schnittstellen zwischen Ihnen und dem/der Beratungsdienstleister gestalten?
Haben Sie mit dem Nachfolger vereinbart, ob und wie lange Sie nach der Übertragung des Unternehmens im Betrieb beschäftig sein werden und in welcher Rolle?

276 Ähnliche Fragen z. B. in Müller-Tiberini 2008; Felden, Pfannenschwarz 2008, S. 49; Fueglistaller, Halter 2006; Mayr 2009, S. 77 ff.; Hilburt-Davis; Dyer 2003, S. 171 f.

Verfügen Sie über ein Informations- und Kommunikationskonzept (Wo stehen wir; wo wollen wir hin, wie soll der Weg dahin gestaltet werden, wie wollen wir den Weg dahin beibehalten)?

Haben Sie sich einen symbolischen Akt für die Unternehmensübergabe überlegt?

Wie kann die Prozessverbindlichkeit zwischen den Parteien auf längere Zeit sichergestellt werden?

Wie können emotional behaftete Themen besprochen werden?

Wie kann die allseitige Wertschätzung sichergestellt werden?

Wie können die Bedürfnisse aus dem Kontext «Familie und Unternehmen» getrennt und trotzdem vereint gestaltet werden?

Wie lernen die involvierten Parteien, bewusst in neue Rollen hineinzuwachsen und verschiedene Rollen in unterschiedlichen Situationen passend zu leben?

Wie gehen die Parteien mit der sich verschiebenden Rollenverteilung um?

Wie wird die Rollenverteilung innerhalb der Familienwelt neu geregelt?

Wie geht das Ehepaar mit der gewonnen Zeit um?

Wie kann eine implizite Kommunikationskultur auch in eine konstruktive und wertschätzende, explizite Kommunikationskultur verwandelt werden?

Wie kann die Verbindlichkeit im Prozess sichergestellt werden, ohne die Beziehung zwischen Käufer und Verkäufer zu stören?

Wie kann ein Fall-Back-Plan geplant und umgesetzt werden, falls sich der erwartete Erfolg nicht einstellt?

Wie können Governance-Strukturen sichergestellt werden, die Verkäufer und Käufer konstruktiv miteinander nutzen können?

An den Übergeber selbst:

Habe ich eine klare Vorstellung (Vision) darüber, was in Zukunft kommen soll und welche Vorteile das Loslassen für mich bringt (z. B. gesundheitliche Entlastung, weniger Stress, mehr Zeit für die Familie...)?

Will ich meine Zeit Dingen ausserhalb des Unternehmens widmen?

Will ich mehr Luft zum Atmen (Entscheidungsfreiheit)?

Bin ich überzeugt, dass das Unternehmen neue und jüngere Impulse braucht?

Ist mir bewusst, dass meine Identität nicht vom Unternehmen abhängt?

Was wird diesen Verlust aufwiegen?

Gibt es Lebensbereiche ausserhalb des Unternehmens, die ich als sinnstiftend erlebe?

Habe ich ganz konkrete Schritte (Meilensteine) definiert, die den Prozess des Loslassens – durchaus auch symbolisch – begleiten (z. B. eine Abschiedsfeier, eine geplante Reise, ein neues Projekt...)?

Beim Family-buy-out:

Wie können die Kinder ein eigenes Verständnis sowie eigene Ideen und Entwicklungsmöglichkeiten für das vorhandene Unternehmen generieren?

Wie können die Kinder ein eigenes unternehmerisches (Selbst)Vertrauen aufbauen?

Beim Management-buy-out:

Wie entwickelt sich ein Mitarbeiter/Manager als Angestellter weiter zum Unternehmer?

Verfügt der Mitarbeiter über entsprechendes Potenzial als unternehmerische Persönlichkeit?

Wie akzeptieren die anderen Mitarbeiter ihren (ehemaligen) Kollegen als Chef und wie gehen solche Mitarbeiter damit um, wenn sie sich selbst vielleicht die gleiche Hoffnung gemacht haben?

Hat der Verkäufer Vertrauen in den Käufer, um bei der Finanzierung der Nachfolgelösung bspw. ein Verkäuferdarlehen zu gewähren?

Beim Externen Verkauf:

Wie finden sich Käufer und Verkäufer in einem intransparenten Markt?

Welche Rolle hat ein Mittler im MBI/M&A-Prozess?

Welche Dynamik entsteht im Nachfolgeprozess durch den Einsatz des Mittlers?

Wie kann das beidseitige Misstrauen am Anfang eines externen Verkaufsprozesses überwunden werden?

Bei einer Liquidation:

Wann ist der richtige Zeitpunkt, um den Prozess zu lancieren?

Wie schaffe ich es, Kostensenkungen und Ertragsrückgang zu synchronisieren?

Habe ich den Mut und auch die Bereitschaft diesen Weg einzuschlagen?

Kann ich das Gefühl überwinden, dabei das Gesicht zu verlieren?

Kenne ich die rechtlichen Rahmenbedingungen, die es zu berücksichtigen gilt?

Haben Sie Vertrauen in den Nachfolger – im Bewusstsein, dass Sie selber vor 25 Jahren auch noch nicht alles gewusst und gekonnt habe?

Steht Ihre Familie, Ihre Partner oder Ihre Partnerin hinter dem Entscheid aus der Rolle des Unternehmer-Seins auszusteigen?

Trägt das Team im Unternehmen Ihren Ausstieg mit und akzeptieren diese Ihren Nachfolger?

Selbstverständnis des Familienunternehmens

1. Allgemeines

Wie wird das Unternehmen von der Familie und wie die Familie vom Unternehmen beeinflusst und geprägt?

Wer hat welche Rolle inne? Welche Erwartungen an sich selbst, das Gegenüber und das Familienunternehmen lassen sich formulieren?

Welche Kommunikationsgrundsätze gelten innerhalb der Familie?

Wie werden Paradoxien im Familienunternehmen gestaltet (z. B. Priorisierung)?

Ist die Familie für das Unternehmen da, oder ist das Unternehmen für die Familie da?

Welchen Stellenwert hat die Gerechtigkeit innerhalb der Familie?

Worauf ist die Familie stolz?

Welche moralischen Werte möchte die Familie im Unternehmen hochhalten?

Welche Unternehmenskultur soll gelebt werden?

Wer soll wie von der Entwicklung des Unternehmenswertes profitieren?

Welche Rolle spielt die Familie im Unternehmen? Wer entscheidet was?

Welche Erwartungen hat die Familie an die Unternehmensentwicklung?

Welche Erwartungen haben verschiedene Personengruppen auf das Unternehmen?

Wird das «eigene Ich» durch den Unternehmer aus verschiedenen Perspektiven betrachtet?

Wie werden Entscheidungen innerhalb der Familie getroffen?

Wer entscheidet über die Entschädigung von Familienmitgliedern, die im Unternehmen aktiv sind?

Welchen Zwängen und Abhängigkeiten unterliegen sie, und was bedeutet das für ihr Handeln und ihr Verhältnis zu den anderen Beteiligten?

Was passiert bei Machtmissbrauch durch ein Familienmitglied?

Wie ist Ihr Verhältnis zu Macht und wie gehen Sie damit um?

Wie wird mit Streitigkeiten umgegangen?

Wie würden Sie die Unternehmenskultur – mit unsichtbaren und sichtbaren Elementen wie beispielsweise zugrundliegenden Grundannahmen, Werte, Normen und Artefakten – umschreiben?

Hat dies Auswirkungen auf das Anforderungsprofil des Nachfolgers bezüglich Methoden-, Fach-, Führungs-, Sozial- und Branchenkompetenz?

Versteht sich die Familie als «Unternehmerische Familie» und macht damit beispielsweise Engagements ausserhalb der Ursprungsindustrie möglich?

Nutzen Sie Instrumente wie Familienrat, Familienleitbild oder -verfassung? Existiert ein Gesellschaftervertrag? Was sehen die Vereinbarungen für die Unternehmensnachfolge vor?

Wer ist für eine gerechte Nachfolge verantwortlich?

Wie lässt sich eine gerechte Nachfolge erreichen?

Aus welcher Perspektive wird Gerechtigkeit beurteilt?

Was sind die Voraussetzungen, um eine getroffene Lösung als fair zu empfinden?

2. Selbstverständnis in Bezug auf die Unternehmensnachfolge

Haben Sie Ihre persönlichen Ziele an die Nachfolgelösung definiert und formuliert?

Wie gestalten Sie die erste(n) Woche(n) nach der Übertragung der Eigentums- und Führungsverantwortung? Haben Sie konkrete Pläne, wie Sie Ihre Freizeit nach der Übergabe der Firma gestalten?

Steht die Familie primär im Dienst des Unternehmens, so dass die Unternehmensstrategie möglichst optimal umgesetzt werden kann, oder steht das Unternehmen mehr im Dienst der Familie, als Arbeitgeber und zur Sicherstellung des Lebensstandards?

Haben Sie klare Ziele definiert, die Sie mit Ihrer Nachfolge erreichen möchten?

Was ist für Sie eine erfolgreiche Unternehmensnachfolge? Was soll davon weiterleben?

Fällt es Ihnen leicht, sich vom Lebenswerk zu trennen?

Gibt es einen Notplan für den Fall des unerwarteten Ausfalls des Unternehmers?

Wie sollen Familienmitglieder behandelt werden, die eine Minderheitsposition einnehmen oder sich vom Unternehmen trennen möchten?

Soll der fähige und willige Schwiegersohn als Geschäftsführer des Unternehmens vorgesehen werden, auch wenn heutzutage das Trennungsrisiko signifikant hoch ist? Falls ja, wie soll seine Position im Falle einer Scheidung gestaltet werden?

Wie kann das Unternehmen an ein Kind übertragen werden, ohne dass das zweite Kind das Nachsehen hat?

Ist der Sohn bereit, im Unternehmen eine Nebenrolle zu übernehmen, weil die Schwiegertochter die geeignet Unternehmerin ist?

Soll die Schwiegertochter überhaupt im Unternehmen arbeiten und damit gewissenermassen die Nachfolge der meist ebenfalls mittätigen Gattin des Gründers antreten?

Falls ja, wie ist mit den zu erwartenden Konflikten zwischen Schwiegermutter und -tochter umzugehen?

Wie geht das Ehepaar nach der Neuregelung mit der gewonnen Zeit um?

Wie wurden die bisherigen Unternehmensnachfolgen in der Familiengeschichte gelöst?

Wie wird die Rollenverteilung innerhalb der Familienwelt neu geregelt?

Welche dieser Erfahrungen prägen die heutige Entscheidung mit?

Wie gehen Sie mit den verschiedenen Netzwerkbeziehungen um?

Können und wollen Sie Ihre Erfahrung an die nächste Generation weitergeben und gleichzeitig die unternehmerischen Geschicke der nächsten Generation überlassen?

Wie kann im Dienste des Familienunternehmens ein Erbschaftsverzicht oder -teilverzicht erwirkt werden, damit die Verletzung der Pflichtteilsansprüche im Erbfall vertraglich abgesichert sind?

Gibt es ein definiertes Anforderungsprofil an den Nachfolger in Bezug auf Methoden-, Fach-, Führungs- und Branchenkompetenz?

Wie wurden Unternehmensnachfolgen in der Vergangenheit gelöst und welche Erfahrungen daraus prägen die heutigen Entscheidungen mit?

Vorsorge und Sicherheit

Haben Sie Ihre Vermögenssituation (Unternehmen und privat) einmal aufgestellt?

Haben Sie Privatvermögen und Geschäftsvermögen konsequent getrennt?

Sind genügend finanzielle Mittel im Privatbereich aufgebaut worden, um die Nicht-Nachfolger finanziell zu kompensieren?

Haben Sie den Finanzbedarf des Lebensabschnittes nach der Unternehmensübertragung berechnet?

Haben Sie die verschiedenen Vorsorgemöglichkeiten ausgeschöpft?

Was geschieht mit dem Unternehmen bei einem unvorhergesehenen Ausfall des Unternehmers?

Wie wird das Unternehmen fortgeführt und auf wen geht das Eigentum oder die Nutzniessung über?

Sind Sie auf einen ansprechenden Verkaufserlös angewiesen?

Gibt es eine Vermögensstrategie des Familienverbundes?

Sind genügend finanzielle Mittel im Privatbereich aufgebaut worden, um die Nicht-Nachfolger finanziell zu kompensieren?

Was geschieht mit dem Unternehmen bei einem unvorhergesehenen Ausfall des Unternehmers (Fortführung und Eigentümerschaft)?

Stabilität und Fitness des Unternehmens

Ist das Unternehmen fit für die Unternehmensnachfolge?

Wie hoch ist die Abhängigkeit des Unternehmens vom Verkäufer?

Ist die Kultur – Strategie – Struktur noch zeitgemäss und zukunftsfähig?

Sucht der Verkäufer sein Ebenbild hinsichtlich Haltung – Bereitschaft – Handlung?

Sind Prozesse und Strukturen so aufgebaut, dass Sie mit gutem Gewissen 3 Monate in die Ferien fahren können?

Sind die Führungsstrukturen und -prozesse so etabliert, dass die wesentlichen Bereiche auch ohne Sie funktionieren?

Sind auch andere Meinungen und Einschätzungen zugelassen?

Hat das Unternehmen in den nächsten 10 Jahren genügend Potenzial für seine Überlebens- und Entwicklungsfähigkeit?

Gibt es im Unternehmen Vermögensbestandteile (z. B. Immobilien), die für das Kerngeschäft nicht notwendig sind?

Wie beurteilen Sie die Umsatz- und Margenentwicklung Ihres Unternehmens in den kommenden 5 Jahren?

Gibt es noch Strukturen oder Altlasten, an denen ein externer Käufer kein Interesse hat (z. B. Trennung von betriebs- und nichtbetriebsnotwendigem Vermögen), und die deshalb durch den Verkäufer zu bereinigen sind?

Kann das Unternehmen umfassend dokumentiert werden, damit ein Outsider nach und nach Vertrauen in die anfängliche «Black-Box» und so genügend Informationen für seine Beurteilung bekommt?

Wird der eigene Erfolg immer wieder selbstkritisch hinterfragt?

Verfügt das Unternehmen über ein zukunftsfähiges Geschäftsmodell (Leistungskonzept, Ertragskonzept, Kommunikationskonzept, Wachstumskonzept, Organisationsform, Kompetenzkonfiguration, Koordinationskonzept, Kooperationskonzept)?

Werden marktgerechte Honorare an die Mitarbeitenden ausbezahlt oder bezieht der Unternehmer selbst einen adäquaten Unternehmerlohn?

Welche Verantwortlichkeitsbereiche gibt es?

Was sind die Anforderungen an die Verantwortlichkeitsbereiche?

Wer übernimmt ab wann welche Verantwortlichkeitsbereiche?

Was müssen sich diese Personen im Vorfeld noch an Fähigkeiten aneignen?

Wer übernimmt die Stellvertretung?

Rechtliches Korsett

Kennen Sie den ehelichen Güterstand und die damit verbundenen Konsequenzen?

Wie ist der Ehegüterstand geregelt (z. B. Errungenschaftsbeteiligung / Gütertrennung)

Gibt es Ehe- und Erbverträge?

Gibt es geschäftsrelevante Verträge, die auf den Unternehmer und nicht auf das Unternehmen ausgestellt sind?

Wie kann das Unternehmen an ein Kind übertragen werden, ohne dass das zweite Kind das Nachsehen hat?

Kennen Sie die Pflichtteilansprüche?

Wie kann im Dienste des Familienunternehmens ein Erbverzicht oder Teilverzicht erwirkt werden, damit die Verletzung der Pflichtteilsansprüche im Erbfall vertraglich abgesichert sind?

Handelt es sich um eine Einzelfirma oder eine Gesellschaft (e.g. Personen- oder Kapitalgesellschaft)?

Stellt das Unternehmen selbst überhaupt eine für sich selbst funktionierende Einheit dar (z. B. als selbsttragendes Geschäftsmodell)?

Handelt es sich in der Folge um einen sogenannten Share-Deal, wo es um die Übertragung der Aktien oder Stammanteile geht, die das Recht am Unternehmen verkörpern – oder um einen Asset-Deal, wo alle zu definierenden Einzelteile, die in der Summe das (vermeintliche) Unternehmen ausmachen, an den Käufer verkauft wird?

Was ist nun das Übertragungs-Objekt?

Bleibt das Unternehmen aus gesellschaftsrechtlicher Sicht bestehen, wenn der Einzelunternehmer verstirbt?

Ist die Unterschriftenregelung so gelöst, dass die Lohnzahlungen etc. weiterhin ausgelöst werden können?

Wo sind Passwörter etc. hinterlegt?

Wer muss im Todesfall des Eigentümers informiert werden?

Ist der Ehegatte oder die Ehefrau finanziell abgesichert (z. B. Lebensversicherung)?

Transaktionskosten

Gibt es im Unternehmen hohe stille Reserven, die bei ihrer Auflösung im Rahmen eines Verkaufs zu einer hohen steuerlichen Belastung führen?

Kennen Sie die steuerlichen Auswirkungen der von Ihnen gewählten Übertragungsform?

Existiert ein Mehrwertsteuerrisiko?

Was ist das Unternehmen wert?

Kennen Sie den Unterschied zwischen Unternehmenswert und Transaktionspreis?

Kennen Sie die Vor- und Nachteile der verschiedenen Bewertungsmethoden?

Welche Elemente stellen für Sie einen emotionalen Wert dar?

Welche Bedingungen sind für Sie von derart starker emotionaler Bedeutung, dass sie im Rahmen einer Nachfolgelösung erfüllt sein müssen?

Haben Sie ein oberes und unteres Limit für einen möglichen Transaktionspreis definiert?

Was bietet der Markt für das Unternehmen?

Wie kann die Transaktion finanziert werden (Eigen- und Drittmittel)?

Sind Sie bereit, dem Nachfolger in der Form von Vererbung / Schenkung / tieferer Bewertung beim Finanzierungsbedarf entgegenzukommen?

Handelt es sich bei der Unternehmensübertragung um einen Asset oder Share Deal?

Sind Ihnen mögliche Deal-Breaker bekannt?

(vgl. dazu auch die Fragen an den Berater zur Due Diligence)

Haben Sie sich überlegt, welche Gewährleistungspflichten Sie (maximal) eingehen können?

Haben Sie die Kriterien bezüglich Risiko, Rendite und Verfügbarkeit (Liquidität) für die Vermögensverwaltung definiert?

9.1.2 Fragen für die antretende Generation (Käufer)

Prozess und Projektmanagement

Welche Übernahmeoptionen stehen Ihnen grundsätzlich zur Verfügung?

Entspricht das Lebenskonzept Unternehmertum Ihrem Wesen?

Haben Sie die Anforderungen an Ihr Übernahmeobjekt formuliert (z. B. Grösse, Branche, Strategie; Geschäftsfelder)?

Wer bin ich?

Was will ich?

Was ist mein Antrieb?

Was erwarte ich von meinem Leben – und das Leben von mir?

Woher hole Sie Ihre Energie?

Kennen Sie Wege und Möglichkeiten, um das richtige Unternehmen zu finden?

Verfügen Sie über den Willen, die Fähigkeiten und die Kraft, ein Unternehmen über längere Zeit weiterzuentwickeln?

Sind Sie sich der unternehmerischen Herausforderung bewusst?

Wie möchten Sie die Führungs- und Eigentumsübernahme gestalten?

Haben Sie festgelegt, in welchem Zeitraum die Übernahme gestaltet werden soll?

Haben Sie den Nachfolgeprozess und das dazu gehörende Projekt abgebildet?

Haben Sie für Ihr Übernahmeprojekt konkrete Aufgaben und Meilensteine definiert?

Haben Sie jemanden, mit dem Sie auch über persönliche Bedenken sprechen können?

Haben Sie das Unternehmen eingehend geprüft oder prüfen lassen?

Wissen Sie, welche Unterstützung Sie im Prozess brauchen?

Inwieweit müssen oder wollen Sie auf externes Fachwissen oder Coaching zurückgreifen?

Orientiert sich Ihre Nachfolgeprozess-Architektur primär an einer unternehmerischen Vision, die Sie gemeinsam mit der anderen Partei erarbeitet haben, oder primär an einem Ziel-Transaktionspreis?

Wie wollen Sie die Beziehung und die Schnittstellen zwischen Ihnen und dem Beratungsdienstleister gestalten?

Haben Sie mit dem Übergeber vereinbart, ob und wie lange dieser nach der Übertragung des Unternehmens im Betrieb beschäftig bleiben soll und in welcher Rolle?

Verfügen Sie über ein Informations- und Kommunikationskonzept (Wo stehen wir; wo wollen wir hin, wie soll der Weg dahin gestaltet werden, wie wollen wir den Weg dahin beibehalten)?

Wissen Sie, wie Sie die ersten 100 Tage gestalten werden?

Haben Sie sich einen symbolischen Akt für die Unternehmensübernahme überlegt?

Habe Sie den Willen, die Lust, die Fähigkeiten und die Kraft, sich nachhaltig für ein Unternehmen einzusetzen und für den Verlauf die Verantwortung und Konsequenzen zu (er)tragen?

Sind Sie schon erwachsen und habe Sie eine gesunde Autonomie und Unabhängigkeit von ihrem Vorgänger angeeignet?

Trägt Ihre Partnerin oder Ihr Partner das Unterfangen mit?

Haben Sie die kommunikativen Fähigkeiten und das notwendige Quäntchen Kompromissbereitschaft, den mittelfristigen Prozess mit Ihren Eltern und Geschwistern konstruktiv zu gestalten?

Haben Sie ein Zukunftsbild darüber, wo das Unternehmen in 10-15 Jahren stehen könnte?

Verfügen Sie, in Ergänzung zu den bisherigen Tätigkeiten, über das Wissen und die Erfahrung, um den zusätzlichen Aufgaben als Unternehmer gerecht zu werden?

Akzeptieren die bisherigen Arbeitskollegen Sie als Chef?

Wie können Sie die Unternehmensübernahme finanzieren vor dem Hintergrund, dass eine Schenkung oder ein Erbvorbezug als Finanzierungsformen auf der Seite des Verkäufers nicht beabsichtigt bzw. nicht möglich ist?

Wie finden Sie ein Objekt in einem intransparenten Markt, das zu Ihnen passt und Sie sich finanziell auch leisten können?

Wie schaffen Sie es, möglichst rasch Vertrauen zum Verkäufer aufzubauen und eigenes Vertrauen in ein Übernahmeobjekt zu gewinnen? Wissend, dass Sie sowohl weder den Verkäufer noch das Übernahmeobjekt bis dato kennen (und vice versa)?

Sind Sie bereit, ein sicheres Anstellungsverhältnis aufzulösen und sich auf den Weg zu machen, auf einen Weg mit offenem Ausgang?

Sind Ihre Lebenshaltungskosten so, dass Sie sich Einkommenseinbussen auch leisten können?

Wie viel Kapital steht Ihnen für die Unternehmensübernahme zur Verfügung und was können Sie an zusätzlichen (Eigen)Mitteln innert kurzer Frist mobilisieren, inkl. verbindlichem Kapitalnachweis?

Wie gross sind die Kulturunterschiede zwischen den Organisationen?

Welche Synergien können wie realisiert werden?

Wie wird das Übernahmeobjekt vollständig integriert oder als eigenständige Einheit weiter geführt?

Funktioniert die operative Führung des Übernahmeobjektes auch ohne den Alt-Inhaber (da in der Regel beim Käufer kein eigenes Branchenwissen vorhanden ist)?

Kann eine adäquate Verzinsung des investierten (Equity)Kapitals erwartet werden?

Wie gross muss ein Kaufobjekt sein, damit sich die im Vorfeld zu investierenden Transaktionskosten für Due Diligence etc. überhaupt lohnen?

Gibt es überhaupt genügend attraktive Kaufobjekte, wo und wie sind diese zu finden?

Welche Exit-Optionen gibt es, zum Beispiel bereits zum Zeitpunkt der Übernahme?

Haben Sie den Mut, die Risikofähigkeit und Risikobereitschaft, sich der unternehmerischen Verantwortung zu stellen?

Sind Sie bereit, über eine längere Zeit die Extrameile zu gehen und mehr zu leisten als andere?

Haben Sie den Durchhaltewillen und die Durchhaltekraft, Dinge nachhaltig zu verantworten und zu bewegen?

Was sind meine Stärken und Schwächen, was braucht das Unterhemen und wie gehen Sie damit um?

Haben Sie die fachlichen Voraussetzungen, um das Geschäftsmodell zu verstehen, zu gestalten und zu lenken und damit einen Mehrwert zu leisten?

Verfügen Sie über die Leadership-Fähigkeiten, andere Menschen für eine gemeinsame Idee zu gewinnen und mitzuziehen?

Steht Ihr Partner oder Ihre Partnerin und Ihre Familie hinter dem Vorhaben?

Spüren Sie das Vertrauen und Zutrauen des Verkäufers, der Mitarbeitenden sowie allfälligen Finanzierungspartner in Ihre Persönlichkeit und Ihr Tun?

Selbstverständnis des Familienunternehmens

Haben Sie mit der Familie offen über das Thema Unternehmensübernahme gesprochen?

Was sind die Anforderungen an den Käufer, um einer zukunftsfähigen Kultur – Strategie – Struktur gerecht zu werden?

Wird die Unternehmensübernahme von Ihren Angehörigen und Ihrer Partnerin bzw. Ihrem Partner mitgetragen?

Haben Sie Ihre Ziele an die Übernahme definiert und formuliert?

Möchten Sie sich am Unternehmen selbst beteiligen oder gibt es noch andere Mitinhaber?

Wie definieren Sie eine «erfolgreiche Unternehmensübernahme»?

Worauf möchten Sie und Ihre Familienmitglieder in fünf Jahren stolz sein?

Welche moralischen Werte möchten Sie im Unternehmen hochhalten?

Welche Unternehmenskultur soll gelebt werden?

Wer und wie soll von der Entwicklung des Unternehmenswertes profitieren?

Welche Erwartungen haben Sie an die Unternehmensentwicklung?

Haben Sie mit dem bisherigen Eigner geklärt, wie seine Rolle in Zukunft aussehen wird?

Haben Sie einen Notfallplan für den Fall, dass Ihnen etwas zustösst?

Wie definieren Sie Ihr Verhältnis zu Macht, und wie gehen Sie mit ihr um?

Kennen Sie die Rechte und vor allem die Pflichten eines Unternehmerdaseins?

Wie wollen Sie Ihre Work-Life Balance gestalten?

Vorsorge und Sicherheit

Haben Sie Ihre Vermögenssituation (Unternehmen und privat) einmal aufgestellt?

Haben Sie Privatvermögen und Geschäftsvermögen konsequent getrennt?

Welche persönlichen finanziellen Risiken gehen Sie ein (Tragbarkeit und Bereitschaft)?

Haben Sie Finanzierungsreserven, um Neu- und Ersatzinvestitionen vornehmen zu können (Flexibilität)?

Sind Sie bereit, dem Übergeber Rentenleistungen zu zahlen?

Stabilität und Fitness des Unternehmens

Haben Sie eine Unternehmensstrategie entwickelt?

Haben Sie einen Businessplan erstellt?

Welche Unternehmensvision und welche Unternehmenskultur möchten Sie künftig etablieren?

Wie können diese neuen Ziele und ein neuer Führungsstil im Unternehmen etabliert werden?

Hat das Unternehmen genügend Potenzial, um die nächsten zehn Jahre zu überleben, und können Sie Entwicklungsfähigkeit erkennen?

Wie beurteilen Sie die Umsatz- und Margenentwicklung des zu übernehmenden Unternehmens in den kommenden fünf Jahren?

Wie kann die Wertschöpfungskette in der Zukunft verändert werden?

Welche Synergien können Sie schaffen?

Welche strategischen Basispotenziale kann das Unternehmen angesichts des Wandels erschliessen?

Welche Ressourcen / Routinen und Fähigkeiten / Kompetenzen sind dazu notwendig?

Welche Organisationsstruktur hat das Übernahmeobjekt, und passen diese zu Ihren Zielen und Plänen?

Welche Kompetenzen bringen die bisherigen Mitarbeiter ein?

Welche Altersstruktur hat die Belegschaft? Existieren Lücken und Ausfallrisiken?

Welche Personalbedarfsplanung resultiert daraus für den Übernahmezeitraum und danach?

Wie wird die zukünftige Entlohnung aussehen?

Stimmt die Performance nach wie vor?

Hat vom Eigentümer ein Verhalten zu Lasten des Unternehmens Einzug gehalten (z. B. überzogene Materialbezüge in einem Handwerksbetrieb)?

Ist das Engagement des (Noch-)Eigentümers im Dienste des Unternehmens noch immer gegeben?

Ist die betriebsnotwendige Liquidität noch gegeben?

Rechtliches Korsett

Gibt es geschäftsrelevante Verträge, die auf den Unternehmer ausgestellt sind?

Haben Sie den Verkaufsvertrag vollständig verstanden?

Haben Sie im Kaufvertrag notwendige Gewährleistungspflichten festgehalten?

Transaktionskosten

Verfügt das Unternehmen über stille Reserven, die Sie noch nicht kennen?

Beinhaltet das Kaufobjekt alle betriebsnotwendigen Objekte und Rechte?

Beinhaltet das Kaufobjekt auch nicht-betriebsnotwendige Objekte und Rechte?

Kennen Sie die steuerlichen Auswirkungen der von Ihnen gewählten Übernahmeform für Sie persönlich und das Unternehmen?

Existiert ein Mehrwertsteuerrisiko?

Was ist das Unternehmen wert?

Kennen Sie den Unterschied zwischen Unternehmenswert und Transaktionspreis?

Kennen Sie die Vor- und Nachteile der verschiedenen Bewertungsmethoden?

Welche Elemente stellen möglicherweise für den Übergeber einen emotionalen Wert dar?

Haben Sie für den Transaktionspreis Ihr oberstes und unterstes Limit definiert?

Wie können Sie die Transaktion finanzieren (Eigen- und Drittmittel)?

Wie können Sie die Refinanzierung gestalten?

Können Sie genügend Sicherheiten für Ihre Finanzgeber bieten?

Entspricht der Verkaufspreis Ihren Vorstellungen und finanziellen Möglichkeiten?

Sind Sie bereit, im Rahmen eines möglichen Earn-Out-Modells dem Übergeber gewisse Kontroll- und Informationsrechte zu gewähren?

Handelt es sich bei der Unternehmensübertragung um einen Asset oder Share Deal?

Sind Ihnen Deal-Breakers bekannt?

(vgl. dazu auch die letzte Fragetabelle für Berater)

Sind Sicherheiten hinterlegt, um mögliche Gewährleistungspflichten gegenüber dem Verkäufer geltend zu machen (bspw. Escrow-Account)?

9.1.3 Fragen für Berater

Zusammenarbeit mit dem Kunden

Warum wird gerade jetzt eine Beratung nachgefragt?

Wer hat die Initiative dazu ergriffen?

Welches Ergebnis erhoffen sich die beteiligten und betroffenen Personen von der Beratung?

Gibt es einen offiziellen Auftrag mit schriftlich fixierten Anforderungen an den Beratungsprozess? Existiert möglicherweise auch ein inoffizieller Auftrag?

Wer ist skeptisch und warum?

Gehen beide Parteien von den gleichen Voraussetzungen und Zielsetzungen aus?

Welche Erfahrungen konnten Sie aus Beratungsprojekten mit ähnlichen Problemstellungen mitnehmen?

Falls die Beratungsbeziehung vorzeitig abgebrochen wurde: Kennen Sie die Gründe?

Welche Leistung ist zu erwarten?

Welche Entscheidungen darf/kann/soll/muss der Berater selbst fällen?

Aber auch die Frage nach der Rolle des Beraters sollte geklärt werden: darf er dem Mandanten etwa auch widersprechen, ohne Gefahr zu laufen, postwendend das Mandat zu verlieren?

Zusammenarbeit mit Dritten (Netzwerk)

Können Sie im Netzwerk mit anderen Beratern zusammenarbeiten?

Wer hat das Projektmanagement und damit den Prozesslead inne?

Wer bildet die Schnittstelle zum Endkunden (Kunde)?

Kann der Projektleiter die verschiedenen Berater und Anspruchsgruppen miteinander koordinieren und aufeinander abstimmen?

Sind interdisziplinäre Fähigkeiten notwendig und verfügbar?

Will der Kunde gewisse Berater aus seinem Umfeld berücksichtigen und falls ja, sind diese kompetent, um den Kunden bei seiner Unternehmensnachfolge zu unterstützten?

Wurde ein gemeinsames und von allen Beteiligten getragenes Beratungsziel definiert (im Sinne einer Vision an die Adresse des zu gestaltenden Nachfolgeprozesses)?

Wie werden Meinungsverschiedenheiten und Konflikte gelöst?

Zentrale Fragen im Rahmen der Due Diligence (kleine Auswahl)

Existieren Deal-Breaker (unüberwindbare Altlasten, unwägbare Prozess- und Marktrisiken)?

Sind die ausgewiesenen Zahlen konsistent und nachvollziehbar?

Sind die dem Businessplan und dem Budget zugrundeliegenden Annahmen schlüssig?

Gibt es Unsicherheiten bei der Beurteilung steuerlicher oder sozialversicherungsrechtlicher Fragen?

Sind die Steuern und Abgaben ordnungsgemäss bezahlt oder zurückgestellt?

Sind die Aktiven werthaltig – vor allem im Verhältnis zu deren Verwendung?

Gibt es vertragliche Einschränkungen, welche die Stellung des neuen Aktionärs beeinträchtigen?

Sind Rechte von Minderheitsaktionären zu berücksichtigen?

Existiert ein Kaufs- oder Vorkaufsrecht, das die Aktien belastet?

Auf wen und wo, mit welchem Wirkungsradius sind Immaterialgüterrechte ausgestellt?

Sind bestehende Kreditverträge hinreichend sicher und/oder flexibel?

Existieren Bürgschafts-, Garantie-, Pfand- oder Patronatsverträge?

Genügen die Verkaufsunterlagen und -dokumente den Anforderungen hinsichtlich Umfang, Genauigkeit und Verlässlichkeit (Vertraulichkeitserklärung, Letter of Intent, Informations-Memorandum, Verkaufsdokumentation, verkäuferseitiger Due-Diligence-Bericht; Entwurf des Kaufvertrags)?

Wie wird die Kontrolle des Informationsflusses zwischen den beiden Parteien vor, während und nach dem Verkaufsprozess gestaltet?

Wie sind die Verträge mit Kunden, Lieferanten oder Schlüsselmitarbeitenden ausgestaltet? Welche Risiken beinhalten die Verträge?

Gibt es hängige Rechtsfälle und wie ist deren Risiko hinsichtlich Image und Erfolg einzustufen?

Entspricht die EDV und IT-Infrastruktur den heutigen Anforderungen?

Existieren relevante Umweltrisiken (Boden, Gebäude oder Produkthaftung)?

9.2 Glossar

Asset Deal: Unterart des Unternehmenskaufs, der durch Übernahme der Wirtschaftsgüter (engl. assets) des Zielunternehmens erfolgt. Keine Übernahme der Gesellschafterrisiken. Gegenteil des Share Deals.

Basel II: Der Terminus Basel II bezeichnet die Gesamtheit der Eigenkapitalvorschriften, die vom Basler Ausschuss für Bankenaufsicht in den letzten Jahren vorgeschlagen wurden. Ziele sind, wie schon bei Basel I, die Sicherung einer angemessenen Eigenkapitalausstattung von Finanzinstituten und die Schaffung einheitlicher Wettbewerbsbedingungen sowohl für die Kreditvergabe als auch für den Kredithandel.

Clan: Lebensgemeinschaft über mehrere Generationen. Für die Mitglieder gelten die gleichen Werte und Ziele. In Bezug auf die Unternehmensnachfolge kann der Erhalt innerhalb der Familie (Blutsverwandtschaft) oder Weiterführung im Geiste der Familie angestrebt werden. In der Praxis ist die Frage nach dem Clan-Organigramm und dem Clanführer von Interesse.

Dept Capacity: Potenzial zur externen Verschuldung, in der Regel für Bankkredite. Die Verschuldungskapazität ist abhängig von der Ertragskraft, der Nachhaltigkeit des Geschäftsmodells und der zukünftigen strategischen Positionierung eines Unternehmens.

Due Diligence: Due-Diligence-Prüfungen beinhalten insbesondere eine systematische Stärken-/Schwächen-Analyse des Objekts, eine Analyse der mit dem Kauf oder des Börsengangs verbundenen Risiken sowie eine fundierte Bewertung des Objekts.

Earn-Out: Gestaltungstyp einer Unternehmensübernahme. Kaufpreis wird nicht vollständig bei Übergang der Unternehmung bezahlt, sondern aufgeteilt: Ein fixer Betrag wird beim Übergang gezahlt, eine variable Komponente erst später (meist abhängig von objektiven Erfolgskennzahlen, wie z. B. Gewinn). Dient der gleichmässigen Risikoaufteilung zwischen Käufer und Verkäufer sowie der leichteren Finanzierbarkeit der Übernahme für den Käufer.

Epistemologie: Steht für Erkenntnistheorie und ist ein Hauptgebiet der Philosophie, das die Fragen nach den Voraussetzungen für Erkenntnis, dem Zustandekommen von Wissen und anderer Formen von Überzeugungen umfasst. Darin wird auch die Frage diskutiert, was denn Wirklichkeit ist (vgl. dazu auch systemisch-kybernetisches und systemisch-konstruktivistisches Verständnis).

Familiness: Dieser Begriff soll den eher abstrakten Faktor Familie im ökonomischen Zusammenhang erfassen. Familiness kann z. B. als Erfolgsfaktor für ein Unternehmen verstanden werden, wenn sie eine langfristige Orientierung bedeutet.

FBO (Family-Buy-out): Die Unternehmensübertragung im Rahmen des Verkaufs an ein oder mehrere Familienmitglieder.

IPO: Abkürzung für Initial Public Offering. Umschreibt den Börsengang eines Unternehmens, d. h. den Verkauf von Stimmrechtsanteilen oder anderem Eigenkapital am geregelten Aktienmarkt.

Lebenszyklusmodelle: Es handelt sich dabei um einen Versuch verschieden Modelle in der stark vereinfachter Form darzustellen und Zusammenhänge im Zeitverlauf abzubilden.

Leverage-Effekt: Bezeichnet den Verschuldungsgrad eines Unternehmens. Der Leverage-Effekt ergibt sich aus der gesteigerten Eigenkapitalrendite bei erhöhtem Leverage – massgeblich bedingt durch die begrenzte Erfolgsbeteiligung von Fremdkapital. Hiermit ist aber auch ein gesteigertes Risiko verbunden, da nicht bedientes Fremdkapital zur Insolvenz eines Unternehmens führen kann.

MBO (Management-Buy-out): Unternehmensübertragung im Rahmen des Verkaufs an einen oder mehrere leitende Mitarbeiter.

MBI (Management-Buy-in: Verkauf der Unternehmung an eine natürliche oder juristischer Person, die ursprünglich mit dem Unternehmen und seinen Stakeholdern nicht in Verbindung stand.

Nachfolgequote: Der relative Anteil von Unternehmen, die in den nächsten 5 Jahren vor der Unternehmensnachfolge stehen.

Nepotismus: Auch bekannt als Vetternwirtschaft. Der Begriff umschreibt die bevorzugte Behandlung von Familienmitgliedern bzw. Vertrauten, z. B. bei der Besetzung von offenen Stellen.

Reziprozität: Bedeutet in der Soziologie Gegenseitigkeit (Auch Prinzip der Gegenseitigkeit) und stellt ein Grundprinzip menschlichen Handelns dar.

Scheiterungsquote: Der relative Anteil von Unternehmen, die es nach der Übertragung an eine neue Trägerschaft nach 5 Jahren nicht mehr gibt.

Share Deal: Unterart des Unternehmenskaufs. Kauf erfolgt durch Erwerb der Stimmrechtsmehrheit. Der Übernehmer übernimmt somit Chancen und Risiken der bisherigen Gesellschafter. Unter Umständen steuergünstiger als das Gegenstück Asset Deal.

Stewardship Approach: Dieser Ansatz stützt seine Erkenntnisse auf die Ansicht, dass Mitarbeiter ein ehrliches Eigeninteresse am Erfolg des Unternehmens haben, ohne Eigentümer zu sein. Er steht somit im Gegenspruch zur klassischen Agency Theory, die davon ausgeht, dass Mitarbeiter beispielsweise durch Bezahlung motiviert werden müssen, um Leistung zu bringen. Stewardship wird besonders ausgeprägt in Familienunternehmen erwartet.

Stiftung: Es handelt sich dabei um eine Einrichtung, die mit Hilfe eines Vermögens einen vom Stifter festgelegten Zweck verfolgt. Dabei wird in der Regel das Vermögen auf Dauer erhalten, und es werden nur die Erträge für den Zweck verwendet.

Substantial Family Influence (SFI): Definition von Familienunternehmen zur Messung der potenziellen Einflussnahme über Stimmrecht-, Management und Verwaltungsrats- respektive Beiratsanteile von der Familie auf das Unternehmen.

Sozialsystem: Es handelt sich um einen zentralen Begriff der soziologischen und psychologischen Systemtheorie, der eine Grenze z. B. zum Ökosystem, zum biologischen Organismus, zum psychischen System oder zu einem technischen System macht. Sie alle bilden die Umwelt sozialer Systeme, wobei zwischen offenen und geschlossenen Systemen unterschieden wird. Mindestvoraussetzung für ein soziales System ist die Interaktion mindestens zweier personeller System oder Rollenhandelnder (Akteure). Hierbei wird zwischen kybernetischer und konstruktivistischer Sicht unterschieden.

Systemisch-Konstruktivistisch: Dieses Verständnis von Wirklichkeit geht davon aus, dass ein System vor allem durch die andauernde kommunikative Leistung geschaffen und aufrecht erhalten wird. Der Beobachter von Wirklichkeit ist damit auch gleichzeitig Akteur im Rahmen seiner Umschreibung.

Systemisch-Kybernetisch: Dieses Verständnis von Wirklichkeit geht davon aus, dass ein System in Elemente zerlegt werden kann, die in Interaktion (= Relationen) zueinander stehen und damit das System per se ausmachen. Entsprechend können diese Elemente und Relationen umschrieben und in Bezug auf deren Wirkung aufeinander auch untersucht werden.

Transaktionale Führung: Ist ein Konzept für Führungsstil, bei dem das Verhältnis zwischen Mitarbeiter und Führungsperson als Transaktionsmarkt verstanden wird. Transaktionale Führungskräfte versuchen Mitarbeiter extrinsisch zu motivieren, indem beispielsweise attraktive Anreizsysteme angeboten werden.

Transformationale Führung: Ist ein Konzept für Führungsstil, bei dem das Transformieren von Werten und Einstellungen der Geführten ins Zentrum gerückt wird. Transformationale Führungskräfte versuchen Mitarbeiter intrinsisch zu motivieren, indem beispielsweise attraktive Visionen vermittelt werden.

Thesaurierung: Bezeichnet die Einbehaltung des Jahresüberschusses oder eines Teils von ihm im Unternehmen.

Übertragungsquote: Der relative Anteil von Unternehmen, die effektiv an eine neue Trägerschaft übertragen werden und nicht stillgelegt oder liquidiert werden.

Venture Capital: Es handelt sich dabei um Risikokapital respektive Wagniskapital, das von einer Beteiligungsgesellschaft in der Form von Eigenkapitel zur Beteiligung an besonders riskant geltenden Unternehmungen bereitstellt.

Vinkulierte Namenaktie: Bei diesem Aktientyp bedarf es für den Verkauf der Zustimmung der ausgebenden Aktiengesellschaft. Somit ist eine ausgeprägte Einflussnahme der Unternehmung auf den Gesellschafterkreis gegeben.

Wirklichkeit, weiche: Wirklichkeitsbereich, der sehr sensibel auf die Art und Weise reagiert, wie ein Beobachter ihn beschreibt; typisches Beispiel ist der sozial-interaktive Bereich.

Wirklichkeit, harte: Wirklichkeitsbereich, der durch die Art und Weise, wie ein Beobachter ihn beschreibt, wenig (bis gar nicht) beeinflusst wird; typisches Beispiel ist der naturwissenschaftlich-technische Bereich.

9.3 Literaturverzeichnis

Ackermann, W.; Lang, D. (2008). Vorsorgebericht 2040 über die Leitlinien einer zukunftsorientierten kapitalfinanzierten Vorsorge in der Schweiz. St. Gallen: Institut für Versicherungswirtschaft an der Universität St. Gallen.

Albach, H. (2002). Hat das Familienunternehmen eine Zukunft? In: *Zeitschrift für Betriebswirtschaftslehre, Ergänzungsheft 5. S. 163-173.*

Anders, S. (2001). Lebensstilentscheidung zwischen Arbeit und Familie: Zur Bedeutung der Extreme. In: *Familiendynamik. Jg. 26, Nr. 3. S. 226-252.*

Andric, M.; Bird, M.; Christensen, A. u. a. (2016): Herausforderung Generationenwechsel. Unternehmensnachfolge in der Praxis. Zürich: Credit Suisse (Hrsg.).

Aronoff, C.E.; Ward, J.L. (2011). Family Meetings. How to Build a Stronger Family and a Stronger Business. Palgrave Macmillan.

Astrachan, J. H.; Klein, S. B.; Smyrnios, K. (2002). The F-PEC scale of family influence: a proposal for solving the family business definition problem. In: *Family Business Review. Jg. 15, Nr. 1. S. 45-57.*

Astrachan, J. H.; Zahra, S. A.; Sharma, P. et.al (2003). The Global Entrepreneurship Monitor: Family-Sponsored Ventures. In: *Poutziouris, Steier (2003). S. 2-14.*

Backhausen, W.; Thommen, J. (2003). Coaching. Durch systemisches Denken zu innovativer Personalentwicklung. Wiesbaden: Gabler.

Baecker, D. (1998). Tabus in Familienunternehmen. In: *Hernsteiner. Nr. 2. S. 18-22.*

Bamberg, E. (2006). Anforderungsorientierte Beratung. In: *Bamberg, Schmidt, Hänel (2006). Seite 29-59.*

Baus, K. (2003). Die Familienstrategie. Wie Familien ihr Unternehmen über Generationen sichern. Wiesbaden: Gabler.

Beckhard, R.; Dyer, W. G. (1983). Managing Continuity in the Family-Owned Business. In: *Organizaitonal Dynamics. Jg. 12, Nr. 1, S. 5-12.*

Belardinelli, S. (2002). The Evolution of Family Institution and its Impact on Society and Business. In: *Family Business Review. Jg. 15, Nr. 3. S. 169-173.*

Bergamin, S. (1995). Der Fremdverkauf einer Familienunternehmung im Nachfolgeprozess. Motive – Vorgehenskonzept – Externe Unterstützung. Dissertation, Universität St. Gallen. Bern: Haupt.

Bertram, H. (2007). Keine Zeit für die Liebe: Die Rushhour des Lebens. In: *Familiendynamik. Jg. 32, Nr. 2. S. 108-116.*

Bieger, Th., Rüegg-Stürm, J., von Rohr, Th. (2002). Strukturen und Ansätze einer Gestaltung von Beziehungskonfigurationen – Das Konzept Geschäftsmodell, in: *Bieger, Th. et al. (Hrsg.). Berlin, S. 35–61.*

Bjuggren, P.; Sund, L. (2005). Organization of transfers of small and medium-sized enterprises within the family: tax law considerations. In: *Family Business Review. Jg. 18, Nr. 4. S. 305-319.*

Bleicher, K. (1992). Das Konzept Integriertes Management – Das St. Galler Management-Konzept. Frankfurt a.M.: Campus Verlag. 2. Auflage.

Boungou Bazika, J. (2005). Essai de définition et fonctionnalité de l'entreprise familiale dans une perspective africaine. In: *Revue Internationale P.M.E. Jg. 18, Nr. 3-4. S. 11-30.*

Breuer, F. (2009). Vorgänger und Nachfolger. Weitergabe in institutionellen und persönlichen Bezügen. Göttingen: Vandenhoeck & Ruprecht.

Bruppacher, P. (2005). Wenn es am Schönsten ist. In: *io Management Zeitschrift. Jg. 74, Nr. 1-2. S. 24-27.*

Buchinger, K. (1991). Der Familienbetrieb im Spannungsfeld von Organisation und Familie. In: *Hernsteiner. Jg. 3, Nr. 3. S. 4-10.*

Cadieux, L. (2005). La succession dans les PME familiales: proposition d'un modèle de réussite du processus de désengagement du prédécesseur. In: *Revue Internationale P.M.E. Jg. 18, Nr. 3-4. S. 31-50.*

Cadieux, L.; Lorrain, J.; Hugron, P. (2002). La succession dans les entreprises familiales dirigées par les femmes une problématique en quête de chercheurs. In: *Revue internationale P.M.E. Jg. 15, Nr. 1. S. 115-130.*

Cappuyns, K.; Astrachan, J. H.; Klein, S. B (2003). The Prevalence of Family Business around the World. IFERA-Survey, www.ifera.com (letzter Zugriff: 5. Januar 2005).

Carlock, R. S.; Ward, J. L. (2001). Strategic Planning for the Family Business: Parallel Planning to Unite the Family and Business. New York: Palgrave.

Caroli, T. (2007). Unternehmensberatung als Sicherstellung von Führungsrationalität? In: Consulting Resarch. S. 109-126.

Chini, L. W. (2004). Das Verhalten der Übergebergeneration bei der Unternehmensübergabe. In: *Zeitschrift für Führung und Organisation (zfo). Jg. 72, Nr. 5. S. 270-275.*

Christen, A.; Halter, F.; Kammerlander, N. u. a. (2013). Erfolgsfaktoren für Schweizer KMU. Unternehmensnachfolge in der Praxis. Zürich: Credit Suisse (Hrsg.).

Chrisman, J.J,; Chua, J.H.; Litz, R.A. (2004). Comparing the agency costs of family and non-family firms: Conceptual issues and exploratory evidence. In: Entrepreneurship Theory and Practice, Jg. 28(4). S. 335-354.

Christensen, C. R. (1953). Management Succession in Small and Growing Enterprises. Boston: Division of Research, Harvard Business School.

Chua, J.H.; Chrisman, J.J.; Sharma, P. (2003). Succession and Nonsuccession Concerns of Family Firms and Agency Relationship with Nonfamily Managers. In: Family business Review. Vol. 16, Issue 2. p. 89-107.

Churchill, N. C.; Hatten, K. J. (1987). Non-Market-Based Transfers of Wealth and Power: A Research Framework for Family Businesses. In: *American Journal of Small Business. Jg. 11, Nr. 3. S. 51-64.*

Clausen, P. (1982). Die Nachfolgeplanung in Familienunternehmungen. In: *Zeitschrift für Klein- und Mittelunternehmen. Internationales Gewerbearchiv. Jg. 30, Nr. 1. S. 49-57.*

Colquitt, J.A.; Conlon, D.; Wesson, M.; Porter, O. u.a. (2001). Justice at the millennium: A meta-analytic review of 25 years of organizational research. In: Journal of Applied Psychology., 86(3) . S. 425-445.

Dahinden, D.; Hueber, R. (2015). Wert ungleich Preis. Preisbildungsprozesse in KMU-Nachfolgetransaktionen. Masterarbeit am Institut für Finanzdienstleistungen Zug IFZ.

Danes, S. M.; Rueter, M. A.; Kwon, H.; Doherty, W. (2002). Family FIRO Model: An Application to Family Business. In: *Family Business Review. Jg. 15, Nr. 1. S. 31-43.*

Danes, S.M.; Olson, P.D. (2003). Women's role involvement in family businesses, business tensions, and business structure. In: *Family Business Review. Jg. 16, Nr. 1. S. 53-68.*

Davis, P. S.; Harveston, P. D. (1998). The Influence of Family on the Family Business Succession Process: A Multi-Generational Perspective. In: *Entrepreneurship Theory and Practice. Jg. 22, Nr. 1. S. 31-53.*

Dehlen, T.; Zellweger, T.; Halter, F. u.a. (2013). The Role of Information Asymmetry in the Choice of Entrepreneurial Exit Routes. In: Journal of Business Venturing. Jg. 29, Nr. 2, 2014. S. 193-209.

Domayer, E.; Vater, G. (1994). Das Familienunternehmen – Erfolgstyp oder Auslaufmodell. In: *Hernsteiner*, Nr. 2. S. 26-29.

Dunemann, M.; Barrett, R. (2004). Family Business and succession planning – A review of the literature. Monash: Monash University, Family and Small Business Research Unit.

Dunn, B. (1995). Success Themes in Scottish Family Enterprises: Philosophies and Practices Through Generations. In: *Family Business Review. Jg. 8, Nr. 1. S. 17-28.*

Dyer Jr., G. (1986). Cultural Change in Family Firms. San Francisco /London: Jossey-Bass Management Series.

Europäische Kommission (2003). Empfehlung der Kommission betreffend der Definition der Kleinstunternehmen sowie der kleinen und mittleren Unternehmen. Amtsblatt der Europäischen Union. Aktenzeichen K (2003), 1422, Brüssel, Belgien.

Englisch, P.; Sieger, P.; Zellweger, T. (2010). Psychologisches Eigentum. Wie aus Mitarbeitern Mitunternehmer werden. EY (Hrsg.).

EY (2015). EY Family Office Guide. Pathway to successful family and wealth management. EY (Hrsg.)

Felden, B.; Pfannenschwarz, A. (2008). Unternehmensnachfolge: Perspektiven und Instrumente für Lehre und Praxis. München: Oldenbourg Verlag.

Fischer, H. R.; Retzer, A. (2001). Die Familie und das Familienunternehmen. In: *Familiendynamik. Jg. 26, Nr. 3. S. 302-322.*

Freeman, E. R. (1984). Strategic Management: A Stakeholder Approach. Boston: Pitman.

Freund, W.; Kayser, G.; Schröer, E. (1995). Generationenwechsel im Mittelstand. Institut für Mittelstandsforschung Bonn: ifm-Materialien Nr. 109.

Frey, U.; Halter, F.; Zellweger, T. (2004a). Bedeutung und Struktur von Familienunternehmen in der Schweiz. Forschungsbericht. St. Gallen: Schweizerisches Institut für Klein- und Mittelunternehmen an der der Universität St. Gallen (KMU-HSG).

Frey, U.; Halter, F.; Zellweger, T.; Klein, S. B. (2004b). Family Business in Switzerland: Significance and Structure. In: *Tomaselli, Melin (Hrsg.) (2004). S. 73-89.*

Frey, U.; Halter, F.; Zellweger, T. (2005). Nachfolger gesucht! Empirische Erkenntnisse und Handlungsempfehlungen für die Schweiz. Zürich: Pricewaterhouse Coopers AG.

Friedli, C.; Pichler, C.; Fueglistaller, U. u. a. (2015). Kauf und Verkauf von KMU – Der Leitfaden für die Praxis. St. Gallen: OBT (Hrsg.).

Fröhlich, E. (1995). Familie als Erfolgspotential im Gewerbe und Handwerk. In: *Stiegler (Hrsg.) 1995. S. 105-136.*

Fueglistaller, U.; Halter, F.; Fust, A. (2013). KMU Führungskompetenz. Unternehmerisches Agieren und Gestalten in Bewegung. Reader. St. Gallen: Schweizerisches Institut für Klein- und Mittelunternehmen (KMU-HSG). 2. überarbeitete und ergänzte Auflage.

Fueglistaller, U.; Halter, F. (2011). Haben Sie sich auch schon überlegt, zu unternehmen statt zu gründen? In: Alma. St. Gallen. Nr. 2. S. 8-9.

Fueglistaller, U. (2004). Charakteristik und Entwicklung von Klein- und Mittelunternehmen (KMU). St. Gallen: Verlag KMU-HSG.

Fueglistaller, U.; Fust, A.; Brunner, C. (2013). Schweizer KMU Studie. St. Gallen: OBT.

Fueglistaller, U.; Halter, F. (2006). Führen – Gestalten – Leben: KMU in Bewegung – Eine Auseinandersetzung mit lebenszyklusorientierter Unternehmensführung. St. Gallen: KMU Verlag HSG.

Fueglistaller, U.; Halter, F. (2005). Familienunternehmen in der Schweiz. Empirische Fakten zur Bedeutung und Kontinuität. In: *Der Schweizer Treuhänder. Nr. 1-2. S. 35-38.*

Fueglistaller, U.; Zellweger, T. (2007). Die volkswirtschaftliche Bedeutung der Familienunternehmen in der Schweiz. In: *Schweizer Arbeitgeber. Jg. 15. S. 30-33.*

Fust, A; Fueglistaller, U.; Brunner, Chr.; Graf, A. (2019). Schweizer KMU. Eine Analyse der aktuellen Zahlen – Ausgabe 2019. St. Gallen: OBT.

Gallo, M. À. (1995). The Role of Family Business and Its Distinctive Characteristic Behavior in Industrial Activity. In: *Family Business Review. Jg. 8, Nr. 2. S. 83-97.*

Gassmann, O.; Frankenberger, K.; Dsik, M. (2013). Geschäftsmodelle entwickeln: 55 innovative Konzepte mit dem St. Galler Business Model Navigator. München: Carl Hanser Verlag.

Geisel, S. (2004). Nach der Wohngemeinschaft. Eine neue Unübersichtlichkeit des Familienlebens. In: *Neue Zürcher Zeitung, vom 10./11. Juli 2004, Nr. 158. S. 43.*

German Wealth Report (2000). Merril Lynch und Cap Gemini Ernst & Young.

Gersick, K. E.; Davis, J. A.; McColom Hamtton, M.; Lansberg, I. (1997). Generation to Generation: Life Cycles of the Family Business. Boston.

Getz, D.; Petersen, T. (2004). Identifying Industry-Specific Barriers to Inheritance in Small Family Businesses. In: *Family Business Review. Jg. 17, Nr. 3. S. 259-276.*

Gimeno, J.; Folta, T.B.; Cooper, A.C. & Woo, C.Y. (1997). Survival of the Fittest? Entrepreneurial Human Capital and the Persistence of Underperforming Firms. In: *Administrative Science Quarterly, Jg. 42, Nr. 4. S. 750-783.*

Gisselbrecht, T.; Andenmatten, M.; Rietmann., M. (2021). Die geordnete Geschäftsaufgabe. Eine strategische Option in der Nachfolge: notwendig & vorbereitet. Jona: St.Galler Nachfolge-Praxis.

Gomez, P.; Zimmermann, T. (1997). Unternehmensorganisation. Profile, Dynamik, Methodik. 3. Auflage. Frankfurt am Main: Campus.

Grimm, J.; Bamberg, E. (2006). «Der Kunde ist König! Oder?» – Anforderungen an Beratung aus Sicht von Kunden. In: *Bamberg, Schmidt, Hänel (2006). Seite 61-79.*

Gross, P. (1994). Die Multioptionsgesellschaft. Frankfurt am Main: Suhrkamp.

Groth, Th.; Wimmer, R. (2005). Erfolgsmuster des Gesellschafterkreises langlebiger Familienunternehmen. In: Scherrer, St.; Blanc, M.; Kormann, H. u. a. (Hrsg.). Familienunternehmen. Erfolgsstrategien zur Unternehmenssicherung. Frankfurt a.M. S. 91-149.

Gubler, A. (2012). Nachfolgeregelung in Familienunternehmen. Grundriss für die Praxis. Zürich: NZZ Verlag.

Gudmundson, D.; Hartmann, E.A.; Tower, B.C. (1994). Strategic Orientation: Differences between Family and Nonfamily Firms. In: *Family Business Review. Jg. 12, Nr. 1. S. 27-39.*

Gurtner, P.; Giger, E. (2004). Unzulässige Erbenholdingbesteuerung – massive Ausweitung der indirekten Teilliquidationstheorie. In: *Steuer Revue. Jg. 58, Nr. 10. S. 658-667.*

Habbershon, T. G.; Williams, M. L. (1999). A Resource-Based Framework for Assessing the Strategic Advantages for Family Firms. In: *Family Business Review. Jg. 12, Nr. 1, 1999. S. 1-25.*

Habbershon, T. G.; Williams, M.; MacMillan, I. C. (2003). A unified systems perspective of family firm performance. In: *Journal of Business Venturing. Jg. 18, 2003. S. 451-465.*

Habig, H.; Berninghaus, J. (1998). Die Nachfolge in Familienunternehmen ganzheitlich regeln. Berlin: Heidelberg: Springer.

Halter, F.; Benz, L. (2015). Die Kunst des Loslassens. In: May, Peter; Bartels, Peter (Hrsg.). Nachfolge im Familienunternehmen. Das Handbuch für Unternehmerfamilien und ihre Begleiter. Köln: Bundesanzeiger Verlag. S. 73-87.

Halter, F.; Kammerlander, N. (2014). Nachfolge als Prozess. Herausforderungen und Gestaltung im Zeitraum. Bern: KMU Next Schriftenreihe, 2/2014.

Halter, F.; Dehlen, T.; Sieger, P. u. a. (2012). Informationsasymmetrien zwischen Übergeber und Nachfolger – Herausforderungen und Lösungsmöglichkeiten am Beispiel des Management Buy Ins in Familienunternehmen. In: Zeitschrift für KMU und Entrepreneurship, Jg. 61, Nr. 1-2. S. 35-45.

Halter, F.; Baldegger, R.; Schrettle, T. (2009). Erfolgreiche Unternehmensnachfolge. Studie mit KMU-Unternehmern zu emotionalen und finanziellen Aspekten. Zürich: Credit Suisse (Hrsg.).

Halter, F. (2009). Familienunternehmen im Nachfolgeprozess: Die Emotionen des Unternehmers. Lohmar: Josef Eul Verlag.

Halter, F. (2009b). Bedeutung der Unternehmensnachfolge aus Schweizer Sicht. In: Unternehmensnachfolge 2007/08. Swiss Equity Guide, Schriftenreihe Corporate Finance, Zweite und überarbeitete Auflage. S. 12-15.

Hammer, R. M.; Hinterhuber, H. H. (1993). Die Sicherung der Kontinuität von Familienunternehmungen als Problem der strategischen Unternehmungsführung. In: *Betriebswirtschaft für Forschung und Praxis. Jg. 45, Nr. 3. S. 252-265.*

Handler, W. C. (1994). Succession in Family Business: A Review of the Research. In: *Family Business Review. Jg. 7, Nr. 2. S. 133-157.*

Handler, W. C. (1991). Key interpersonal relationships of next-generation family members in family firms. In: *Journal of Small Business Management. Jg. 28. S. 21-32.*

Handler, W. C. (1989). Methodological issues and considerations in studying family business. In: *Family Business Review. Jg. 2, Nr. 3. S. 257-276.*

Hegi, R.; Staub, L. (2001). Fortsetzung folgt... Unternehmensnachfolgen KMU erfolgreich gestalten. Zürich: Versus Verlag.

Hegi, R. (2001). Menschlich-psychologische Aspekte. In: Hegi, Staub (2001). S. 21-25.

Heidbrink, M.; Debnar-Daumler, S. (2016). Self-Leadership. Sich selbst führen in unsicheren Zeiten. Haufe Lexware.

Hennerkes, B. H. (2004). Unternehmensnachfolge – Chance und Risiko. In: *Zeitschrift Führung und Organisation. Jg. 73, Nr. 5. S. 266-269.*

Hilburt-Davis, J.; Dyer, W. G. (2003). Consulting to family businesses: a practical guide to contracting, assessment, and implementation. San Francisco: Jossey-Bass/Pfeiffer.

Hildenbrand, B. (2002). Familienbetriebe als «Familien eigner Art». In: *Simon (2002). S. 116-144.*

Hinterhuber, H.H.; Rechenauer O.; Stumpf M. (1994). Die mittlständische Familienunternehmung: die Integration der beiden Subsysteme Familie und Unternehmung in den 90er Jahren. Frankfurt a.M.: Lang.

Holenstein, D. (2004). Indirekte Teilliquidation – Besteuerung der tatsächlichen Substanzentnahme. In: *Steuer Revue. Jg. 58. Nr. 11. S. 718-722.*

Höck, M; Kauper, F. (2006). Empirische Untersuchung zur Auswahl und Kompetenz von Beratungsgesellschaften. Stuttgart: Schäffer-Poeschel Verlag.

Höffe, O. (2001). Gerechtigkeit. Eine Philosophische Einführung. München: Beck.

Hofmann, R.; Sigg, A. (2009) Entscheidungsprozesse der Nachfolge in Familienunternehmen. In: *Unternehmensnachfolge. Zürich: Swiss Equity Guide. S. 51-54.*

Hofmann, R.; Sigg, A. (2009). Entscheidungsprozesse der Nachfolge in Familienunternehmen. In: *Zern, Knobel (2009). S. 51-54.*

Howorth, C.; Assaraf, A. Z. (2001). Family Business Succession in Portugal: An Examination of Case Studies in the Furniture Industry. In: *Family Business Review. Jg. 14, Nr. 3. S. 231-244.*

Ibrahim, A. B.; Soufani, K.; Poutziouris, P. et.al. (2003). Qualities of an Effective Successor: An Empirical Investigation. In: *Poutziouris, Steier (2003). 173-182.*

Jäkel-Wurzer, D.; Dahncke, S.; Buck N. (2016). Praxishandbuch Weibliche Nachfolge. Selbstcoaching-Tools für den gelungenen Einstieg ins Familienunternehmen. Wiesbaden: Gabler.

Janisch, M. (1992). Das Strategische Anspruchsgruppenmanagement: Vom Shareholder Value zum Stakeholder Value. Dissertation Nr. 1332, Hochschule St. Gallen. Bamberg: Difo-Druck GmbH.

Janjuha-Jivray, S.; Woods, A. (2002). Successional Issues within Asian Family Firms. In: *International Small Business Journal. Jg. 20, Nr. 1, S. 77-94.*

Jenewein, W.; Heidbrink, M. (2008). High-Performance-Teams. Die fünf Erfolgsprinzipien für Führung und Zusammenarbeit. Schäffer Poeschel.

Jensen, M.C.; Meckling, W.H. (1976). Theory oft he firm. Managerial behavior, agency costs and ownership structure. Journal of Financial Economics. 3. S. 305-360.

Justo, R.; DeTienne, D.R.; Sieger, P. (2015). Failure or Voluntary Exit? Reassessing the female underperformance hypothesis. In: Theory and Practice. vol. 30, Issue 6. Seite 775-792.

Kailer, N. (2003). Unterstützung von Familienunternehmen: Problembereiche, Bedarfslage und Ansatzpunkte zur Erhöhung von Effizienz und Effektivität von Fördermaßnahmen. In: *Zeitschrift für KMU und Entrepreneurship. Jg. 51, Nr. 3. S. 182-195.*

Kailer, N.; Weiss, G. (2005). Unternehmensnachfolge in kleinen und mittleren Familienunternehmen in Österreich – Hemmende und fördernde Faktoren, Unterstützungsbedarfe und Gestaltungsmöglichkeiten. In: *Schauer, Kailer, Feldbauer-Durstmüller (2005). S. 9-116.*

Katila, S. (2002). Emotions and the moral order of farm business in Finland. In: *Fletscher (2002). S. 180-191.*

Kayser, G.; Wallau, F. (2002). Industrial Family Business in Germany – Situation and Future. In: *Family Business Review. Jg. 15, Nr. 2. S. 111-115.*

Kepner, E. (1983). The family and the firm: a coevolutionary perspective. In: *Organizational Dynamics. Jg. 12. S. 57-70.*

Kim, W. C., & Mauborgne, R. (1997). Fair process: Managing in the knowledge economy. *Harvard Business Review, 81*(1), 127-136.

Klein, S. B. (2000a). Family Businesses in Germany: significance and structure. In: *Family Business Review. Jg. 13, Nr. 3. S. 157-181.*

Klein, S. B (2000b). Familienunternehmen: theoretische und empirische Grundlagen. Wiesbaden: Gabler.

Klein, S. B. (2003). Familienunternehmen in Deutschland: Bedeutung und Struktur 1995 und 2000 im Vergleich. Arbeitspapier.

Klein, S. B. (2004). Familienunternehmen: theoretische und empirische Grundlagen. 2. Auflage. Wiesbaden: Gabler.

König, E.; Volmer, G. (2008). Handbuch Systemische Organisationsberatung. Weinheim: Beltz.

Kraus, S.; Mohe, M. (2007). Zur Differenz ideal- und realtypischer Beratungsprozesse. In: Nissen, V. (Hrsg.) 2007. *Consulting Research.* Wiesbaden: Deutscher Universitäts Verlag.

Kropfberger, D.; Mödritscher, G. (2002). Der Generationenwechsel als Herausforderung in der Entwicklung von Familienunternehmen. In: *MER Ravija za management in razvoj. Jg. 4, Nr. 2. S. 108-114.*

Lansberg, I. (1999). Succeeding Generations. Realizing the Dream of Families in Business. Harvard Business School Press.

Lansberg, I. (1988). The Succession Conspiracy. In: *Family Business Review*. Jg. 1, Nr. 2. S. 119-143.

Lay, R. (1980). Krisen und Konflikte. Ursachen, Ablauf, Überwindung. München: Wirtschaftsverlag Langen-Müller/Herbig.

Leach, P. (1991). The Family Business. London: Kogan Page.

Lee, M. S.; Rogoff, E. G. (1996). Research Note: Comparison of Small Businesses with Family Participation versus Small Businesses without Family Participation: An Investigation of Differences in Goals, Attitudes, and Family Business Conflict. In: *Family Business Review. Jg. 9, Nr. 4. S. 423-437.*

Le Mar, B. (2001). Generations- und Führungswechsel im Familienunternehmen. Mit Gefühl und Kalkül den Wandel gestalten. Berlin, Heidelberg: Springer.

Leventhal, G. S. (1980). What should be done with equity theory? In K. J. Gergen, M. S. Greenberg, & R. H. Willis, *Social Exchange: Advances in Theory and Research* (S. 27-55). Springer US.

Lentze, A.; Fellermann, J. (2006). Supervision – eine Unterstützungsinstrument für organisationsinterne Berater. In: *Bamberg, Schmidt, Hänel (2006). Seite 165- 184.*

Liebermann, F. (2003). Unternehmensnachfolge. Eine betriebswirtschaftliche Herausforderung mit volkswirtschaftlicher Bedeutung. Bestandsaufnahme für den Kanton Zürich. AWA-Schriftenreihe, Nr. 3. Zürich: Amt für Wirtschaft und Arbeit.

Litz, R. A. (1995). The Family Business: Towards definitional clarity. In: *Family Business Review. Jg. 8, Nr. 2. S. 71-81.*

Löwe, C. (1979). Die Familienunternehmung – Zukunftssicherung durch Führung. Dissertation Nr. 727, Hochschule St. Gallen. Darmstadt: copy shop.

Luhmann (1984). Soziale Systeme. Grundlagen einer allgemeinen Theorie.

Mandl, I. (2005). Geschäftsübergaben und -nachfolgen in Österreich. In: *Zeitschrift für KMU und Entrepreneurship* (ZfKE). *Jg. 53, Nr. 2. S. 110-132.*

Martin, C. (2000). SME Ownership and Management Change: A business continuity and development perspective. Workshop Paper. Small Business and Enterprise Conference. Manchester. April 2000. S. 1-23.

McCann, G.; Hammond, C.; Keyt, A.; Schrank, H.; Fujiuchi, K. (2004). A View from Afar: Rethinking the Directors's Role in University-Based Family Business Programs. In: *Family Business Review. Jg. 17, Nr. 3. S. 203-219.*

Meijaard, J.; Uhlaner, L.; Flören, R. et al. (2005). The relationship between successor and planning characteristics and the success of business transfer in Dutch SMEs. Zoetermeer: EIM Business & Policy Research.

Merten, K. (1999). Einführung in die Kommunikationswissenschaft. Bd. 1: Grundlagen der Kommunikationswissenschaft. Münster, Hamburg, London: LIT Verlag.

Metzger, J. A. (2001). Arbeit und Familie – Individualisierung im Quadrat. Grenzverschiebung zwischen Arbeits- und Familienleben. In: *Familiendynamik. Jg. 26, Nr. 3. S. 212-225.*

Meyer, J. A.; Schleus, R.; Buchhop, E. (2007). Trends in der Beratung von KMU. Eine aktuelle Studie. Lohmar, Köln: Euler Verlag.

Morris, M. H.; Williams, R. O.; Allen, J. A.; Avila, R. A. (1997). Correlates of Success in Family Business Transitions. In: *Journal of Business Venturing. Jg. 12, Nr. 5. S. 385-401.*

Morris, M. H.; Williams, R. W.; Nel, D. (1996). Factors influencing family business succession. In: *International Journal of Entrepreneurial Behaviour & Research. Jg. 2, Nr. 3. S. 68-81.*

Mühlebach, C. (2004). Familyness als Wettbewerbsvorteil. Ein integrierter Strategieansatz für Familienunternehmen. Bern, Stuttgart, Wien: Haupt.

Müller-Ganz, J. (2000). Nachfolgeregelung in Familienunternehmen. In: *Brauchlin und Pichler (2000). Unternehmer und Unternehmensperspektiven für Klein- und Mitteluntemehmen. S. 369-383.*

Müller-Tiberini, F. (2001). Wenn Familie den Laden schmeisst. Modelle zur Führung von Familienunternehmen. Zürich: Orell Füssli.

Müller-Tiberini, F. (2008). Erben in Familienunternehmen – Die Unternehmensnachfolge konfliktfrei regeln. Orell Füssli Verlag.

Müller, K.; Koschmieder, K. D.; Trombska, D.; Zapfe, A.; Rötzler, K. (2009). Unternehmensnachfolge im Thüringer Handwerk. Eine Analyse im Zeichen des demografischen Wandels. Göttinger Handwerkswirtschaftliche Studien. Band 78. Duderstadt: Verlag Mecke Druck.

Nestmann, F.; Engel, F.; Sickendiek, U. (2004). Das Handbuch der Beratung. Tübingen: dgvt Verlag.

Neubauer, H. (1992). Unternehmensnachfolge im Familienunternehmen. Konferenzbeitrag Rencontres de St-Gall, Re 2.

Neubauer, H.; Lank, A. G. (1998). The Family Business: Its Governance for Sustainability. New York: Macmillan Press.

Netzhammer, V. (2004). Familienunternehmen. In: *Bericht und Empfehlungen der Enquetekommission «Situation und Chancen der mittelständischen Unternehmen, insbesondere der Familienunternehmen, in Baden-Württemberg. Landtag von Baden-Württemberg. Drucksache 12/5800, S. 57-70.*

Niewiem, S.; Richter, A. (2007). Make-or-buy Entscheidung für Beratungsleistungen. In: *Nissen (2007). S. 57-72.*

Nissen, V. (2007). Consulting Research – Eine Einführung. In: *Nissen (2007). S. 3-38.*

Osterwalder, A.; Pigneur, Y.ves (2011): Business Model Generation. Campus.

Pentzlin, K. (1976). Die Zukunft des Familienunternehmens – Erfolgreich von Generation zu Generation. Düsseldorf: Econ.

Pfohl, H.C. (Hrsg.). (2006). *Betriebswirtschaftslehre der Mittel- und Kleinbetriebe* (4. Aufl.). Berlin: Erich Schmidt.

Pichler, H. J.; Bornett, W. (2005). Wirtschaftliche Bedeutung der kleinen und mittleren Unternehmen (KMU) in Österreich. In: *Schauer, Kailer, Feldbauer-Durstmüller (2005). S. 117-150.*

Pichler, H. J. (2002). Übernahmepotenziale von KMU und Familienbetrieben – Ein aktuelles Szenario für Österreich. In: *MER Journal für Management und Entwicklung. Nr. 4. S. 124-133.*

Pohlmann, A. (1997). Die Nachfolgeregelung: Wechseljahre. In: *Manager Magazin. Jg. 26. Nr. 11. S. 129-134.*

Poza, E. J.; Messer, T. (2001). Spousal Leadership and Continuity in the Family Firm. In: *Family Business Review. Jg. 14, Nr. 1. S. 25-36.*

Rappel, C. (2007). Beratungsresistenz in kleineren und mittleren Unternehmen: eine ökonomische und psychologische Betrachtung. Saarbrücken: VDM Verlag Dr. Müller.

Rawls, J. (2001). Gerechtigkeit als Fairness. Frankfurt: Suhrkamp.

Redlefsen, M. (2004). Dfer Ausstieg von Gesellschaftern aus grossen Familienunternehmen, WHU Forschungspapier Nr. 90, S. 25 ff.

Reid, R.; Dunn, B.; Cromie, S.; Adams, J. (1999a). Family orientation in family firms: A model and some empirical evidence. In: *Journal of Small Business and Enterprise Development. Jg. 6, Nr. 1. S. 55-67.*

Reid, R.; Dunn, B.; Cromie, S.; Adams, J. (1999b). Familienorientierung oder Geschäftsorientierung in Familienbetrieben. In: *Zeitschrift für Klein- und Mittelunternehmen. Internationales Gewerbearchiv. Jg. 47, Nr. 3. S. 149-165.*

Rosenbauer, C. C. (1994). Strategische Erfolgsfaktoren des Familienunternehmens im Rahmen seines Lebenszyklus. Ein eignerorientiertes Konzept zur Steigerung der Lebens- und Entwicklungsfähigkeit des Familienunternehmens. Dissertation Nr. 1605, Hochschule St. Gallen. Hallstadt: Rosch-Buch.

Rowe, B. R.; Hong, G. S. (2000). The Role of Wives in Family Businesses: The Paid and Unpaid Work of Women. In: *Family Business Review. Jg. 13, Nr. 1. S. 1-13.*

Rüegg-Stürm, J. (2004). Das neue St. Galler Management-Modell. Bern: Haupt.

Russo, J. E., & Schoemaker, P. J. (2002). *Winning decisions: Getting it right the first time.* New York: Crown Publishing Group.

Schefer, K. (2002). Vielschichtiger Generationenwechsel. In: *UBS Outlook Nr. 3, S. 4-7.*

Schein, E. H. (1995). Unternehmenskultur: Ein Handbuch für Führungskräfte. Frankfurt a.M.: Campus Verlag.

Schmitdt, J. (2006). Lernprozesse von Organisationsberater – oder «Alles nur Erfahrung...?» In: *Bamberg, Schmidt, Hänel (2006). Seite 81-102.*

Schulz von Thun, F. (2004). Miteinander reden. Störungen und Klärungen. Hamburg: rororo Verlag. 40. Auflage.

Schuppli, P. (2005). Aufbruch nach dem Rückzug. In: *io Management Zeitschrift. Jg.74, Nr. 1-2. S. 36-40.*

Sechser, E. (2006). Familieninterne Betriebsnachfolge. Wien: kmu-forum verlag.

Selchert, F. W. (1988). Einführung in die Betriebswirtschaftslehre in Übersichtsdarstellungen. München, Wien: Oldenburg.

Shanker, M. C.; Astrachan, J. H. (1996). Mythes and Realities: Family Businesses Contribution to the US Economy – A Framework for Assessing Family Business Statistics. In: *Family Business Review. Jg. 9, Nr. 2. S. 107-123.*

Sharma, (2004). An Overview of the Field of Family Business Studies: Current Status and Directions for the Future. In: *Family Business Review. Jg. 17, Nr. 1. S. 1-36.*

Sharma, P; Chrisman, J. J.; Chua, J. H. (1996). A Review and Annotated Bibliography of Family Business Studies. Boston: Kluwer Academic Publishers.

Sharma, P.; Manikutty, S. (2005). Strategic Divestments in Family Firms: The Role of Family Structure and Community Culture. In: *Entrepreneurship Theory& Practice, Jg. 29, Nr. 3. S. 293-311.*

Siebel, W. (Hrsg.) (1984). Herrschaft und Liebe. Zur Soziologie der Familie. Berlin: Duncker & Humblot.

Siefer T. (1996). Du kommst später einmal in die Firma? Heidelberg: Carl-Auer-Systeme.

Simon, F. B. (1999). Organisationen und Familien als soziale Systeme unterschiedlichen Typs. In: *Baecker, Hutter (1999). Systemtheorie für Wirtschaft und Unternehmen. S. 181-200. Opladen: Leske und Budrich.*

Simon, F. B. (2002). Die Familie des Familienunternehmens. Ein System zwischen Gefühl und Geschäft. Heidelberg: Carl-Auer-Systeme Verlag.

St-Cyr, L.; Richer, F. (2005). La planification du processus de transmission dans les PME québécoises. In: *Revue Internationale P.M.E., Jg. 18, Nr. 3-4. S. 54-71.*

Streicher, B. ; Jonas, E. ; Maier, G.W., u. a. (2008). Test of the construct and criteria validity of a German measure of organizational justice. European Journal of Psychological Assessment. 24(2). S. 131-139.

Tagiuri, R.; Davis, J. (1996). Bivalent Attributes of the Family Firm. In: *Family Business Review. Jg. 9, Nr. 2. S. 199-208.*

Terberger, D. (1998). Konfliktmanagement in Familienunternehmen. Ein eignerorientiertes Konzept zur professionellen Konfliktbewältigung in Familienunternehmen. Dissertation Nr. 2133, Universität St. Gallen. Bamberg: Difo-Druck GmbH.

Tokarcyk, J.; Hansen, E.; Green, M.; Down, J. (2007). A Resourced-based View and Market Orientation Theory Examination of the Role of »Familiness" in Family Business Success. In: *Family Business Review. Jg. 20, Nr. 1. S. 17-31.*

Trefelik, R. (2002). Erfolgsfaktoren für den Generationswechsel in klein- und mittelbetrieblichen Familienunternehmen. In: *MER Journal für Management und Entwicklung. Nr. 4 2002. S. 116-123.*

Tschentscher, A. (2000). Prozedurale Theorien der Gerechtigkeit. Baden-Baden: Nomos.

Uebelhart, P.; Arnold, R. (2005). Erweiterte indirekte Teilliquidationstheorie erschwert Unternehmensnachfolge – Eine Bestandsaufnahme unter besonderer Berücksichtigung des Entwurfs des Kreisschreibens Nr. 7 der Eidg. Steuerverwaltung. *In: Steuer Revue. Jg. 59. Nr. 4. S. 274-294.*

Valda, A; Westermann, R. (2004). Die brachliegende Schweiz – Entwicklungschancen im Herzen von Agglomerationen. Bern.

Van der Heyden, L., Blondel, C., & Carlock, R. S. (März 2005). Fair Process: Striving for justice in family business. *Family Business Review, 18*(1), S. 1-21.

Vinken, H. (2008). Unternehmensnachfolge. In: Küting (2008). S. 1381-1438.

von Moos, A. (2002). Corporate Governance in Familienunternehmen. In: *Der Schweizer Treuhänder, 11, S. 1059-1064.*

Walger, G. (1995). Formen der Unternehmensberatung: systematische Unternehmensberatung, Organisationsentwicklung, Expertenberatung und gutachterliche Beratungstätigkeit in Theorie und Praxis. Köln.

Wallau, F.; Haunschild, L. (2007). Die volkswirtschaftliche Bedeutung der Familienunternehmen. Bonn: Institut für Mittelstandsforschung.

Waschbusch, G. (2008). Besondere Frage der Finanzierung des Mittelstands. In: *Küting (2008). S. 161-250.*

Ward, J. (1987). Keeping the Family Business Healthy. San Francisco: Jossey-Bass.

Ward, J.; Dolan, C. (1998). Defining and Describing Family Business Ownership Configurations. In: *Family Business Review. Jg. 11, Nr. 4. S. 305-310.*

Watzlawick, P. (2001). Wie wirklich ist die Wirklichkeit. München: Piper.

Watzlawick, P. (1990). Menschliche Kommunikation – Formen, Störungen, Paradoxien (8. Aufl.). Bern: Huber.

Whiteside, M. F.; Brown, F. H. (1991). Drawbacks of a Dual Systems Approach to Family Firms: Can We Expand our Thinking. In: *Family Business Review. Jg. 4, Nr. 4. S. 383-395.*

Wiedmann, T. (2002). Unternehmensnachfolge in einem krisenbedrohten Familienunternehmen mit Berücksichtigung persönlicher Ansprüche der Unternehmer. Dissertation an der Universität St. Gallen, Nr. 2699. Bamberg: Difo-Druck GmbH.

Wimmer, R.; Gebauer, A. (2004). Die Nachfolge in Familienunternehmen. In: *Zeitschrift für Führung und Organisation (zfo). Jg. 72, Nr. 5. S. 244-252.*

Wimmer, R.; Domayer, E.; Oswald, M.; Vater, G. (1996). Familienunternehmen – Auslaufmodell oder Erfolgstyp? Wiesbaden: Gabler Verlag.

Wimmer, R.; Groth, T.; Simon, F. B. (2004). Erfolgsmuster von Mehrgenerationen-Familienunternehmen. Wittener Diskussionspapiere. Sonderheft Nr. 2. Universität Witten/Herdecke.

Wolf, T. (2014). Gerechtigkeit im Kontext der familieninternen Unternehmensnachfolge. Ein Beitrag zur Analyse der Bedeutung von und des Umgangs mit Gerechtigkeit in Unternehmerfamilien. St. Gallen: Masterarbeit an der Universität St. Gallen.

Zellweger, T.; Sieger, P.; Englisch, P. (2015): Coming Home or Breaking free. A closer look at the succession intentions of next-generation family business members. EY (Hrsg.)

Zellweger, T.; Richards, M.; Sieger, P. u. a. (2015). How Much Am I Expected to Pay for My Parents' Firm? An Institutional Logics Perspective on Family Discounts. In: Entrepreneurship Theory and Practice. Vol. 40, Issues 5. S. 1041-1069.

Zellweger, T; Kammerlander, N. (2014). Family Business Groups in Deutschland: Generationenübergreifendes Unternehmertum in grossen deutschen Unternehmerdynastien. St. Gallen: Center for Family Business.

Zellweger, T.; Sieger, P. (2009). Emotional Value. Der emotionale Wert, ein Unternehmen zu besitzen. Ernst&Young. Initiative Mittelstand.

Zellweger, T.; Fueglistaller, U. (2006). Was ist ein Familienunternehmen wert? Total Value, emotionaler Wert und Marktwert. Zürich: Ernst & Young.

Zellweger, T.; Mühlebach, C. (2008). Strategien zur Wertsteigerung in Familienunternehmen. Bern, Stuttgart, Wien: Haupt Verlag.

Zellweger, T. (2006). Risk, Return and Value in the Family Firm. Dissertation Nr. 3188 an der Universtität St. Gallen. Bamberg: Difo-Druck GmbH.

Zimmermann, A. (2006). The importance of knowledge transfer for the succession process within family businesses. Term Paper, Doctoral Seminar: Knowledge, Strategy and Theories of the firm: Prof. Georg von Krogh, Ph.D.

Züst, R.; Joanelly, T.; Westermann, R. (2008). Waiting Lands – Strategien für Industriebranchen. Zürich: Verlag Niggli AG.

Zürcher Kantonalbank (2005). Unternehmen Zukunft: Generationenwechsel bei KMU in der Schweiz. Zürich: Zürcher Kantonalbank.

9.4 Die Autoren

Dr. Frank Halter
hat an der Universität St. Gallen studiert (lic.oec. HSG) und in Deutschland an der European Business School in Oestrich Winkel (Dr. rer. pol.) zum Thema Unternehmensnachfolge promoviert. Er ist Gründungsmitglied des Center for Family Business der Universität St. Gallen (CFB-HSG), hat 18 Jahre am Schweizerischen Institut für KMU und Unternehmertum (KMU-HSG) an der Universität St. Gallen gearbeitet und davon war er 11 Jahre Leiter des Bereichs Weiterbildung und Mitglied der Geschäftsleitung. Das Thema Unternehmensnachfolge und KMU Führungskompetenz beschäftigt ihn heute vor allem in der Form von Lehre, Weiterbildung, Beratung und Coaching. Er hat in den letzten Jahren viele Familien im Rahmen ihres Nachfolgeprozesses begleitet und ist in verschiedenen Verwaltungsräten tätig.

Dr. Ralf Schröder
hat an der Universität St. Gallen studiert (mag.oec. HSG) und promoviert (Dr. oec. HSG). Er ist Gründungspartner der HSP Consulting AG, St. Gallen und Verwaltungsrat in mehreren Familiengesellschaften. Seit 20 Jahren hat er sich auf die Nachfolge-Beratung bei Familiengesellschaften spezialisiert und in dieser Zeit über 70 Nachfolgeregelungen in der Schweiz und Deutschland betreut.